ULI城市设计丛书



# 城市郊区新形态

## ——住宅开发中的新趋势

The New Shape of Suburbia: Trends in Residential Development

美国城市土地利用学会（ULI） 编著
北京联合译盟翻译有限公司 译
北京城市节奏科技发展有限公司 中文版策划

中国水利水电出版社
www.waterpub.com.cn
知识产权出版社
www.cnipr.com

**选题策划：**阳　淼　张宝林　E-mail：yangsanshui@vip.sina.com；z_baolin@263.net
**责任编辑：**阳　淼　张宝林
**文字编辑：**莫　莉　吴梅红

**版权登记号：**01—2004—3325

**中文版翻译人员：**吴　勇　郭　磊　李　洋　任咏林

**图书在版编目(CIP)数据**

城市郊区新形态：住宅开发中的新趋势／美国城市土地利用学会(ULI)编著；北京联合译盟翻译有限公司译．北京：中国水利水电出版社：知识产权出版社，2007
(ULI城市设计丛书)
书名原文：The New Shape of Suburbia：Trends in Residential Development
ISBN 978-7-5084-4724-7

Ⅰ.城… Ⅱ.①美…②北… Ⅲ.住宅—城市规划—研究 Ⅳ.TU984.12

中国版本图书馆CIP数据核字(2007)第078612号



ULI城市设计丛书
**城市郊区新形态——住宅开发中的新趋势**
美国城市土地利用学会(ULI)　编著
北京联合译盟翻译有限公司　译
北京城市节奏科技发展有限公司　中文版策划
中国水利水电出版社、知识产权出版社　出版 发行（北京市西城区三里河路6号；电话：010-68331835　68357319；北京市海淀区马甸南村1号；电话、传真：010-82000893）
北京科水图书销售中心（零售）　电话：(010)88383994、63202643
全国各地新华书店和相关出版物销售网点经销
北京清木朗曼图文设计有限公司制版
北京鑫丰华彩印有限公司印刷
889mm×1194mm　16开　14.5印张　334千字
2007年10月第1版　2007年10月第1次印刷
定价：**148.00**元
ISBN 978-7-5084-4724-7

## 美国城市土地利用学会

美国城市土地利用学会（The Urban Land Institute，简称ULI），是一家由其成员支持和运作的非营利性的教育、研究机构。其职责是为土地的利用提供可以信赖的指导，以提高整体环境水平。

ULI一直资助教育计划和论坛，以鼓励开放式的国际学术思想交流和经验交流；发起对可能出现的土地利用趋势及问题的研究，并在这些研究的基础上提出有创造性的解决方案，提供咨询服务，并出版大量涉及广泛的研究资料，以推介土地利用和开发方面的信息。

ULI成立于1936年，目前已拥有来自60余个国家的17000名成员，他们的研究涵盖了土地利用和开发学科的各个方面。

### 美国城市土地利用学会会长

理查德·M.罗桑

(Richard M.Rosan)

## 项目组成员

**拉凯利·L.莱维特**
(Rachelle L. Levitt)
高级副总裁，主管政策和实施，出版商

**盖尔·贝伦斯**
(Gayle Berens)
副总裁，主管房地产开发实施

**阿德里安娜·施米茨**
(Adrienne Schmitz)
主任，住宅社区开发项目主任

**南希·H.斯图尔特**
(Nancy H. Stewart)
主任，主管图书计划，总编辑

**桑迪·基兹因斯基**
(Sandy Chizinsky)
加工编辑

**贝齐西·范巴斯柯克**
(Betsy VanBuskirk)
艺术指导

**海伦妮·Y.雷蒙/HYR平面设计公司**
(Helene Y. Redmond/HYR Graphics)
版式设计

**凯丽·安德伍德**
(Karrie Under wood)
数字图像主管

**迪安·斯坦利-奥斯汀**
(Diann Stanley-Austin)
出版事务主任

# 作 者

## 主要作者和编辑


**阿德里安娜·施米茨**
Urban Land Institute
华盛顿特区


## 主要参编者


**帕姆·恩格布雷森**
Interra Strategies
加利福尼亚州，圣迭戈

**弗雷德里克·L.梅里尔**
Sasaki Associates
马萨诸塞州，沃特敦

**萨拉·E.佩克**
Progressive Housing Ventures
宾夕法尼亚州，莫尔文

**罗伯特·L.桑托斯**
Lennar Communities
加利福尼亚州，米申别霍

**克里斯廷·休费尔特**
McStain Neighborhoods
科罗拉多州，博尔德

**德布拉·斯坦**
CGA Strategies, Inc.
加利福尼亚州，旧金山

**约翰·托尔蒂**
Torti Gallas and Partners
马里兰州，银泉

**马里李·A.乌特**
Citiventure Associates
科罗拉多州，丹佛


## 其他参编者


**安德烈·巴尔德**
Consultant
华盛顿特区

**山姆·贝格内**
Consultant
乔治亚州，亚特兰大

**史蒂文·法代**
Steven Fader Architect
加利福尼亚州，洛杉矶

**莱斯利·霍尔斯特**
Urban Land Institute
华盛顿特区

**珍妮弗·莱弗吉**
Metropolitan Institute at Virginia Tech
弗吉尼亚州，亚历山德里亚

**罗伯特·L.米勒**
Robert L. Miller Associates
华盛顿特区

**山姆·纽伯格**
Maxfield Research, Inc.
明尼苏达州，明尼阿波利斯


## 顾问委员会


**皮特·阿尔泰**
Halter & Associates
乔治亚州，士麦那

**布伦特·赫林顿**
DMB Associates
亚利桑那州，斯科茨代尔

**金・M. 英克**
The Spinnaker Companies
康涅狄格州，斯坦福

**丹尼尔・范埃普**
The Howard Hughes Corporation
内华达州，拉斯维加斯

## 审校者

**金・卡洛米诺**
Denver Metro Home Builders Association
科罗拉多州，丹佛

**詹姆斯・沙利耶**
Charlier Associates
科罗拉多州，博尔德

**克雷格・科克斯**
Colorado Coalition for New Energy Technologies
科罗拉多州，丹佛

**史蒂文・科伊尔**
Lennertz Coyle & Associates
俄勒冈州，波特兰

**迈克尔・多宾斯**
City of Atlanta Bureau of Planning and Development
乔治亚州，亚特兰大

**安・V. 埃德明斯特**
Design AVEnues, LEED Homes
加利福尼亚州，太平洋城

**罗伯特・恩斯特龙**
Robert Engstrom Companies
明尼苏达州，布卢明顿

**詹姆斯・埃德**
Urban Green
加利福尼亚州，旧金山

**梅利莎・诺特**
Forest City Development
科罗拉多州，斯泰普尔顿

**罗伯特・朗**
Metropolitan Institute at Virginia Tech
弗吉尼亚州，亚历山德里亚

**凯瑟琳・奥布赖恩**
O'Brien & Company
华盛顿州，班布里奇岛

**邓肯・普拉尔**
IBACOS, Inc.
宾夕法尼亚州，匹兹堡

**罗杰・莱因哈特**
Denver Metro Home Builders Association
科罗拉多州，丹佛

**詹姆斯・温特林**
James Wentling/Architects
宾夕法尼亚州，费城

# 致谢

很多专业人士为本书的调研、写作和制作贡献了他们的专业知识并为此付出了辛劳。

首先也是最重要的，万分感谢各章节的作者：马里李·乌特、弗雷德里克·梅里尔、鲍勃·桑托斯、帕姆·恩格布雷森、约翰·托尔蒂、萨拉·E.佩克、克里斯廷·休费尔特，以及德布拉·斯坦——他们以极大的热情完成了任务，并且尽职尽责。感谢莱斯利·霍尔斯特、研究者、作者、审校者以及方方面面的批评人士。正是有了这些批评人士的意见，使得本书的质量大大地提高了。

案例研究章节的作者们——安德烈·巴尔德、山姆·贝格内、史蒂夫·法代、莱斯利·霍尔斯特、珍妮弗·莱弗吉、罗伯特·L.米勒和山姆·纽伯格——应该为他们的研究和创作而受到嘉奖。感谢其他对本书提供帮助的作者们，包括丹·伯登、威廉·利伯曼、克拉克·墨瑟，以及梅莉莎·韦伯尔曼。同时也感谢洛里·哈彻，他不仅帮助构思这样一本能成功到达特定读者群的书，而且也为本书觅得了知音，定义了受众。感谢盖尔·贝伦斯，从开始构思到成书，他极其专业地指导了由ULI出版的每一本书籍，当然也包括这一本。

ULI的全体成员，包括杰弗里·布思、鲍勃·邓菲、安妮·弗拉杰、乔·艾伦·高斯、里克·豪伊都对本书提出了建设性的意见。在这个技术日新月异的电子科技年代，凯丽·安德伍德为我们提供了技术上的支持。而克拉克·墨瑟则协助了研究和写作工作。感谢桑迪·基兹因斯基，是她确保了本书文本清晰并且没有语法上的错误；感谢南希·H.斯图尔特，是她不辞辛劳地指导了出书过程；也感谢海伦妮·Y.雷蒙，是她精心设计了书中的每一页。

我还要感谢很多建筑师、规划者和开发商，谢谢他们慷慨地与我分享美丽的照片和图表，为此书增色不少。最后，对其他所有对本书作出过贡献的人，我谨在此表示感激。

主要作者兼主编

阿德里安娜·施米茨

# 目录

# 城市郊区新形态

# 1　21世纪的郊区

DAHLIN GROUP

**我认为，意识到美国郊区正在发生什么样的变化是一件非常重要的事情，但是谁会关心呢？**

——建筑批评家赫伯特·马斯卡姆(Herbert Muschamp)

那些认为郊区不重要而放弃郊区的人们，正在放弃大多数美国人居住、工作、运动、购物和学习的场所。在21世纪之交，美国人迁往市郊开发区的速度远远超过任何"回归城市"的趋势。郊区也引起了人们的极大关注，因为它们不再是那些曾经漫山遍野的普通香草豆荚了。今天，形形色色苛求的人们要求更好的住房和邻里，开发商们也正在满足人们的这种需求。

美国的郊区化始于第二次世界大战之前，但是，直到战后随着回乡退伍老兵对新住房的需求数量空前巨大，受到联邦公路和住房补贴的刺激，郊区开发才真正迅速发展起来。对许多家庭而言，20世纪50年代的郊区社区，以长岛（Long Island）和新泽西州（New Jersey）的"莱维敦城"（Levittowns）为代表，成为美国梦的缩影。这些社区使年轻的中产阶级家庭有机会拥有他们自己的住房，并且有充足的空

随着郊区混合用途项目的密度越来越大，数量越来越多，视角也越来越城市化了。

间抚养孩子。这些社区大部分居住的是那些正在抚养孩子并形成社区纽带的传统家庭。

从那些个时代起，发生了许多变化。人口呈现老龄化，少数民族（包括最近的移民）构成了整个人口数量的很大部分。大多数妇女现在拥有家庭以外的工作。在许多方面，美国郊区已变得非常城市化：交通堵塞、人口拥挤和社会问题已经大行其道进入郊区，同时也产生许多其他先前被看作城市问题的问题，如人口的增长、基础设施的老化、贫穷以及对可持续性规划和发展施加的更多压力。而且，在联邦政府、州和地方层面上降低计税基数，将意味着只有很少的一部分资金用以发展所需要的道路和基础设施。这样，发展费用将转嫁到购房者身上，这一情况将改变许多新社区的形式，虽然其作用方式还不是很明朗。

在过去的半个世纪中，不断扩张的郊区已经侵占了许多乡间空地和农业耕地；自 1950 年起，郊区居住人口所占的比例稳步增加（从 1950 年的 23%增加到 1998 年的 50%），而农村人口所占比例相应地减少了（从 1950 年的 44% 减少到 1998 年的 20%）。[1]

21 世纪早期的郊区在许多方面已不同于往昔。它们提供了更高的开发密度、更多的土地混合使用、更多的公共交通组合、更主要的就业中心、更好的教育和医疗服务以及更多的文化设施。"新城市主义"（又称为"传统式邻里开发"）与"聪慧式发展"（Smart Growth）策略对郊区的规划和发展产生了巨大的冲击，其结果包括：高密度开发；更多的填充式开发；保留空地的规模较小的聚落式居住小区；混合用途的城市中心；在商业区开发住宅；共用停车位的安排；开发中引入公共交通。一些年代久远的内陆郊区正不断失去居住人口，而另一些正在转变为适合步行的、高密度的混合用途地区，等同于最好的城市邻里。

## 谁是郊区的新居民？

从 21 世纪中期开始，美国的家庭发生了巨大的变化。越来越多的美国家庭由小型家庭、非亲家庭和单身人员组成。按照人口统计学家威廉 · 弗雷（William Frey）的说法，在 2000 年，"传统"家庭——夫妻带着孩子——只占所有郊区家庭的 27%；夫妻没有孩子的家庭占 29%；非亲家庭占 29%；"其他"类型的家庭构成剩余的 15%。到 2010 年，传统家庭将只占所有郊区家庭组成的 20%。[2] 弗雷还研究了郊区人口的种族组成。2000 年的人口普查表明，在大都市，27%的郊区人口是由少数民族组成，而在 1990 年少数民族仅占 19%。事实上，少数民族带来了许多郊区人口的大量增长。[3]

房地产租赁投资机构（Lend Lease Real Estate Investments）的一份报告指出，占人口总数 12.5%的西班牙裔美国人是最大的少数民族。非洲裔美国人占人口总数的 9%，而亚裔美国人也占人口总数的 9%。大部分亚裔、一半的西班牙裔和 39%的非洲裔美国人居住在郊区。[4]

超过11%的人口是在美国外出生的，而在1990年为8%。[5]尽管许多移民是经由洛杉矶、迈阿密和纽约这些城市来到美国，但是，他们当中的许多人并没有像以前的移民一样居住在这些城市。相反，他们会迁移到那些能提供最好的工作机会的地方，这意味着他们会前往郊区——那些通常能够和来自他们祖国的移民一起居住的地方。这一点也和以前的移民不同。

改变郊区的另一个因素是年龄。郊区和整个国家一样，也在逐渐年长。曾经在很大程度上迎合了抚育学龄孩子的年轻家庭的郊区社区，今天却居住着各种年龄段的人群——年轻家庭不断地迁移到郊区邻里；中年人继续住在他们已经逐渐喜爱的邻里；大多数退休者更喜欢住在度过他们生活时光的社区；许多年久的郊区居住着年老的居民。

不仅人口统计的分布发生了变化，而且生活方式也发生了变化。许多人比以前拥有更多的金钱，但是空闲时间却越来越少，因而，他们认为时间重于金钱。一些人已经厌烦了拥有住房所带来的维修费用；另外一些人则不想使自己习惯于日常琐事。很少有人愿意将他们一天中的大部分时间花费在远途往返上下班或者驱车一个地方接一个地方地出差。越来越多的人在家工作：1997～2001年之间，至少有一部分时间在家工作的人的数量已经从2240万增加到2500万。[6]现在，更多的人关心环境问题和健康问题。所有这些趋势都反映了郊区社区的变化——这些变化将影响许多问题，例如，这些社区应该位于何处、如何开发、提供哪些服务和设施以及提供什么样的住房。

## 人们想让他们的社区里有些什么？

在20世纪90年代初，建造吸引大部分消费者的开发区很容易：只需给开发项目配备较多的康乐设施就行了。总体规划的社区通过引进广阔的公共停车场、球场及更大型更豪华的娱乐中心，尤其是高尔夫球场，便很有竞争力。多户家庭的开发项目依葫芦画瓢，又增添了商业中心、游泳池和室内网球场地等。但是今天的购房者已经厌烦这些“老套”的社区。他们希望开发商寻求其他新途径以适应他们忙碌的生活方式。

“郊区的无计划扩展”曾经只是设计人员和环境保护者使用的一个术语。今天，每个人都在谈论“郊区的无计划扩展”这个话题。郊区居民抱怨在拥堵的公路上乘公交车上下班需要花很长时间。因为他们认为开发建造更多的项目只会恶化现有的问题，所以强烈反对在他们的社区开发新的项目。他们担心失去空地和降低环境质量。

许多观察家认为，由于家庭人口的减少，家庭对住房面积的需求也相应减少。但是，在1987～2001年之间，新增住房的面积平均值却几乎每年都在增加：从1755ft$^2$（163m$^2$）增加到2100ft$^2$（195m$^2$）。[7]然而，平均数的大小却很难反映市场变化的复杂性。例如，尽管在绿化带附近购买大房子仍占住房市场的相当一部分份额，但是一部分重要的——并且正在增长的——市场份额却定位于Townhouse或一些小面积的房子，或者寻求新类型的住房。同样，虽然住房拥有率总体上仍在持续增长，但是一些家庭根据需要或选择租住房屋。另外一些人因为没有他们想要的或者可以买得起的房子，还没有决定购房。

正如平均数不能反映整体情况一样，传统的假设也不能预见未来的趋势。“少数民族居住在内环市区的邻里社区。”“退休者喜欢居住在带大门的、适合打高尔夫的社区。”“单身妇女租住郊区公寓。”消费者比传统智者的看法

美国 DPZ 公司（Duany Plater-Zyberk & Company）设计的科罗拉多州（Colorado）朗蒙特（Longmont）的 Prospect New Town，包括单户住宅、Townhouse、商住两用 Loft 和附属公寓。该住宅区使用了传统和现代两种建筑风格。

要多样化得多，他们抵触所有的陈词滥调。

值得庆幸的是，当代人的多样性对开发商和建筑商来说又意味着许多机会。在内环市区、临近市中心的郊区、老的中环郊区、远郊区和乡村的住房都存在着市场。对出租公寓、底商 Loft 单元、职排住宅和单户住宅也都有需求。每个地段、社区类型、住房户型和价格范围为那些了解购房者是什么样的人以及他们想要什么样的住房的开发商提供了潜在机会。尽管大多数的开发商尽力满足大部分的购房者的需要，细分的市场仍给聪明的开发商提供了许多未被利用的机会。

"通常来说，购房者想得到的并不是他们所得到的，"根据在加利福尼亚州奥克兰市（Oakland）一个消费者研究团队"美国生活"（American LIVES）中工作的布鲁克·沃瑞克（Brooke Warrick）的说法，"其背后的主要原因之一是他们不能在市场上找到他们所想要的住房。"[8] 专门为建筑商和开发商提供指导而进行的市场调查提供了有关新房的当前购买者和近期购买者的反馈信息，但是，这些工作常常忽略了那些购买旧房和那些期望无法获得市场满足的购房者。开发商研究这些被忽略的细分市场，很可能会发现一些未加利用的机会。

此外，"美国生活"的调查表明：人们最想要获得的住房的特点是相对不太昂贵，并且很容易支付。例如，大约2/3的接受调查者希望所有的街道、步行道和自行车道都有人行道，有天然的空地——所有这一切的费用与一个人们兴趣不高的内部高尔夫球场相比，也不太昂贵。成功地调查其他的需求可能是一个更难实现的目标，然而，接近90%的被调查对象希望拥有一个"安静、交通流量较小的社区"。[9]

在2001年，美国国家住宅建筑商协会（National Association of Home Builders，简称NAHB）公布了对1180个正准备购买住房或已经购买新房的人的调查结果。[10] 这些被调查者平均年龄44岁，平均收入45500美元（恰好高于全美国的平均收入）。当被问及22个社区康乐设施中，哪些设施会显著地影响他们作出搬到一个新社区的决定时，接受调查者选择最多的是公园（62%）和步行小道（58%）；这些结果与"美国生活"及其他调查的结果相似。大约1/3的被调查者认为是否有公共交通会显著地影响他们的决定。

当被问及他们对环境的关心程度时，50%的人表示他们想要一个有利于环保的住房，14%的人愿意花更多的钱去购买这样的住房。仅10%的人表示他们并不在乎住房对环境的影响。62%的人认为"自然的、未被开发的土地"是重要的。

DMB公司是一家总部设在亚利桑那州（Arizona）的总体规划社区的开发商，他们进行了自己的消费者调查。该公司注意到，最近的调查结果明显不同于20世纪90年代早期的调查结果。当时，接受调查者主要感兴趣的是康乐设施——尤其是高尔夫和其他娱乐设施。今天，接受调查者追求的是难以触摸的特征。最常被引用的期望如下：

- 社区感觉。
- 联系感。
- 多样性。
- 步行通达性。

DMB公司的布伦特·赫林顿（Brent Herrington）认为"时间缺乏"是住房购买者的一个主要问题。对于开发商来说，他们的任务就是为这些自己没有时间的人们营建社区。通常，新住户从别的地区到这里重新安顿下来，渴望有一种联系的感觉。赫林顿建议开发商雇用员工帮助建立人们想要的俱乐部和其他组织机构，并为这样的人群提供可以见面的场所。

由于越来越多的人全职或兼职在家工作，所以家庭已发生了改变，需要提供工作的空间。但是，社区也需要发生相应的改变。在家工作的人们在一些典型的郊区社区常常感到孤独，所以希望获得那些市区上班者使用到的康乐设施。街头咖啡厅、附近的复印中心、就近的午餐销售点和外卖店，以及方便的零售设施，为工作者的日常需求提供服务。为在家工作者提供最佳服务的那些住宅社区必须包括这样的设施。

精明的开发商认识到女性在住房市场中的重要性。在大多数已婚夫妇中，女性或者独立地作出租房或买房的决定，或者在作这些决定的时候起着重要的作用。单身女性逐渐增强的影响力已经使她们在那部分市场份额中拥有住房的比例显著地增加了。据许多开发商称，买新房的单身女性多于单身男性。他们得出的结论是：男性或者租房，或者继续与父母住在一起。人口普查的数据也证实了这个调查结果：最近的美国住房调查（American Housing Survey）显示，所有住在自己拥有产权的房子里的单身男女中，62%为女性，在两人或多人合住的未婚住房拥有者中，有64%为女性。[11]

因为在决定买房过程中女性起着重要的作

用，因此，开发商必须了解她们的需求。位于亚特兰大的V.R. Halter & Associates顾问公司的皮特·阿尔泰（Pete Halter）认为：安全和良好的地理位置是女性在作买房决定中的关键因素。女性也比男性更加趋向于关心社会基础设施和环境问题。

细分市场与整个大市场具有某些相同的特征和需求。而在其他方面，它们是不相同的。下面三小节着重讨论一些值得一看的细分市场的特征。

## 小型家庭

一方面，被看作小市场的购房者实际上占多数：所有郊区家庭中，有近3/4不是典型的家庭——夫妻带着孩子，而是某种"非传统"的家庭。这些家庭大多数仅由一个人或两个人组成。尽管这些小型家庭当中有一部分倾向于购买带大片草坪的四居室郊区住房，然而，更多家庭是寻求可选的户型。在许多地区，现有的传统郊区住房储备可以满足今后几年的需求，但是，仍缺少附属住房（供出租和出售）、经济适用房和其他类型的小户型住房。对于那些能够觉察到市场上缺少的是什么并能开发出满足需求的创新户型的富有创造性的开发商而言，机会是存在的。

## 少数民族

截至2010年，现在被认为是少数民族的人口将占到美国人口总数的40%。随着少数民族人口的增长和繁衍，他们将日益成为重要市场份额。最近的移民已造成许多内环社区的复兴。已经恶化的邻里社区正在使"小西贡"

豪华的租赁公寓满足了包括年轻专业人员和守空巢者等在内的细分市场。

ADRIENNE SCHMITZ

URBAN DESIGN ASSOCIATES

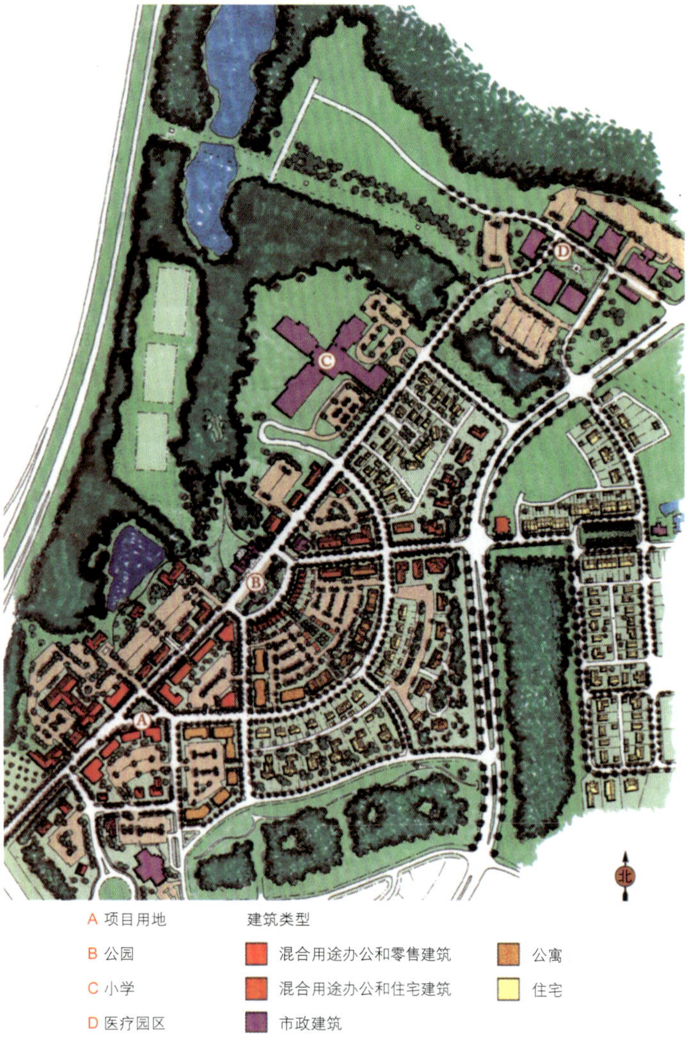


URBAN DESIGN ASSOCIATES

**巴克斯特新村（Baxter Village）开发项目位于南加利福尼亚州的福特米尔（Fort Mill），面积 1033acre（418hm$^2$），它集中了单户住宅、Townhouse、零售与商务开发项目、一所学校、一座图书馆、一个医疗园区，以及超过 400acre（162hm$^2$）的露天场所。**

（Little Saigons）、“韩国城”（Korea Towns）和“小哈瓦那”（Little Havanas）繁荣起来。在工作、学习和其他生活质量因素的驱动下，移民也正以空前庞大的数量进入主流的郊区社区中。

在美国，拉美裔美国人是人口最多的，同时也是发展最快的少数民族；这些人并不是只来自某一个国家，他们来自许多国家——墨西哥、古巴、多米尼加共和国（the Dominican Republic）、萨尔瓦多（El Salvador）和波多黎各（Puerto Rico）。在港口城市，如迈阿密，拉美裔美国人是主要的经济力量。例如，他们购买了大约 50%的新公寓楼，其中许多是作为第二套或第三套住房。一些迈阿密的开发商已经在拉丁美洲设立了销售办公室，以满足这些购房者的需要。

在许多方面，少数民族购房者与那些经济条件和年龄段相仿的人们是没有区别的。但是，他们所希望的社区和住房中拥有的一些特质却与后者有着细微的差别。例如，在许多亚裔美国人居住的西海岸，风水越来越影响新住房的设计。一个更显著的不同是各收入水平的移民比美国人更习惯于毗邻而居，因此更乐于接受联立的住房类型。

## 生育高峰期的出生人群及其子女

因为生育高峰期出生的人群（1945 ~ 1966 年出生的人群）是如此庞大，所以在接下来几年中，它将是一个重要的市场份额，并且在每个地区，它的需求将持续影响到各种各样的新社区。尽管许多郊区的生育高峰期出生的人群仍旧居住在现在的家中，但是仍有一些人将在热闹地区或市区购买第二套住房，生育高峰期出生的人群正在引起一个小的“城市回归潮”；同时，许多郊区正在开发满足该人群的生活方式需求并控制无计划扩展的具有城市风格的新社区。

根据最近一项对生育高峰期出生的人群希望社区里都有些什么的研究，由年龄大于45岁的人组成的家庭——这类家庭将占到2000～2010年拥有住房者的总数增长幅度的1/3——倾向于购买高密度的接近市中心的住房。[12]“随着无子女家庭的增加，市场对较小社区的住房——如果不是小规模住户——的需求将增加。新生儿的减少预示了成年人感兴趣的适合步行的高密度邻里社区的市场需求在增长。”[13]此项研究还援引美国退休人员协会（American Association of Retired Persons）的一份1996年的调查数据，发现年龄大的家庭尤其易于接受减少对汽车的依赖性和便利的公共交通。

皮特·阿尔泰发现那些守空巢者倾向于居住在他们现有的邻里社区，但是希望减小空间。阿尔泰使用“暮年”来描述这个年龄较大的美国人群。他们的生活方式不同于过去的年长人群。他们有着更加积极的生活方式，要求社区能够提供热闹的生活氛围。

生育高峰期出生人群的子女同他们自己一样，也是一个大的群体，但是，在移民潮的推动下，他们更加种族多样化。这一群体，有时也称为又一生育高峰期出生人群，或者称为第X代、第Y代或第Z代，现在正迈向成年期。在成年期的早期，购买力通常是非常重要的。一些专家推断，随着生育高峰期出生人群的子女的成长和年龄增长，对出租公寓的需求将增加。这也蕴含着更多的推论。DMB公司的赫林顿发现这一代人“不喜欢郊区”——这对那些大开发商而言是一条非常重要的信息，因为他们的项目需要较长的时期才能完成，并且当这些生育高峰期出生人群的子女到了购买住房的年龄时，他们仍在开拓市场。而且，随着生育高峰期出生人群变为守空巢者，他们也开始倾向于市区生活方式。赫林顿得出结论，开发更多的多样化城市风格社区是非常重要的，这些社区为下一批消费者提供他们需要的生活方式。

## 购买力

到目前为止，大部分趋势对开发商来说都意味着新的机遇，但是，住房购买力却成为一个挑战。尽管高收入阶层不断获得财富，但是低收入和中等收入家庭却正在衰落。2001年，通货膨胀调整后最富裕的1/5人群的家庭平均收入从1999年的14.3万美元增加到14.6万美元，但是全部家庭的平均收入却从1999年的43100美元减少到42100美元。[14]同期，每套新房的平均价格从13.9万美元上升到15.8万美元——远远低于最活跃、最受欢迎的市场上住房的平均价格。[15]在加利福尼亚州的大部分地区，购买力已形成危机，例如，在那里的某些市场上，每套新房的平均售价已接近50万美元。加利福尼亚全州范围内，只有30%的家庭能够买得起中等价格的房子。[16]

购买力将继续是一个问题，对于低收入家庭来说是如此，对于中产阶级亦是如此。相关当局应制定战略来建造那种能满足中低收入家庭需要的经济适用房。

## 社区如何改变以满足需求？

所有的市场需求都转化为需要不同种类的住房、邻里社区和开发类型。交通拥挤问题导致了更多的交通选择。土地和基础设施费用的不断增加迫使开发商在为居民提供高质量生活的同时，也在寻求更多的利用这些资源的有效途径。居民和当地政府对环境的关注鼓励着开发商保留一些空地，以提高社区的满意程度。经济适用房的短缺促使开发不同收入阶层的住房。

## 不断扩大的灵活性选择

由于郊区居民要求缓解交通拥挤所带来的痛苦，一些开发商正在对此作出回应。适合公交的开发和行人为本的设计是扩大交通选择的两条途径，连通性是另外一条途径。开发项目之间良好的连接对于改善交通来说是极为关键的。开发商和设计师应该考虑如何将既定的开发项目同现状的和将来的开发项目联系起来。开发商应该考虑开发毗邻的项目，而非设计孤立的小区。实际上，连通性可为开发增加价值：可以将街道系统连接起来，以提高步行性，改善自行车车道，并支持公交服务。良好的街道连通性甚至可以帮助减轻主干道上的交通拥堵现象。居民区和商业区可以增大相邻开发区，而不是与其形成竞争。为了保护沿线的居民区，可以通过各种各样的开发来扩大天然景观。某些情况下，可以为了几个开发项目的利益而保护自然环境和景色。填充式项目在这些方面充分地利用了邻近的开发项目，并且一些新的绿化带开发项目也开始利用这些优点。

公共交通方案在某些方面起作用，然而在另外一些方面却没有。例如，在亚利桑那州，开发商一直以来都难以让公众（或公共部门）对公共交通提起兴趣。他们发现消费者不喜欢公共汽车，而且铁路的运营费用又太高。而其他地区却易于接受公共交通方案。例如，在科罗拉多州的博尔德市（Boulder），已经形成一个为城市人口和学生服务的广泛的公交路线网。在全美的大部分地区，大量的郊区模式不仅出现在市区，而且出现在那些公共交通不能有效服务的散布于整个低密度郊区的办公场所。然而，设计"适合公交"的开发项目，可以使郊区的公共交通更适合步行。

开发商需要了解新兴的交通技术，这可以为缓和交通问题提供可选方案。例如，毁誉参半的塞格威电力踏板车（Segway Human Transporter）可能很快就会成为满足开车旅行需要的可行选择。尽管它们可能不适应现在的人行道和公路，但是，塞格威电力踏板车可能会最终和自行车共用一个车道，甚至开辟单独的塞格威电力踏板车专用车道，并进而改变新街道的设计。

为了追求高质量的公共空地，购房者往往愿意购买较小社区的住房。在位于密歇根州（Michigan）坎顿区（Canton）的切里希尔村镇（Cherry Hill Village），设计者设计的邻里社区点缀着精心布置的和随意散布的公园，格外引人注目。

## 有效利用基础设施

减小小区规模对基础设施和其他开发费用具有重要影响，但却不会减小需求和购房者的满意度。里德·尤因（Reid Ewing）在《最好

LOONEY RICKS KISS

的开发项目》(Best Development Practices)一书中谈到，根据调查结果，“居民对于每英亩土地上建设6个或7个[每公顷土地上建设15个或17个]单元的住房和每英亩土地上建设3个或4个[每公顷土地上建设7个或10个]单元的住房都比较满意。”[17] 赫林顿发现购房者对高密度社区较感兴趣，但是对于配备了一流康乐设施和公共用地的较小社区也同样感兴趣。

小社区减少了每个住户所必需的基础设施和公路面积总量。狭窄的街道进一步减小了每个住户的公路面积。有关管理部门已经意识到旧的公路标准建造费用过于昂贵，并使得社区肆意无计划扩张。许多部门已开始降低公路的宽度标准。小社区、窄街道和其他提高开发项目利用效率的方法将在第3章中加以讨论。

## 开敞空间用作康乐设施

社区越来越吸引入住者的地方不仅仅是工作，更是高质量的生活。环境优美的、生态的、拥有娱乐设施的社区比那些不具备这些条件的社区更具有竞争优势。人们喜欢公园和步行，喜欢自行车道路、公共广场和花园、林阴道和人行道、水景和运动设施。因此，将开敞空间融入社区的整体规划是非常重要的。应该在交通便利的位置设置各种各样自然的和人造的娱乐场所，并提供一些赏心悦目的风景。

开敞空间也是一个有效的市场工具。为了扩大影响，应该将诱人的开敞空间设置在买房者可见的显著位置。一个公园或者其他空地可以为居民和来客营造一个吸引人的入口，同时将住房与嘈杂的马路隔离开。开敞空间可以提升整个社区的价值，也可以以小区附赠品的形式提升所在小区的价值。

## 建筑多样性和市场购买力

设计迎合多种市场需求的融合各种户型的项目，可以提高初期和长期市场销售量。为了确保社区随着时间的进展而保持价格不变，大规模、分阶段开发的混合用途社区的开发商们已经学会考虑开拓各种需求。其他开发了一个又一个小项目的开发商们，在树立自己品牌的同时，也应该关注长期生存能力。

为了应对变化的需求和不断成熟的市场以及实现连续的使用而进行的灵活建造活动，有助于在未来几年中避免工程变得过时。例如，在迪斯尼的庆祝会上，随着市场的发展，住宅公寓的首层可被重新改造为零售商铺。在马里兰州(Maryland)的金氏家族农场开发项目(King Farm)，开发商和当地政府一起就单元房的数量和户型进行了灵活的规划。

由于价格上涨，高密度、小社区以及小户型使得住房更适合购买。开发商使用的一个策略就是将多种户型纳入到他们的工程中，以增加适合购买的住房。然而，混合多种户型可能是非常困难的。住宅建筑商通常愿意购买大片的原始土地，并开发大量的相似户型，利用规模经营产生经济效益。一些小的、中等规模的建筑商已经成功地建造了混合型的住宅社区。虽然开发商已经发现竖向混合型住宅（如底商住宅）很难吸引资金，但是随着越来越多的竖向混合型住宅项目的成功，放贷者也越来越愿意为它们提供资助。

### 填充式开发

对城市生活重新激发的兴趣已经带动了许多内环郊区的复兴。（在远郊区，它也产生了更多城市化风格的开发需求，这些地方的居民希望在有绿化带的地方享有城市生活方式的优点。）就填充式开发而言，成功的关键是使开发项目适合地理位置——并且地理位置仍然是带动市场潜力的主要因素。

大部分的填充式开发和二次开发都出现在大都市中处于黄金地段的邻里社区，或者最令人满意的地方。历史上，城市吸引了大批高收入居民和高级雇工，二者又合力创造了一个特别令人满意的地方。对黄金地段的需求不仅抬高了地价，而且也刺激了填充式开发和二次开发。第一次开发大潮中被忽略的空地变为可供选择的建筑用地。具有陡峭斜坡或奇特外形的小区的地产吸引了一些开发商，他们愿意修改自己的规划以适应地形的限制。

黄金地段以外的场所也能吸引填充式开发和二次开发。例如，交通运输沿线的地区可能受益于它们接近这些便利设施。其他一些具有

位于佛罗里达州丘辟特市（Jupiter）Abacoa 县的城镇中心，高密度、混合用途的环境代表了当今郊区开发的多种趋势。

明显特征的地方也可能引起细分市场的兴趣。然而，一些填充式开发场地仍然对具有成本效益的开发形成障碍：土地征集非常困难，或者场地条件——如存在有毒废物——可能造成开发成本太高。

在许多地区，老式建筑的再利用也成为一个重要的市场卖点，包括年代悠久的内环郊区，在这些地方，历史上形成的区域和建筑提供了同样吸引消费者和开发商的不同寻常的场所和设计特点。老式住宅和邻里社区是如此地具有吸引力以至许多新的项目效仿它们。可以看到"Loft 公寓"变得越来越普及，它们具有复兴的旧工业建筑的外形和感觉，但却是新建的住宅。老式邻里社区的氛围——它们有故事的历史和独特的特征——常常是一个消费者愿意为此支付额外费用的特质。

## 广泛的趋势

本书研究的是居住社区的开发，但是最新的开发却远远不止于此：它们是人们可以营造自己生活的地方——人们可以在这里进行社会交往，教育他们的孩子，获得满足他们日常需求的商品和服务，以及在这里谋生，所有这一切都发生在社区中。

第 9 章介绍了最新优秀郊区开发的 11 个案例的研究，涵盖范围广泛，既包括一个 22 户住宅的 1.5acre（0.60hm$^2$）的小型填充式开发，也包括一个 8100 户住宅的 4000acre（1620hm$^2$）的大规模新社区，这个大社区拥有将近 100 万 ft$^2$（92900m$^2$）的办公和零售场所，以及其他所有成熟城市所具有的一切条件。虽然这些项目在大小、户型和位置上非常多样化，但是它们具有美国内出现的一些广泛趋势中几个主要的共同特征：

- "生活－工作－娱乐－购物－学习"的理想模式形成最吸引人的项目。人们希望在他们的社区进行一切生活活动，而不必为了工作、娱乐或者家庭活动而往返于一个社区和另外一个社区之间。
- "新城市主义"已经成为社区规划的主流。虽然并不是所有的规划都严格遵循新城市主义者的方法，但是大部分已经朝着该方向转变，提供更适合步行的街道形式、更多的混合功能和较小的住宅区，以及提供更多使车道、垃圾回收和公共设施远离交通要道的小路。
- 增加设计和规划投入有利于降低营销成本。最好的项目几乎不需要市场营销，相反，主要依靠口头的宣传和积极的引导。
- 如果规划和设计得好，高密度住宅会销售得很好。购房者为了高质量的公共场所和康乐设施是愿意购买较大社区的住宅的。事实上，许多忙碌的购房者倾向于购买院落不需花费大量精力的住宅。
- 多种人群混居的社区是许多开发商的一个发展目标，他们在为此而努力。将适合购买的住房与市场比例相结合，采用这一方法的项目已经在许多地方获得成功。
- 那些进行详细规划、理解现有居民并与之合作的开发商可能会缓解居民"事不关己则不予理会"的反应。
- 有关管理部门逐渐认识到减少道路宽度和右转弯次数所带来的好处。新标准提高了审美观，进一步保证了汽车和行人的安全，并降低了造价。虽然需要劝说当地政府使之相信急救车能在狭窄的街道上通行，但是开发商发现这是值得争取的。
- 公民开始要求高度的环境责任感。开发项目的"绿色"方法，包括单独的饮用水系统和新的有利于环保的暴雨排水方法，正在美国的许多地区使用，并取得了成功。开发商和消费者同样会从有效的自然资源使用中受益。

ADRIENNE SCHMITZ

“旧的就是新的”的理念再次流行。这种新的城市规划理念正在影响着许多开发项目的设计。

所有这些案例的研究为新住宅区的开发商提供了有用的例证和经验。

## 注

1. U.S.Department of Commerce,Bureau of the Census, “Census of Population and Housing”(http://ceq.eh.doe.gov/nepa/reports/statistics/tab1x4.xls[January 24,2002]).
2. William Frey,“Census 2002,”*Urban Land*,May 2002,75-80.
3. William Frey,speaking at a ULI housing forum,March 1,2002,Washington,D.C.
4. Leanne Lachman and Deborah Brett,“Commentary:A Nation of Niches;Real Estate's Demand Demographics,” White Paper Number 7(New York:Lend Lease Real Estate Investments,2002).
5. U.S.Department of Commerce,Census Bureau,*Profile of the Foreign-Born Population in the United States:2000*(Washington, D.C.:Census Bureau,December 2001).
6. Bureau of Labor Statistics,“Work at Home in 2001,”News Release 02-107(http://www.bls.gov/cps/[March 1,2002]).
7. National Association of Home Builders,“Characteristics of New Single-Family Homes(1987-2001)”(http://www.nahb.org/generic.aspx?genericContentID=374).
8. American LIVES,*Community Preferences:What the Buyers Really Want in Design,Features,and Amenities* (Oakland,Calif.:American LIVES,February 1999),6.
9. Ibid.,21-25.
10. National Association of Home Builders Economics Group, *What 20th Century Home Buyers Want*(Washington,D.C.: National Association of Home Builders,2001).
11. U.S.Department of Commerce,Census Bureau,“American Housing Survey,1999 Detailed Tables for Owner-Occupied Housing Units”(http://www.census.gov/hhes/www/housing).
12. Dowell Myers and Elizabeth Gearin,“Current preferences and Future Demand for Dehser Residential Environments,” *Housing Policy Debate* 12,no.4(2002):642.

13. Ibid.,645.
14. U.S.Department of Commerce,Bureau of the Census, "Historical Income Tables"(http://www.census.gov/hhes/income).
15. National Association of Home Builders,"Housing Opportunity Index,Median Price and Interest Rates" (http://www.nahb.org/assets/docs/files/HOI_Historical_813200283323PM.xls.).
16. California Association of Realtors,"Housing Affordability Index"(http://www.car.org/index.php?id=MzE2MzU=).
17. Reid Ewing,*Best Development Practices*(Chicago,Ill.: American Planning Association,1996),137.

# 2 交通选择提高了居住性

**最重要的是郊区社区的居民对交通状况感到厌烦——交通造成了交通拥堵、污染以及忙忙碌碌且无法实现的生活方式。**

——《2000 年房地产的新趋势》，房地产租赁投资机构

Mockingbird 车站，位于达拉斯以北的郊区，是一个以公共交通为导向的开发项目——达拉斯捷运系统（Dallas Area Rapid Transit）的一个站点。该项目具有城市建筑风格，包括 211 套豪华的 Loft 公寓，一座办公建筑、22 万 $ft^2$（20440$m^2$）的零售空间以及一个 8 屏幕的独立式影院中心。

## 为什么对交通问题产生担忧？

"地段、地段、地段"仍然是房地产的主题曲，但是，随着交通拥堵问题不断地侵蚀人们的生活质量，市场上开始重新评估高价地段的定义。自 20 世纪 50 年代起，郊区完备的生活设施造就了美国郊区的成功：经济适用的、宽敞的住房迁离市中心，同时可以方便地上下班和使用康乐设施。郊区开发的普遍成功实际上已经重塑了美国的景观和生活方式，同时为地产所有者和开发商创造了极高的利润。并且，

COURTESY OF UC URBAN

Eastside 村镇，是位于得克萨斯州普莱诺（Plano）的一个以公共交通为导向的混合用途开发项目，由 Amicus Partners 开发。该项目为住户和通勤者提供了公寓、商店、办公室和停车楼。

由于具有世界任何地方都无与伦比的不断扩张的公路系统，越来越远离市中心的美国郊区已经繁荣起来。

最初，州际公路系统、不断增加的高速公路和收费公路以及改进的街道网络使人们更容易迁往郊区并维持这种状况。然而，20 世纪中期，一个预想不到的大迁移，使得更多的美国人现在居住在郊区，而不是城市。这种郊区人口的迅速膨胀已经对现有的交通设施造成了巨大的压力。单单依靠公共集资不可能解决整个国家的交通危机；开发商必须通过积极地开发使用可靠技术解决交通拥挤问题的新的郊区社区来占得先机。

尽管过去半个世纪来付出了不懈努力和巨大投资，但是美国的公路系统依然跟不上人口增长和扩散的需要。造成目前的困境的主要因素有许多：不断变化的人口分布状况和消费者习惯、郊区公路系统设计的缺陷和将土地用途隔离开来的低效的使用模式。

## 不断变化的人口分布状况

在过去的半个世纪中，美国人口增长很快：从 1950 年的 1.51 亿增长到 2000 年的 2.81 亿。然而，更重要的是家庭形成速度的更快的增长。家庭是前进的主要动力，加之，在过去的半个世纪中，家庭变得越来越小（现在，平均每户家庭不足 2.6 人），相同的人口产生了更多的路线。今天，美国大约有 1 亿户家庭——这比按照 1960 年家庭形成速度的增长计算要多出 2000 万户家庭。仅仅家庭形成就增加了 5 亿多辆汽车。

## 不断改变的消费者习惯

郊区的生活方式改变了消费者的生活习惯和行为。20 世纪 50 年代，对汽车所带来的自由的迷恋已经发展成为经济依赖性。除了个别城市，汽车实际上已经成为美国人生活不可或缺的一部分。平均每户家庭大约有 1.77 个驾照持有者和 1.77 辆汽车。美国是世界上汽车拥有率最高的国家之一，拥有和驾驶一辆汽车每年的平均费用是 7000 美元。在人口众多并且人口密度大的地方，如纽约，买车、开车和停车的总费用特别高：单停车费用一项每个月就可能高达 900 美元。所以，纽约的汽车拥有率要低于全美国的平均水平；1990 年，平均每户家庭只有 0.6 辆汽车。相反，在过去的几十年中，在地下铁道通过的地方，如休斯敦、菲尼克斯（Phoenix）和亚特兰大，汽车拥有率远远高于全美国的平均水平，并且是造成车辆迅速增长的主要原因。例如，在亚特兰大的 20 个地区的地铁区域，在 1970 ~ 1995 年之间，汽车的数量增加了178%，而人口的数量仅仅增加了134%。随着汽车数量的增加超过了人口的增长，毫无疑问，在像亚特兰大这些地方，亦会面临着棘手的交通堵塞问题。

这些增长的主要原因是汽车在家庭生活中的角色变化。每个家庭每天由于购物、上学和其他事由开车的平均数达到5次——4倍于去工作的次数。交通分析家和道路系统的设计者从来没有想象到这种使用水平，因此，过度拥挤造成郊区公路系统瘫痪也就成了情理之中的事情。

## 郊区公路系统的设计

在过去半个世纪中，大部分郊区的发展以层次结构道路系统为特征。系统中的交叉街道的格状网络结构——城市的特点——已经被主干道体系所取代，并且以死胡同和较小的环形街道作为补充。这种设计向购房者传递了关于这些新的非城市社区的私密性和安全性的重要信息，并通过减少人行道、排水管线、照明和景点的长度为开发商节省了宝贵的预支，同时仍满足了设计容量的要求。以上这些设计特点是基于一些共同的假设：交通需求实质上不会增加很大，并且传统的街道提供的分流和容量是不必要的。但是，随着家庭和汽车使用令人始料不及的增长，郊区模式通常被证明是损失惨重的——并且难以补救。

在夜间交通高峰期，回家的通勤者只能从几个入口处进入他们的住宅区，因而都拥挤在主干道上的郊区交叉路口。这些主干道——通勤者用以进入同样过度拥挤的公路系统——已经超过了承受极限。如果有土地可用，有时通过增加更多的道路连接，可以创建一个交通网，但是由于居民反对增加新的道路以及随之带来的超负荷的交通和私密性的降低，这样的翻新改进在政策上很难施行。

## 土地使用模式

郊区的土地使用模式可能是最基本的问题。过时的分区法规和郊区社区向专业化发展的趋势已经促进了单一用途开发的增长。就业中心、零售地点和住宅区相互分离，如果没有汽车，在它们之间往来是不可能的。过去，杂货店和教堂位于邻里社区，所以对步行者来说是很方便的；而现在，杂货店和教堂位于主干道和公路旁，所以对于开车者来说是十分方便的。汽车行程数（VMT）的增加是人口的增加的2倍，原因不在于开车往返，而在于人们由于事由和活动平均每天4～6次泊车。

此外，每个目的地都需要停车场。社区中的每辆汽车平均需要5个停车场：家里1个，工作地点1个，其他3个分别在剧场、购物中心、医院、杂货店、健康俱乐部、公园、学校以及其他目的地。所以，仅仅就停车而言，道路上的每辆汽车大约需要1600ft$^2$（150m$^2$）铺砌的路面——这是一种价格昂贵、没有吸引力并且低效的土地使用。

经济适用房的短缺是土地分开使用的后果之一。由于就业中心附近的地价和房价上涨，上班族为了找到能买得起的住宅，被迫远距离上下班，由此导致往返距离长、交通费用较高、在住房上花费较少和生活质量下降。交通、拥堵和基础设施与服务费用的增长，提高了工作家庭的社区费用。

就乘车上下班而损失的时间而言，消费者的代价在不断地增加。在美国，平均乘车上下班所需的时间大约是25min，但是在许多地方，乘车往返的时间超过一个小时是很普遍的。按照2000年的美国人口普查，住在休斯敦地铁区的上班族上班单程要花费29min，在亚特兰大是31min，在华盛顿是35min。今天，美国人平均需要花费70min呆在自己的车里。罗伯特·帕特南（Robert Putnam）在《单人保龄球》(Bowling

## 新的汽车共用选择

在整个20世纪90年代，苏黎世、柏林、阿姆斯特丹和许多其他欧洲城市出现了汽车共用组织，使人们在需要使用汽车时可以获得汽车，而无需承担因为拥有汽车所带来的责任和费用。现在，汽车共用组织已经进入美国。多个新成立的机构——旧金山海湾地区的City CarShare；华盛顿州西雅图、俄勒冈州（Oregon）波特兰市和华盛顿哥伦比亚特区的FlexCar；波士顿（Boston）的Zipcar——正在改变美国人对私家车的思考方式。

尽管环保主义者只是对汽车共用做了最初的构想，但是，这一实践行动已经获得足够的赞同，被认为是一个主流的交通选择。不像早期的激进分子那样主要关注驾车的弊端，汽车共用机构拥有许多辆汽车，提供随叫随到的汽车，这些汽车分布在城市的各个地方。汽车共用机构的任何一名成员可以在线预定汽车，然后步行到最近的地方进行挑选，最后在月末支付使用费。汽车共用理念是让人们与拥有私家车一样方便，同时由多人平摊拥有一辆汽车的大笔固定费用。

由于只关心那些可变的费用，如汽油的价格和停车费用，所以美国人往往低估了驾车的实际费用。事实上，无论开车次数的多与少，大部分费用——买车、上保险和维修的费用——是固定的。许多车每天闲置22个小时，但是车主仍要为之花费不少钱。并且，由于某个特定的行程使用车的边际成本（marginal cost）是如此之少，车主认为每个单程都有必要开车，这样他们先前为购车所进行的投资“钱花得值”。

相反，汽车共用机构使固定费用变为可变费用：拥有汽车的大笔固定费用在多次行程和多位成员之间平摊，而且，成员按照他们驾驶情况来付费，通常是根据时间和英里数来计算。这样，那些不需要开车上下班但是偶尔需要用车的人们就可以节省大笔开支。而且，因为边际成本的提高，所以汽车共用机构的成员趋于选择如下的出行方式——要么减少驾车，要么通过将多次出行合成一次，或者替代以其他的交通方式。瑞士能源事务办公室（Swiss Office of Energy Affairs）在一项最新研究中发现，转向共用汽车的汽车拥有者在3年中开车时间平均减少了30%。

对于私营公司来说，汽车共用也比维护一个车队能更有效地节约成本。在汽车共用机构中通过会员资格，公司职员可以为了工作的需要使用汽车，如拜访客户或者去远离工作地点的地方参加会议。另外，公司职员不用开自己的车去上班，他们可以乘公交车上班，并在需要时利用汽车共用，如出差或其他事情。对于租房者，汽车共用可以作为拥有一辆汽车的一种选择，另一种是买一辆二手车。除了节省费用以外，汽车共用可以使家庭为了不同目的选用不同的车。

最后，汽车共用可以发展成为一种有利措施来提高商业和住宅地产的价值。根据目标市场上汽车拥有率的期望水平，可以为住宅单元提供汽车共用功能而无需提供另外一个停车场——甚至可以取代第一个停车场。

虽然，美国人已经习惯了无约束的点到点的移动所带来的方便，然而，交通拥堵已经变得十分普遍。虽然汽车共用机构意识到人们需要使用汽车，但是，他们希望最大限度地减少一个城市拥有的汽车数量；他们也鼓励人们寻求其他可选的交通方式。因为理论上大约20个人可以“共用”一辆汽车，所以，停车使用的空间由此会减少。汽车共用不会导致汽车使用的结束，它只是在鼓励美国人少开车——并且不去拥有私车。

资料来源：Gabriel Metcalf，deputy director，San Francisco Public and Urban Research Association.

金氏家族农场位于美国马里兰州罗克维尔市（Rockville），是一个以公共交通为导向的混合用途开发项目。该社区提供了到达附近谢迪格罗夫（Shady Grove）地铁站的短程运输服务。往返车平常的运行时间是6:30 a.m. ～7:30 p.m.。

Alone）一书中描写了时间的社会代价，并且指出，大部分美国人每天在车里的时间远远超过他们和孩子在一起的时间。[1] 郊区孩子的坐车时间也越来越多了。

郊区土地的使用模式，以及由此导致的公路和高速公路交通拥堵，已经危及郊区社区的生存能力。具有严重交通问题的大都市在吸引商业和居民方面正在失去竞争优势。生活质量已经成为有一技之长的人选择位置的一个越来越重要的标准，因此也是成功的商业企业的标准。在上班族及其雇主的详细审查下，拥堵和城市的蔓延越来越被认为是无法忍受的。

同时，消费者正在以全面服务社区的角度，重新审视和评估老的、邻近的邻里社区和郊区。例如，加利福尼亚州的奥克兰市因为比大部分海湾地区的郊区容易到达旧金山，所以迅速充满活力。沿着"El"地铁线的长期被忽略的芝加哥邻里社区正在重新开发，而且地价也升高了。在哥伦比亚地区及其附近的地铁站四周，被忽视的混合用途邻里社区的再投资水平是空前的，而且地产价格迅速超过那些交通堵塞的远郊区。

美国郊区和上千个总体规划社区（master-planned communities，简称MPC）的命运如何？美国不断恶化的交通危机会不会使它们荒废掉呢？新社区是否会消亡？未必。

## 郊区发展的未来

虽然美国人强烈爱好并且依赖汽车是有目

共睹的，但是，一种有趣的新现象正在出现：美国人越来越感到他们被困在车里，并且越来越与他们的社区隔离开来。尽管这种转变是潜意识的倾向而不是公开的反叛，它的反抗力的最引人注意的迹象之一是人们去度假的地方。人们基本上不在郊区度假而是在某种类型的乡村或者城市化的地方，例如巴黎、威尼斯、纽约或新奥尔良（New Orleans）。甚至迪斯尼公园也符合乡村模式。所有这些地方都是混合用途的环境，它们都很容易到达，并且都能提供高质量的生活（它们的地产价格较高就是证明），开车的游客到此都要驻足停留。问题是美国乡村太少，所以它们变得非常珍贵并且价格也很昂贵。以各种各样的价格、风格，在不同的地点提供具有乡村特征的康乐设施是一个挑战。郊区社区的未来依靠它们实现这一挑战的能力。

成功的社区始于交通系统，而且最根本的也是交通系统。土地使用、密度、建筑风格、价格体系和可销售性的确定都是依据人们如何在社区中活动：谁会到达哪里？什么时候到达？如何到达？好的交通条件就等同于高的价格。舒适和方便的通行能力与自然景观以及是否临湖一样，紧紧地和土地价格联系在一起。道路和连通性——在美国国家、地区和地方的层次上——将推动21世纪美国社区的成功和可持续发展。

因而，成功的社区现在正在开发交通战略：这些战略是为了使美国国家、地区和地方的机动性达到最大化而专门设计的。所有努力都源于对最好地点增值的重新思考，并深入到对当地成熟的规划和基础设施能力的仔细评价。

## 交通连接

美国全国和地方的交通连接是最基本的。互通式高速公路长期以来一直被认为是对社区有用的。没有什么比通往机场和城际巴士与铁路的道路更有价值。机场连接尤其重要，因为专业的和业余的旅游已经越来越成为日常生活的基本组成部分。

铁路——无论是往返铁路、轻轨铁路，还是地铁——都是大都市地区一颗正在升起的明星。美国大约仅30个城市有铁路系统，并且，在大部分这些城市中，公共交通乘客人数很多，需求超过了铁路的承受力。与传统城市的公交巴士不同的是，轻轨事实上吸引了各个人群，包括专业人员和高收入的人群。而且，就铁路系统所能承受的程度而言，居民不仅上下班乘坐轻轨，而且娱乐和自助旅游也乘坐轻轨。在不断延伸并且汽车处于支配地位的西部城市里，对铁路的积极反响——例如，达拉斯、丹佛（Denver）和盐湖城（Salt Lake City）——尤为令人惊奇。

位于纽约的欧文顿（Irvington）的伯纳姆大厦（Burnham Building）是一座具有121年历史的建筑，直接穿越北郊铁路（Metro North）车站。这座已经空置了10年的4万 $ft^2$（$3720m^2$）建筑的重新开发，将其首层让渡给一个公共图书馆，上面是22套经济适用住宅。

许多城市开始争论，并且正在寻求联邦政府的资金（目前要求地方政府出资40%～50%）来创建铁路系统。由于联邦政府资金短缺，竞争非常激烈，大部分城市为了获得联邦政府资金必须要等10年或更长时间。因此，较低造价的可选方案得到支持。其中一个这样的系统是快速公交系统（bus rapid transit，简称BRT），这种橡胶轮胎的快速公共汽车在专用的右车道运行，是独立的交通工具，所以运行起来要快许多。由于修建BRT的启动资金明显比铁路系统的启动资金要少，因此对许多社区来说，它是一种很具有吸引力的可选方法。而且，在特征上，这种专门设计的巴士与火车非常相似——也就是说，为了方便上下车，它必须具有光滑的外形、非柴油燃料系统和较低的底板。

## 以公共交通为导向的开发

因为人们希望接近公共交通——特别是在步行范围之内——所以公共交通的存在可能会显著地影响土地的使用。事实上，紧凑的、混合用途的和以公共交通为导向的开发项目（transit-oriented development，简称TOD），也称作公共交通村镇，正在全国各地的车站附近涌现，与不具有公共交通的同类开发项目相比，享有更大的价格优势。例如，在旧金山，TOD是整个铁路地区最贵的地产，与可比的无公共交通地区的地产相比，平均价格要高20%～25%。

以公共交通为导向的开发的基本目标是使尽可能多的人居住和工作在尽可能近的公共交通附近；TOD实质上就是围绕公共交通枢纽的360°环内一个紧密的、混合用途的区域。当综合了各种使用设施，并接近于"18小时"社区时，这些TOD将是最成功的。所以，火车站、繁忙的线路车站或公共汽车站不应该被"停车-开车"区所围绕，而应该位于人口相对较多的"村镇"，停车位设在建筑里或坡道下。

TOD迅速在美国全国范围内变得十分普及，在有些地方要使规划获得批准，项目得以建设，TOD具有较高的优先权。例如，华盛顿的金县（King County）已经完成了三个TOD项目（Northgate、Overlake Station村镇和Metropolitan Apartments），并且有超过30个项目正处于规划阶段。在一些城市，如华盛顿哥伦比亚特区、俄勒冈州的波特兰、圣迭戈（San Diego）和圣路易斯（St. Louis），混合用途的公共交通村镇被认为是减少交通拥挤和提升现有火车站以及汽车站附近地价的一个最佳方法。

甚至在洛杉矶，一个被认为是热衷于汽车的地方，一些开发项目如"绿村"（Village Green），由于在基于交通住宅方面的突破，受到了全美国范围内的认可。有186套单户住宅的绿村——靠近Sylmar/ San Fernando Metrolink公交车站——是洛杉矶地区一个最大的TOD。居民区距离地区铁路仅仅需要步行一小段时间，居民不用驾驶汽车就可以乘公交车上下班。与公交车站一样复杂的是照看小孩的设施Transit Tots，在这里，当孩子的父母上下班时，他们可以很方便地停下接送孩子。

建于1972年的普莱森特希尔海滨快速公交（Pleasant Hill Bay Area Rapid Transit，简称BART）车站，对于使用旧金山BART往返的通勤者来说，长期以来一直是他们的目的地。尽管这个车站在乘坐巴士、火车和出租汽车方面做得很成功，但它还没有发展成为具有商店和服务的完善社区。通过一个所谓的专家研讨会式的交互式规划过程，该规划涉及超过500个的邻里社区、社区积极分子、BART的往返乘客和高级公务员，已为这个18acre（7.3$hm^2$）的地方提出了一个新的规划方案。在普莱森特希尔BART车站地区的社区规划方案中，这个车站和周围地区将被发展成为一个有5个街区的、混合用途的社区，包括市民中心、办公大楼、

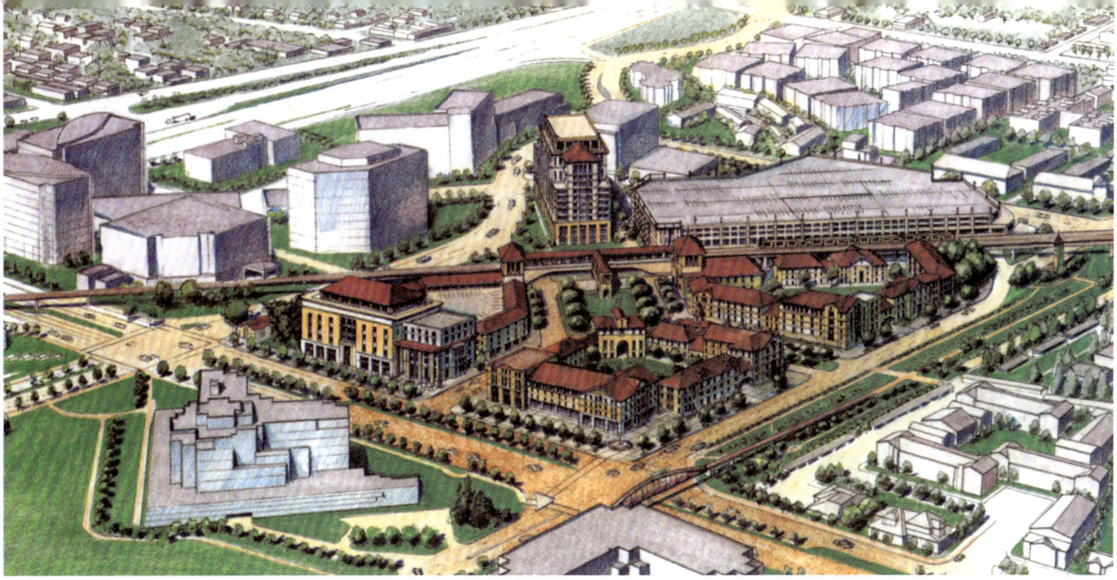


围绕普莱森特希尔车站（海滨快速公交系统的一部分）地区的社区规划，将把原有的车站地区变为 5 个独立的城市街区，这些街区通过直通街道网连接周围邻里社区。一个公共广场将位于项目的中心位置。新社区将包括 274 ～ 446 套住宅单元和超过 46 万 $ft^2$（42740$m^2$）的办公区。

停车场、Townhouse 单元以及项目中心的公共广场——音乐站前广场。站前广场不仅仅作为 BART 往返通勤者的一个连接点，而且也包括许多零售商铺、户外餐厅和宽阔的以行人为本的人行道。

无论一个项目采用的是怎样的地区交通连接方式，当它们应用在一个公交中心时都是最有益的，该公交中心对于当地设施，如往返汽车、旅游巴士、出租车、自行车站和停车场，都是具有吸引力的、明确规定并且方便到达的。当公交中心位于社区中心而不被其他用途隔离开来时，它对于步行者和开车者来说可能同样方便。尽管一个公交中心应该提供足够的停车场，但是这还不够：它的周围还应该具有居住设施和商业设施。开发商应该努力创建这样一个社区：公交枢纽将使整个社区成为一个具有地区价值的地段，并且在以后带来额外的价值。

诚然，工程项目必须反映市场的真实性，但是围绕乡村的开发为那些项目提供了强有力的可行性证据：

- 在火车站附近的所有类型的多户住宅通常是成功的，无论住宅是为了出租、销售（经济适用和实现利润），还是为年长者设计。（达拉斯郊区 Mockingbird 车站的高楼和马里兰州罗克维尔的 Strathmore Park 住户自有公寓都具有当地的最高价，并且远远超过了开发商销售项目的价格。）
- 对雇员很多的办公机构，如政府机构、电话答复中心和工程公司等的销售非常好。雇员避免了上下班乘车和停车的费用以及烦恼，雇主也获得了吸引雇员的额外的有利工具。[当南方贝尔公司（Bell South）将其办公室设立在亚特兰大市火车站附近时，得到雇员强有力的支持。]
- 为了减少乘车往返者晚上下班回家路上的开车时间，便利的零售店也是一个重要的组成部分。例如，当银行、幼儿园、音像店、食品店和干洗店邻近公交换乘点时，也能起到非常大的作用。

- 剧场、电影院和其他娱乐场所从公交乘客身上受益匪浅，并且为公共停车提供了很大的机会。如果往返停车大部分是在白天，则与饭店和其他夜间娱乐场所共用这些空间将有可能减少整体开发费用。

- 在白天，市政设施如图书馆、博物馆、邮局和学校带来了交通和需求。它们区别于一般开发项目，但是却赋予开发项目以市政用途和合理性，这对成功是非常关键的。

研究表明，车站步行范围［5min 的路程或 0.25mile（0.4km）］之内的人们乘公交的可能性要大 3 ~ 5 倍。鉴于公交系统的便利特性，这个数字并不足以为奇：无论是大城市的地铁、便利的公交系统，还是当地往返线路，人们都喜欢公交提供的这些选择。

TOD 内及其附近的土地价值反映了其高密度性和对步行村镇的高需求，在这里非机动车是主要的交通方式。虽然每个工程项目和每个市场是不同的，但是全美国范围内公共交通村镇的房地产稳定的价格通常要比 1mile（1.6km）以外类似住宅的价格至少高出 20%。这种模式和来自于全世界各地的证据是一致的：便利的交通条件始终决定地价的高低，而且最高的房地产价格是由不需使用汽车的选择产生的。

## 步行村镇

每个欧洲国家有其历史上著名的广场：环绕着这个广场的步行区域——“村镇”——通常决定了该区域的最高价格。为村镇引入公交将延伸那些可以通过乘坐公交车到达村镇的“步行感受”，并扩大高价区域。因为汽车是今天社区一个最基本的组成成分，所以在临近村镇的地方提供足够的、集中的和明确划分的停车场是非常重要的。但是，一旦

**位于加利福尼亚州芒廷维尤市（Mountain View）的 Crossings，紧邻一个新的 Caltrain 车站，是一个具有混合用途的以公共交通为导向的社区，它取代了一个过时的带状购物商场。该项目占地 18acre（7.3hm$^2$），共有 387 套 Townhouse 和公寓。**

这个区域为汽车所用，则连接这个村镇的每条道路都应该适合步行和骑自行车。建立适合步行和骑自行车的道路不仅仅意味着提供人行道：它的目标是创建高质量的村镇体验。清洁的道路、充足的迷人灯光、诱人的景观、引人注意的临街建筑、交通缓冲带和以行人为本的十字路口——所有这一切都会使步行和骑自行车成为一种享受，并鼓励居民将步行和骑自行车当作首选的交通方式。

邻里社区之间的连接是十分重要的：有墙的和装有大门的细部分隔减少了步行的可能。开发区不应该成为独立的岛屿，而应该以人们能够自由移动的方法与临近的社区、连接的街道、人行道、公园和地铁交织在一起。连通性不仅使进出更加方便，而且使零售中心更切实可行，这可以通过增加能支撑它们的居民的数量来实现。

当人行道与住宅平行时，住宅就具有了开放的门廊，所有邻里社区居民都容易到达公共活动场所，并促进了社区之间的互动。详细规

划的小街道给邻里社区增添了情趣和价值，当排列成网格时，它们还是一种缓解交通拥堵的方法。尽管初始修建这些适合步行和骑自行车的街道比较昂贵，但是，每条这样的道路都被看作“村镇”的延伸，并获得价格的额外增长。通过使用新的安全措施，如速度表，居民依然能够确信虽然交通流量增加了，但是他们仍然能以适当的速度到达居住区。

## 区域的交通系统

为了使开发项目获得更大的成功，区域交通系统应该和“标识”社区的区域公交系统交织在一起。这个系统应该适合居民、工人以及游客的生活方式和旅行模式。无论何种模式，只要是最适合这个社区的模式都应该被加以考虑：小型定制巴士和运货车、“电话预约定点定时上门接送”的公交服务、电动车、高尔夫

## 影响步行社区的十大关键因素

(1) 一个紧密的、富有活力的城市中心（或者位于一个比较大的开发区内的多个紧密的社区）。建筑物紧邻街道，街区比较短，商人以他们的商铺而自豪，并且各种各样的商店满足当地居民的需要。具有的混合用途包括大量住宅。

(2) 许多道路连接邻里社区，包括人行道、小路和车道。所有的人行道至少宽 5ft（1.5m），并且通过设计隔离带、自行车车道或道路停车场，使大部分人行道从交通中得到缓解。在大部分主干道和汇集车道以及许多邻里社区街道的两边设有人行道，全年进行维修，并在冬天清扫积雪。大部分人行道在各个方向为来去每个街区的残疾人设有出入口。

(3) 低速限制。许多城市和邻里社区都有 20 ~ 25mile/h（32 ~ 40km/h）的速度限制。大部分驾车者应遵守交通法规并为行人让路。

(4) 邻里社区学校和公园。大部分孩子可以自己步行或骑自行车去学校和小公园。大部分居民是在距离小公园或其他被维护得很好的且吸引人的公共场所 0.5mile（0.8km）——最好是在 0.25mile（0.4km）——之内的地方居住。

(5) 吸引各种住户的公共场所。公共场所，例如公园和广场，提供吸引各种人群（包括孩童、少年、老年人和残疾人）的服务和设施。城市的大部分地方，尤其是城市中心，普遍具有公共休息场所、自动饮水机和座位。

(6) 方便、安全和容易通行的街道十字路口。步行者行走不超过 150ft（45m）就可以到达另外一个十字路口。在一个十字路口，无论信号灯亮还是不亮，步行者等待时间不超过 30s 就可以穿过这个十字路口。

(7) 大量维护较好的公共场所、林阴道和许多树木。投影大的树种排列在许多街道两边，开发规划中要求具有种植树木的隔离带，住宅聚集在一起使绿色面积最大化，并且城市的许多地方具有天然小路和走廊。

(8) 明智的土地使用和交通规划。人们理解并支持紧密式的开发形式、填充式开发、混合用途、经济多样性和大部分邻里社区集中了许多经济适用的住房。公交服务连接多个具有吸引力的中心，并且公交往返频繁以至不需要等待时间。所有居民都感到他们可选择多种交通方式到达大部分目的地。大部分人居住在他们所需要的 40%的产品和服务的 0.5mile（0.4km）以内。

(9) 公共场所庆典。街道、广场、公园和海滨地区是喜庆、安全、方便、有效、舒适而又受欢迎的。社区应包括一个能够散步的吸引人的地方，并且许多人参加户外公共活动。公共场所被很好地保护、关心和爱护。

(10) 许多步行活动。人们能够步行穿过整个社区。没有像“闲荡”这样的事情。在城市中心、学校、公共场所中心、海滨和其他公共场所散步是受鼓励和提倡的。街头音乐家和艺人是受欢迎的。小孩不需要父母开车把他们送到学校、公园或城市中心。

资料来源：Dan Burden, Transportation for Livable Communities Network，www.tlcnetwork.org.

## 规划公交路线

设计一个有效的公交系统——或者，也就是说，设计一条公交路线服务于一个新社区——需要彻底了解该社区的居民和工作人员的希望和需求。遗憾的是，实际上，在居民入住之前，这些希望和需求只是纯粹的猜测。到居民入住时可能为时已晚：居民和工人已经适应了与他们以前居住的社区一样以汽车为中心的生活。虽然如此，一些搭便车的制度仍可能有助于新的公交路线满足更多的市场需求。

• 公交路线应该是笔直的，并且沿着相对较直的道路。乘车者会因公交路线偏离主干道而造成的延时变得很不耐烦。虽然为了服务于某个主要目的地（参见下一项），这样的绕道有时可能是必要的，但是，在任何一条公交路线上都应该将绕道减少到最小。

• 主要的目的地，如工作地点、商店、学校和医疗设施应该被建立在通过公交路线比较容易步行到达的范围之内。到公交汽车站的实际步行距离是0.25mile (0.4km)，到火车站的是1/3 ~ 1/2mile(0.53 ~ 0.8km)。然而，这些指导方针主要适用于住宅区域。目的地越重要，越应该接近停车站。例如，一所较大的医院如果位于当地公交路线0.25mile (0.4km) 区域的边缘就不能很好地发挥作用，应该在其前门设立一个停车站。如果医院已经建好了，那么，公交路线可能不得不改变方向来为它服务。如果还没有建好，则应该仔细规划这个医院的位置，以便将主要公交路线的偏离最小化。

• 对于某些标准大小的公共汽车来说，一些街道可能显得太窄了。最好在规划阶段预先估计哪些地方公交车将通过，以便能相应地设计街道。公共汽车不应该在一些过于狭窄的街道上行驶，这会导致一辆汽车必须开到路边以便另一辆迎面而来的汽车通过。使标准尺寸的汽车通过的最小宽度是10ft（3m）；而12ft（3.7m）是比较合适的。所以，在马路两边具有停车场的双车道的道路需要的最小宽度，路边到路边的距离为36ft（11m）；40ft（12m）是比较合适的。小公共汽车可能不需要这么宽的道路，但是，这种小公共汽车可能无法满足预期的乘客数量的需要，或者可能不会被提供这种服务的公交公司所采用。

政府官员通常关心较小的转弯半径（即急转弯）可能妨碍公共汽车。然而，在某些单边停车的街道上，公共汽车可以在距离路侧石有一定距离时就开始转弯，这样就消除了急转弯的影响。格林大街房地产公司(Green Street Properties)的查尔斯 · 布鲁尔(Charles Brewer)表示，在道路两边具有纵列式停车的街道上，对于标准大小的公共汽车来说，5ft（1.5m）的转弯半径已经足够。根据布鲁尔的法则，“从路

球推车、电车、水上出租车或是摆渡船。这个“车队”应具有区域的特点；对于区域居民来说应该是令人愉快的和独特的。如果没有电车的话，旧金山将会变成什么样呢？没有小船，威尼斯将会变成什么样呢？没有雪橇，采尔马特（Zermatt）将会变成什么样呢？

建设公交系统不是为了服务于业余爱好者：它是花费巨大的技术复杂的过程。鉴于所要求的专业技术的协调和水平，最近出现了交通管理机构（transportation management organizations，简称TMO）——致力于规划和支持公交系统的组织——就不足为奇。TMO迅速得到了普及，它在决策公交系统的可行性、建立公交系统以及管理资金和运作方面具有专业知识。一旦一名TMO顾问被雇用，他（她）将和当地居民、现有的公交公司、当地管辖部门、主要的雇主和土地所有者一起工作，以评估现有的需求和资源，决定应当采取何种形式的系统，并决定如何运作和集资。在顾问的指导下，将建立一个非营利的TMO作为新业务的公交代理机构，因此没有哪一方单独负担全部责任。也就是说，那些坚持从系统受益的人必须做好准备，为成功地开通交通路线或其他公交服务承担真正的责任。

侧石启动／停车的距离每增加 1ft（0.3m），所需要的转弯半径就减少 3.415ft（1m），该数值等于 1.414/0.414。”

理想的转弯半径将防止机动车辆占用其将要拐进去的街道的迎面车道。然而，在交通流量非常低的街道上，公共汽车撞上迎面车道上机动车辆的几率也非常小，在个别情况下，允许公共汽车占用迎面车道一定宽度。

- 服务的频率和跨度（每天的首班车和末班车）是吸引汽车使用者使用公共交通的非常重要的因素。周一至周六，从早上 6:00 至下午 7:00 是建议的最小时间段；每天从早上 5:00 至午夜则最好。如果一条线路主要服务于学生和上班族，则只在高峰时间开始服务是可以接受的。这种“往返运行”通常的运行时间为周一至周五，从早上 5:00 ~ 8:00，下午 3:00 ~ 6:00。

关于频率，建议最小的时间间隔为 30min（不同于公交系统常用的 1h 频率）。为了吸引更多的乘客，15min 的频率（如果应乘客的要求频率更高）应该是努力的目标。当然，服务得越频繁，服务的跨度越长，对乘客来说越好。

问题是这两者的花费都更多。由于一些市政当局不愿在公共交通方面投入更多的资金，所以，它们倾向于只提供最小的频率和覆盖的跨度，只满足那些要求最低服务的乘客。由于所提供的服务不能达到那些更加苛求的乘客的要求，所以，一些市政当局不能突破公共交通工具乘客人数以达到新高。

- 换乘可能增加或削减公交乘客人数。许多情况下，乘客不能仅通过一条路线到达他们的目的地，因此，换乘第二条线路的过程应该非常快捷、方便和舒服。如果一条或两条路线的服务的频率低于 10 ~ 15min 的时间间隔，那么，换乘时间应该在尽可能的情况下进行调整。即使这时，所涉及的车站也都应该装有椅子、照明雨棚和时间表，或者最好具有实时信息显示。

开通一条崭新的公交路线是耗费时间的工作，它需要经验。如果某个社区位于或者接近于一个现有的公交公司的服务区域，则该公交公司应该着手开通一条新的服务线路，或者延伸附近现有的公交线路。通过对最好地满足社区需求的服务种类进行协商，这些乘车原则可以起到支持社区的作用。

资料来源：William Lieberman，AICP，transit planning consultant.

实际上，所有公交系统都被经济发展而获得的利润所资助。这些利润的受益人应该联合起来为这个系统投资。因而，就税收增加的程度而言，政府也应该参与进来。地价正在上涨的邻接的地产的所有者或开发商也是适当的参与者，从其雇员停车费用的减少和交通条件的改善获益的雇主也是参与者。逐渐地，社区通过交通管理机构挑选出使用公交而增加的价值，并决定集资策略。

迪斯尼公园很好地阐释了公交系统如何转变成一个康乐设施。由于这个地方是如此之大以至于在宾馆和各种景点之间步行非常费劲，特别是在炎热的佛罗里达州。这个挑战是将迪斯尼公园联系在一起，并使它像是一个乡村，使旅游者感到没有必要开车。（经验表明一旦旅游者进入车里，他们趋向于离开这个地方——这将造成重要的零售“泄漏”。）

解决此问题的答案是公交系统。一条单轨铁路环绕这个地方，并且成为最明显的交通方式。公共汽车和运货车是广为运用的交通工具，而且水上往返的轮船也成为主要的交通工具。但是迪斯尼做得更多。该公司将每种交通模式的旅行都作为“坐车旅行”，并确保这种经历非常美妙。车辆吸引人且成为公园里最重要的形象，频繁地往来且非常可靠。车站很容易找到且容易到达，而且车站全体职员非常友好、乐于助人。结果怎么样呢？自己开车相对更加麻烦，更加昂贵，成为很不方便的选择。游客将他们的车停在停车场，并且高兴地使用这个往返交通系统。

随着需求的增加，公交系统可能而且应该扩张；但是从一开始，它们必须是方便、可靠、频繁且用得起的——适当情况下，甚至是免费的。通常的错误是对一条初始的试验路线投资不足，限制了停车的次数和频率。当使用率较低时，该计划即被认为是失败的，并遭到抛弃。尤其是在一个建成的社区里，交通习惯改变得很慢，必须给一个理由以及合理的时间去改变。既然公交系统要与私家车进行竞争，那么，它无论如何必须要比开车好。例如，公共交通可以与私家车在拥有私家车、停车、上保险、加油和维修等费用方面展开竞争；它也可以通过减少旅游延迟所造成的时间代价和减少拥堵繁忙的交通所造成的感情代价来进行竞争。

科罗拉多州博尔德市的公交系统就是一个特别成功的例子。像其他已经建成的社区一样，博尔德市已有长时间的土地使用和交通模式。但是，在 20 世纪 90 年代中期，交通拥堵和不断恶化的步行系统已成为重要的政治问题，博尔德市决定采取强有力的措施。城市领导者求助于地方公交管区（Regional Transit District，简称 RTD），并要求一个新的往返公交服务连接两个主要的步行区：科罗拉多大学和珍珠商业街。但是，这个城市不想使用 RTD 标准的长 40ft（12m）的柴油机公共汽车。而想用一种比较小的厢式公共汽车。并且，这个城市的领导想让车外部的样式和颜色、内部装饰以及司机的制服相互协调。他们希望有 CD 播放器，并可以自由地选择播放音乐。他们希望能选择价格、路线和时间表。并且，打算把它命名为“Hop”。尽管这些要求不合常理，但是，如果这个城市同意资助试验的一半费用，RTD 将同

## NextBus

NextBus 使用最新的技术解决了古老的问题：等待汽车的到达。更多的人不愿意乘坐公共汽车的原因之一就是他们认为公共汽车是不可靠的：公共汽车通常不能按照预定时间到达，而且乘客也不知道是否有时间回家或喝杯咖啡——或者他们是否应选择其他的交通方式。NextBus 依靠使用全球定位技术的高科技系统，向乘客显示公共汽车实际什么时间到达，不再仅向他们显示它预定何时到达。

为了建立这个系统的历史数据，每辆公交汽车都安装了全球定位系统（global positioning system，简称 GPS）跟踪器，并监控 4～6 周。车辆的位置（通过蜂窝数据包）被传送到一个接收计算机，该计算机建立了一个数据库，比较实际到达时间与预定到达时间。一旦初始的监控期结束，当公共汽车沿着它的路线行驶时，每辆公共汽车的当前 GPS 跟踪信息就被传送到中央计算机；根据公共汽车现在的位置和在监控阶段收集的历史数据之间的关系就可以预测公共汽车的到达时间。

这个预计到达的时间显示在公共汽车站的牌子上，并且不断进行更新。乘客也可以通过其他途径得知预计到达时间：登录因特网（www.NextBus.com），或使用入网电话双向信息工具以及个人无线数字设备。

到目前为止，NextBus 看起来非常成功。美国在全国范围内有超过 10 个地方正在使用这个系统，包括弗吉尼亚州（Virginia）的阿灵顿（Arlington）、特拉华州（Delaware）的里霍博斯湾（Rehoboth Beach）以及加利福尼亚州的旧金山。NextBus 已经赢得了许多荣誉，并且已被认为是交通和网络业的先导。最重要的是，它已经使得人们感觉到公交变得更加可靠，避免乘客暴露在恶劣的天气条件下，提高乘客对他们的到达和出发时间的控制，并且减少了由于延时带来的烦恼。

资料来源：Melissa Weberman，Urban Land Institute。

"Bound"是科罗拉多州博尔德市的一种定制公交车辆，它平日从上午7:00至下午6:00每6～20min运行一趟。博尔德市使用许多公共汽车，创建了一个路线网格系统，代替了仍在许多地方使用的传统中心发散模式。这种网格系统使得乘客能够有效地换乘公共汽车，不一定必须到达市区在主要公共汽车站进行等候。

意资助另一半费用。

这种定制公交系统十分清楚地反映了社区要求，并获得一个巨大的成功。6年中，博尔德市已经扩展了这个公交系统，包括Skip、Jump、Leap和Bound，连接着这个城市的不同地方。这一措施不仅成功地吸引了许多乘客，而且该系统所服务的邻里社区也已经抬高了地价——部分原因可能是由于作为这种适于步行社区的一部分所带来的方便和成功。

康涅狄格州的纽黑文（New Haven）已经意识到这个具有地方特色的地方公交系统的好处。作为其清洁城市运动的一部分，美国能源部门最近奖励给纽黑文1200万美元，以组建连接这个城市的就业中心与零售店和住宅的电车队。4辆可乘坐22人的电车令人回想起那些20世纪50年代的车辆，虽然它们使用橡胶轮胎，但是它们完全是电动的。乘车完全免费，并且主要通过停车费用和区域商业费用来支付费用。例如，运行一条从纽黑文的Coliseum的停车场到市区活动中心格林（Green）的公交路线，共用照明费用一年大约是5.6万美元。

## 首先规划交通

新的总体规划开发项目有条件从一开始就能够规划步行区和公共交通区，这给它们带来许多好处：

- **土地使用和交通可以最好地结合起来。**从一开始，步行、自行车、汽车和往返公交车的连接可以利用一个有效的、容易使用的模式规划出来。可以为主要街道和地区公交站点仔细规划最佳出入口。从战略上来说，交通中心可以被设置在市区中心，确保它的成功并提高周围地产的价值。为了进一步提高公交中心的潜力，它可以与现有的社区相连，改善那些社区居民的进出。

- **从一开始就可以创建商业区。**可以开发一个往返公交系统，将有效地增加公交中心10min路程以内居民的数量，并且增加混合用途开发项目的竞争力。当社区建立了公交管理系统时，位于这个社区中的管理部门通常减少停车需求，而允许共用停车，这样就可以降低建设费用，进一步增加MPC商业开发区的可行性。

- **整个开发模式可以更加紧凑和有效。**建筑物可以安排得很近，提高连接性。当开发项目比较紧凑时，从商务、居住和商业用途建筑都将能够方便地到达康乐设施。居住建筑的设计可以通过这一方式保护隐私。土地缺乏的地区的旅游社区，已经展示了这种开发模式的吸引力。例如，科罗拉多州的韦尔（Vail）就有一个紧凑的土地开发项目。单户住宅和多户住宅散落于商店、办公楼和社区服务设施之中，所有这一切都通过免费往返公交车连接在一起——这一方案使土地能够进行额外开发和盈利。以公共交通为导向的开发的相同基本原理可以应用于非旅游社区，使它们具有自己的特色并获得成功。

• **可以营造强烈的村镇特色以提升地产价值。** 在MPC努力使自己与消费者区分开来的过程中，步行特色为其增添了重要价值。在那里，人们获得了归属感，他们了解自己的邻居，他们感觉到安全，并能够步行或骑自行车到达城镇中心——人们愿意为成为这样的社区的一分子支付额外的费用。尽管事实上每个大都市地区的郊区开发项目都使用诺曼·罗克韦尔（Norman Rockwell）所开创的广告活动，试图投资于这种获得普遍认可的生活方式，但是，围绕邻里社区的步行或乘车往返真正的连接系统还远远不够普及。当福里斯特城（Forest City）公司的设计人员设计面积达4700acre（1902hm²）的前丹佛斯泰普尔顿机场（Stapleton Airport）二次开发的总平面图时，他们首先从交通系统的设计着手。他们在中心位置设计一个轻轨车站，可以方便地到达居住、零售和商业区。他们设计的街道系统提供到达居民区和"主街"开发区的免费往返公交车。自行车道、宽敞的以行人为本的人行道以及主要为双车道的街道体系都进行详细设计。尽管这样大的一个地产项目有着巨大的用地，而它的设计却造就了高度连接的新邻里社区的出现，这里的住宅销售量和价格高居市场榜首，超过所有的预期结果。

• **公交建设费用可以实现最小化。** 即使人行道、小道和公交道路是在项目开发的后期阶段中完成，预先规划连接系统可以将翻新和建设费用最小化。主管部门通常在他们安排所

位于明尼苏达州（Minnesota）明内通卡（Minnetonka）的西脊市场（West Ridge Market）是一个63acre（25hm²）的混合用途社区，该社区共有418套住宅和25.6万ft²(23780m²)的零售场所。该开发项目包括一个容纳500辆小汽车的停车场，这为到达主要的就业和零售场所提供了快捷的本地公交服务。

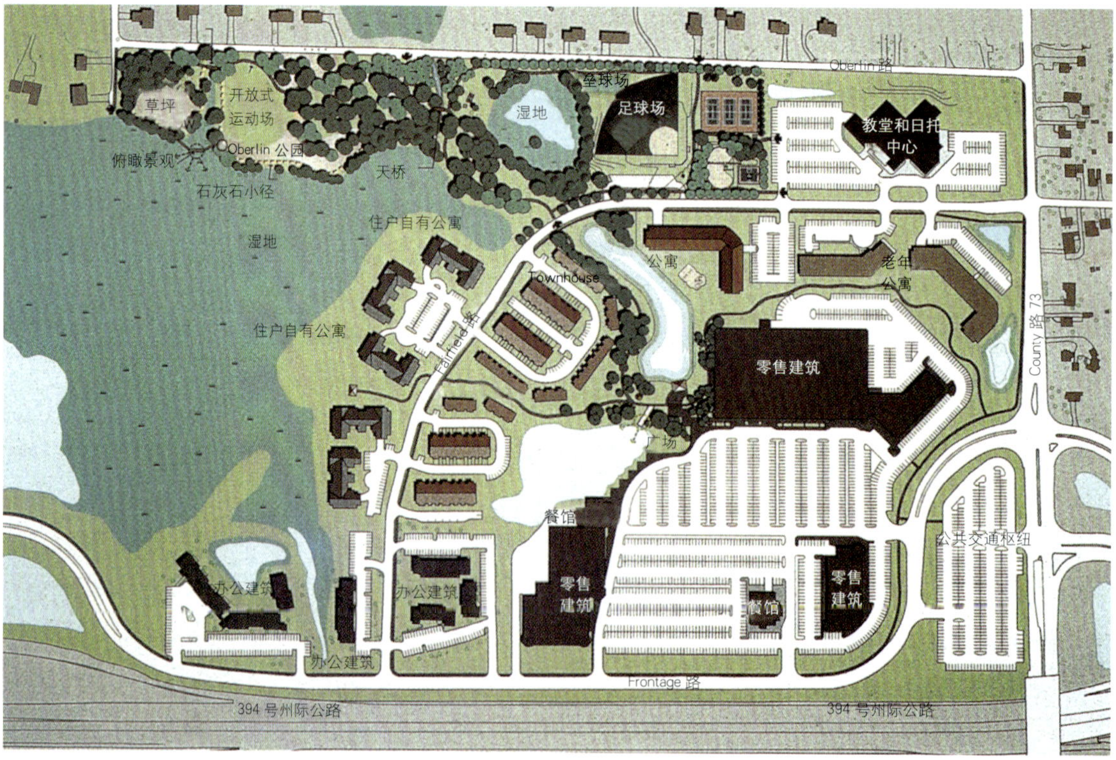

位于丹佛的面积达 4.7 万 acre（1902hm²）的前斯泰普尔顿国际机场的二次开发是一个最大的项目：斯泰普尔顿最终将容纳 1.2 万居民，包括 1700 万 ft²（158 万 m²）的办公和零售场所。为了确保这个新社区的连接性合理，以行人为本并具有成本效益，作为开发商的福里斯特城公司首先规划了交通系统。

有的连接和公交系统之前要求一个项目必须具有一定的规模。虽然如此，公交系统规划的提前仍减小了花费较高的翻修必要，同时允许进行更加注重成本效益的阶段设计。

## 小结

对于消费者来说，流动性变得越来越具有优先权——也是一个失败的源泉。过去的半个世纪中，所建立的适合于汽车的基础设施维护费用很高，扩建费用更是如此。同时，随着美国人寻求比以前更大的灵活性和流动性，汽车的使用急剧增加。

交通条件对房地产来说通常是非常重要的。方便地到达高速公路、机场和地方铁路系统的地段将不断增值。但是，没有交通条件的邻近地区却没有被利用；所以，交通系统和土地使用必须仔细地进行规划和结合。

除了连接地方交通系统以外，开发商还可以通过创建以行人为本的社区增加其项目的价值。人们愿意为居住在一个不需要汽车就能生活、工作、购物、赚钱和运动的邻里社区和村镇而支付额外的费用。宽敞的人行道、方便和安全的街道十字路口以及邻里社区和社区之间的步行连接提高了步行性。当这样一个环境与交通选择一起呈现时，需求和房地产价值会有更多增加。建立公交系统是非常昂贵和复杂的，但是投资能带来巨大的回报。TMO 通常被用于组织、集资和运作往返公共汽车、自行车、汽车共用以及相似的系统。为了给自己的工程项目增加公交设施，开发商应该考虑与当地主管部门和其他土地所有者进行合作。

无论是位于填充式用地还是偏僻的社区，未来最成功的社区将是那些反映出对动态学和移动价值的理解的社区，是那些认识到居民愿意为减少上下班时间，愿意为在城市不断蔓延的美国仍能感受到重新建立起联系，而支付巨大的额外费用的社区。

*本章作者是科罗拉多州丹佛城市投资协会主席玛瑞丽 · 乌特（Marilee Utter）。*

**注**

1. Robert D.Putnam,*Bowling Alone:The Collapse and Revival of American Community*(New York:Simon & Schuster,2000).

# 3　土地和基础设施的更有效利用

**自从郊区出现以来，它们一直在发展和发生改变。从“睡城”到边缘城市，一直在朝着更加复杂和更加完善的地方发展。在过去两代中，就业和零售业被住房引向郊区。现在，市场力量正使住房类型趋于多样化，并且提倡选择使用汽车。正如全社会所期待的那样，适合步行的邻里和城市中心正在出现。那些郊区曾经分离的地方正通过场地的填充和再开发等战略性混合用途项目被连接到一起。以世界上让人感觉最好的那些城镇为中心，构成的网络开始覆盖和改变着郊区的景观。**[1]

——彼得 · 卡索普（Peter Calthorpe）和威廉 · 富尔顿（William Fulton），《地区城市》（The Regional City）

随着大城市地区的继续发展，土地的有效开发以及新的和现有基础设施的有效利用，对于可持续发展成本效益而言，正变得越来越重要。预计到 2025 年，美国人口将增加 6300 万，这预示着将需要大约 3000 万套新的住房，包括联立式和独立式的单户住宅、公寓式住宅、住户自有公寓及其他满足需要的住宅，而且，家庭形式也在发生变化。1990 年，每个家庭的平均人数为 2.68 人，到 2025 年，这个数字将会减少到 2.10 人，家庭规模的显著减小反映了一个问题：尽管人口在继续增长，但是住宅的选择将不得不作出相应的改变。

人口增长的一部分将出现在城市，但是郊区人口也将继续增长。尽管有人批评郊区意味着经济等级化、社会孤立、文化上令人烦恼，并且对汽车具有依赖性，郊区仍然实现了许多人拥有一套新住房的美国梦。所以，当人们选择居住、工作和娱乐的地方时，郊区仍具有很高的吸引力。并且，随着郊区发生改变以适应社会、经济和人口趋势，为了控制费用，提供更加多样的社区和住房类型，以及有助于经济和环境的可持续性，比以前更有效地使用土地和公共设施将显得非常必要。本章分析了一些提高开发有效性的原因，并且描述了一些这样做的成功技巧。

当开发变得更加有效和更注重成本效益时，所有人都将获益，包括消费者、当地政府以及私人开发商。更有效地使用郊区土地和基

GEOFFREY BOOTH

随着郊区继续发展，一些地区，如亚特兰大，必须进行更有效的规划。过去半个世纪中，持续发展趋势只能保证交通形势继续保持停滞状态。

**随着生育高峰期出生人群退休并对创新性的新住宅类型提出需求，郊区景观发生了改变。位于佛罗里达州 Poinciana 的 Avatar 项目的 Solivita 是一个有着 6500 套为活跃成年人（active-adult）设计的住宅的社区，其中建有一个 10.5 万 $ft^2$（9750$m^2$）的村镇中心和一些康乐设施。**

础设施意味着什么呢？就土地规划和开发而言，有效性通常是通过提高密度、土地的混合使用以及更彻底地利用现有基础设施（包括街道、公用系统、公园、开敞空间和公共设施）而获得。遗憾的是，过去 50 年的发展趋势表明，对于提高土地和基础设施利用的有效性，我们仍然有很长的路要走。1950 年，7000 万美国人居住在占地大约 1.3 万 $mile^2$（33670$km^2$）的市区。在接下来的 40 年中，随着土地的使用模式和人均土地使用面积的变化，居住在市区的人口翻了一番多，同时，这些人所占用的土地面积扩大了 5 倍——超过 6 万 $mile^2$（155400$km^2$）。[2]

## 为什么要增加有效性？

许多因素迫使房地产开发商、规划者、设计人员和政府官员寻求土地和基础设施更加有效的利用——经济、金融、政治、社会和环境因素都发挥着一定作用。

### 改变郊区人口分布

正如在第 1 章中所提到的，今天的郊区人口年龄偏大，社会和种族更加多样化，并且组成多种多样的家庭类型。更重要的是，郊区居民的期望很高：他们需要满足他们的特定需求的住宅、康乐设施和服务。

年长者通常倾向于在合适的地方逐渐变老。许多守空巢者不是退休后回到佛罗里达州，而是选择居住在他们的家庭和朋友附近，仍旧居住在他们原来的住宅或者迁移到附近一个活跃的成年人退休社区。因为守空巢者需要较小的住宅空间，并且可能拥有一个空出的住房，所以他们宁愿居住较小的住房——可能是一个在传统的郊区社区很难找到的住房类型，其主要特征是适合于单户家庭。结果就造成了对有选择性的住房类型的需求越来越大——无论是多户住房、复合型住房、辅助性房间、老奶奶套间还是车库。为了针对提出的这种需求，郊区规划委员会逐渐允许分区改变，即允许高密度和恰当地使用现有建筑物，鼓

BOB NAROD

位于弗吉尼亚州亚历山德里亚（Alexandria）的Ford's Landing项目俯瞰着波托马克河（Potomac River）。它建在亚历山德里亚老城镇的最后一片可开发的土地上。在7acre（2.8hm$^2$）土地上有136套Townhouse，该开发项目迎合了有钱人的需求。

励填充式开发和对未充分利用土地的二次开发。

同样，郊区少数民族和移民家庭的日益增高的比例，对新户型提出了重要的需求，包括能提供几代家庭居住的住房以及为启动商业、小零售业和服务业提供机会的商住两用的空间。

## 现有郊区的土地经济形势

随着大城市不断从市区向外扩张，在中心商业区工作变得越来越不划算。甚至，随着交通拥堵和上下班乘车时间的增加，许多购房者选择居住在比较靠近工作场所的地方。同时，为了更加有效地雇用工人，许多公司迁移到他们的郊区雇员居住的地方附近。这种趋势的结果是许多郊区的商业地价和租金等于或者接近于城市价格。

新的郊区的商业开发区扩大了当地税收的机会，但是，它也对基础设施提出了更大的需求。为了满足新开发区的需求——尤其是交通需求——现有的基础设施不得不进行改进和升级。在某些情况下，可能需要增加公共交通系统。

受欢迎的、可开发的土地越来越缺乏并且价格越来越昂贵。按照房地产界的惯用说法就是"最好的地段已经被开发了，只有边缘和不适合的土地仍保留着"。在成熟的郊区社区，尤其是在美国东北海岸和西海岸的大城市地区，实际上可供开发的土地已经很稀缺。所保留的未开发的典型地区包括沼泽地或陡峭的地块，或者是不可接近的、地质不适合的以及受保护的露天场所或栖息地，或者是被多重所有权分割的地方。随着新开发项目的持续需求抬高了少数被保留的可开发用地的地价，开发商可能被迫以比所划分的区域更高的密度开发这些保留的用地，或者最大限度地开发昂贵的单户住宅。

随着郊区日益变得成熟，土地的获得与开

发费用占住房和商业开发整个项目费用的比例已经不断增加。在美国的一些地方，地价可能占整个新住宅费用的40%～45%，而在土地比较容易获得的地方仅占10%～20%。典型情况下，当开发商被迫为土地支付较高的价格时，他们可能只为有限的高收入居民建造住房。这个结果导致了不能满足首次购房者、守空巢者、低收入或中等收入水平以及那些需要辅助生活设施的人们的需求。

今天的郊区社区充满了许多低效的土地和基础设施利用的例子——从死胡同和大片住宅的建设到水资源的浪费和有门社区的建立都可略见一斑。从商业观点来看，为了解决土地匮乏所造成的经济压力，更加合理有效地利用郊区土地和基础设施是非常必要的。协调良好的规划和开发策略可以缓解这些经济压力。

**死胡同街道**　死胡同是土地和道路费用的低效利用。曾经作为郊区标志的死胡同，现在由于造成越来越严重的交通拥堵问题正遭到批评。它们迫使所有人都拥向拥堵的主干道，造成更严重的交通堵塞。同时，居民被封堵在死胡同的小弄里，从这里很难或无法步行、骑自行车或乘坐公交车到达周围社区。

规划者正在提高连通性，以取代原有的死胡同：网状的围绕小街区的街道、许多十字路口和较窄的街道，通常都和人行道连在一起。(较窄的街道减小了交通流量，同时增加了步行者的安全感和舒适感。)在华盛顿奥林匹亚(Olympia)，规划者已宣布死胡同是违法的，除非有像沼泽和水域之类的地形限制。马里兰州的巴尔的摩县(Baltimore County)正在通过仅在有地形限制或者已经“提供了街道平衡因素”的情况下允许存在死胡同来尽力平衡死胡同和网状街道的数量。[3]

**公共设施**　高密度和填充式开发考虑了对现有的公共设施(包括下水道和水)的更有效利用。虽然看起来很明显，但是最近的研究表明，为大面积住宅区提供下水道和供水服务的

作为加利福尼亚州匹兹堡(Pittsburg)复兴时期的重要组成，Marina Walk 项目提供了120套单户住宅和一个传统网格模式的街道系统。一个邻里社区公园成为位于先前褐色土地上的这个23acre(9.3hm²)的开发项目的中心。

费用要高于为小面积住宅区提供下水道和供水服务的费用，因为较长的分布干线需要连接整个住宅区。当前，不太密集的地区所支付的费用要比实际的服务费用少。[4] 社区正在通过提高开发商所占新服务线路费用的份额来调整这种不平衡——这一策略将有助于促进较高密度的开发。

对于许多社区来说，有效地管理水资源是非常必要的。由于他们不能提供足够的水来支持开发项目，所以全美国各地的州和地方政府停止了许多在施项目。2002 年 1 月，加利福尼亚州通过了一项法律，要求超过 500 套住宅项目的开发商证明开发区至少能供水 20 年，并具有政府同意该项目的批文，附于开发商有能力提供的证据上。[5] 当西部地区水资源缺乏十分普遍时，东部地区也遇到了同样的问题：在马萨诸塞州、马里兰州和北卡罗来纳州（North Carolina）的城市已经定量供应水，并限制开发。在随后的数十年中，水资源的管理将影响到所有的郊区开发商。

**有门社区** 大门和围墙曾经作为贵族的堡垒，现在却包围着为中等收入和低收入者开发的项目。虽然一些居民认为大门能阻止犯罪，但是，这一说法还有待证明。实际上，大门给居民造成的安全假象可能鼓励了犯罪。而且，大门延迟了警察和其他急救车辆的反应时间。从更普遍的意义上来说，大门把社区的一部分地区与另一部分隔离开来，并没有解决大门试图排除的社会问题。尽管一些开发商认为购房者愿意购买有大门的社区，另外一些人却认为这个需求是开发商所驱动的。

当地政府可能欢迎有门社区，因为这样的社区不需要公民集资修建或维护基础设施，甚至不需要急救服务。然而，也有一股力量反对有门的开发项目。当地政府可以通过借助警察力量来禁止建设有门社区；然而，通常规划委员会只是简单地同意从开发规划中去掉大门和围墙的开发项目。[6]

## 广阔的市场机遇

通过更有效地利用土地和基础设施来降低项目开发费用，开发商可以为广泛的人群提供居住的机会。他们可能通过改变分区来增大选定区域的密度。更高的密度将降低单户家庭成本率，使之不会高到让中等收入者不敢问津。例如，有 5000ft$^2$（465m$^2$）的高密度单户家庭分区地区，可以改为允许建造中等密度的附属住宅——例如每英亩 6 个单元（每公顷 14.8 个单元）的 Townhouse——仍能够与四周的单户家庭社区相融合。

在成熟的社区，尤其是在具有商业用途的那些社区，为了更加密集的开发，也可以利用填充的方法。填充式开发通常更适合年长者、学生和中等收入家庭居住的住宅，也可以设计为来自较大家庭的守空巢者的住房。因为从填充式开发的用地能够方便地到达就业中心、商场、娱乐和服务中心，所以填充式开发的项目往往对购房者和租房者具有更大的吸引力。填充开发的用地的全部或者一部分可以划分为“褐色土地”（brownfield），可以获得联邦和州的经费来减少开发商的费用和债务。（关于褐色土地的进一步论述，请参阅第 6 章。）

为了使填充式项目具有可行性，开发商通常必须寻求提高密度。但是，在规划委员会的会议上十分明显的是，对于大部分已经建立的郊区社区，很难达成对高密度开发的一致赞同。为了说服规划委员会提高密度，开发商应该准备好讨论公共政策和特定场地的利润，并解释如何解决潜在的负面影响，例如交通流量的增加。通常，社区主要关注的问题是较大的需求包括在当地服务中，尤其是公立学校。作为回应，开发商应该准备好进行当地影响因素的研

2000年悉尼奥运会举办期间作为奥运村的纽因顿（Newington），比悉尼任何其他项目接受的奖励都多。纽因顿的住宅类型多种多样，最有特色的是规划得很好的中心公园和浓厚的社区氛围。整个奥运村可容纳5000人。

究，量化开发区的潜在影响力。财政影响研究有助于说服邻里社区和项目规划委员会相信项目潜在的经济利益。例如，开发商可以提议，对于超出将市政服务延伸到社区所需费用的那部分支出征税，将税收用于现有邻里的"宠物工程"（pet project）。

保护开敞空间将得到规划委员会和邻里社区协会的一致赞美。对开敞空间的渴望表现在多个方面，包括强烈反对在保留绿地上进行开发。然而，尽管存在社区抵制，公共绿地和其他一些开敞空间实际上未被充分利用，反而成为犯罪活动的天堂，并造成市政部门在维修方面不必要的支出。为了确保大量的开敞空间被充分利用，开发商应该了解人均开敞空间面积的房地产产业标准和规划部门标准。

开发商逐渐增加了混合用途开发项目，作为提供一系列商业、居住、零售和市民利益的一种方法，同时将对社区的影响减至最小。除了影响费用以及为基础设施的供应和维修进行集资的标准方法提议外，市政部门正在尝试关联费用（linkage fee）。关联费用是开发商根据密度所支付的：密度增加了，费用也随之提高。

## 聪慧式发展：关于社区应该如何发展的不断变化的观点

现在，在规划和开发社区的成员当中，聪慧式发展已是一种被认可的说法。虽然聪慧式发展呈现出许多形式，但是从本质上讲，它指的是经济良好、对环境负责和对社区可居住性的支持。这样，它的发展提升了价值和提高了生活质量。

正如城市土地利用学会和其他组织所阐明的一样，聪慧式发展正在影响政府各个层面的土地使用政策的制定者和管理者。在联邦层面上，土地使用规划和生活质量已获得优先权。在州层面上，政策和资金被用于阻止郊区的无计划扩展、二次开发褐色土地和重建城市中心。许多政府正在购买或者帮助保护组织购买未被开发的开敞空间。有效的地区规划主要是把增长方向指向那些具有足够的或未被充分利用的基础设施能力的地方。用以实现这个目标的策略包括地区间的协议、开发权利的转让（transfer of development rights，简称TDR）、地区的交通规划、地区影响评价、土地扩建分析（来确定特定类型开发的合适场地）以及鼓舞集中的和

## 波士顿的城市环线

波士顿的城市环线是一条15mile（24km）的规划公交路线，它围绕波士顿并连接着波士顿的四条高速公交路线、超过一半的城市巴士线路以及所有的主要高速公路。设计用来方便进出市区的“T”字——波士顿的公共交通系统——通常被比作车轮的辐条。规划者希望正如20世纪中期连接郊区的128号路一样，城市环线连接这些“辐条”——由此缓解城市中心的交通拥堵，提高四周的连通性，甚至刺激内环郊区的开发。在过去的几十年中，大部分的公交项目被设计用以提高从郊区到市中心的服务，通常是以昂贵的往返铁路以及与之相关的停车场形式出现。但是，城市环线的建设代表了一种在重点和目的方面的转变——更好地为居住和工作在城市及老内环郊区的用户服务。

建成后，城市环线将集中开发位于波士顿、切尔西（Chelsea）、埃弗雷特（Everett）、剑桥和萨默维尔（Somerville）以及收入多样化的布鲁克林的工人阶级邻里和工业中心的褐色土地。即使没有开发城市环线，城市环线经过的地区也预计比作为一个整体的波士顿大城市地区的增长要快3倍多：在1990～2025年之间，人口数量预计将增长34%，而该地区预计将增长11%；就业人数预计增长81%，而该地区预计将增长26%。[1]根据马萨诸塞州环境政策法案办公室主任杰伊·威克沙姆（Jay Wickersham）的说法，城市环线“通过在有利于我们城市的地方进行基础设施建设，从而缓解对城市外部自然资源的开发压力来集中体现聪慧式发展”。[2]通过在现有的基础设施上进行建设，城市环线将促进更多城市中心、已开发地区而不是绿地的增长。通过鼓励褐色土地和未被充分利用地块的清理和二次开发，以及使内环郊区的工业地区重新具有活力，城市环线也将有助于保护郊区外部的开敞空间。城市内环是3674acre（1486$hm^2$）空置或未被开发的土地，其中许多土地接近于已经开发的活动中心。

CONSERVATION LAW FOUNDATION/INFOGRAPHIC::DG COMMUNICATIONS;AMANDA WAIT

位于马萨诸塞州波士顿的城市环线将连接现有的巴士和火车路线，就像车轮的轮缘连接其辐条一样。它将主要的就业中心［麻省理工学院、波士顿大学医学中心和朗伍德医学院（MIT，Boston University Medical Center，Longwood Medical）］与邻里社区［如罗克斯伯里（Roxbury）、切尔西和剑桥港口（Cambridgeport）］连接起来。

在古老的内环城市和郊区，小片街区、有限的停车场以及高密度地区鼓励步行和利用公共交

有目的的开发模型而非蔓延的投资。然而，在地方政府层面上，聪慧式发展以提高土地和基础设施利用的有效性的土地使用规划对地方政府产生了巨大的影响。

随着社区的优先权转向包括诸如交通拥堵、空气和水的质量以及对开敞空间的保护等生活质量问题，许多地方正主动进行设计以提高可居住性。例如，亚特兰大作为宜居中心提案（Livable Centers Initiative，简称LCI）的一部分，最近对22个社区授予权利。LCI给社区提供启动基金以“通过在现有的就业中心和城市中心鼓励较大的流动性和居住性，从而促进地区的质量增长，因此，使用的是已经存在的基础设施而不是建立新的基础设施”。[7]

在地方层面上，聪慧式发展通常是一个在开发商和社区之间达成妥协的方法。在一些管辖范围内，为了方便那些有助于社区的财政、环境和社会改善的项目，开发和区划管理制度

通系统。1990年，环线内的小汽车拥有量是每个家庭0.8辆，而地区的小汽车拥有量是每个家庭1.37辆，美国全国是1.77辆。环线内43%的家庭没有汽车[3]，家庭收入也比整个地区的家庭收入低40%——28678美元对46583美元。[4]居民主要依赖于公交系统也就不足为奇，并且1/8的路线的始发站或终点站位于环线内。而且，其乘车路线在环线内始发或终止的公交，乘客的转车次数几乎是地铁其余地区乘客转车次数的2倍（平均转车次数为1.3次，其余地区转车次数平均0.7次）。[5]

由于项目复杂并且规模较大，城市环线的规划过程一直具有地域性。该环线穿过6个社区，所有这些社区都同意在1995年10月签字通过的《环线地区规划合同》(Circumferential Ring Regional Planning Compact)的地区规划行动中进行合作。在一个传统上由于其地方主义和市政独立而著称的地方，这种规划努力的协调是很难预见的，尤其是这6个社区都具有不同的目标和需求。在切尔西、埃弗雷特和萨默维尔这些有着许多工业区的大部分工人阶级居住的地区，城市环线的建设将促进许多荒废的褐色土地上具有大量需求的填充式开发，并将带来经济的增长，而不会增加交通拥堵和污染。波士顿、剑桥和布鲁克林将这种开发项目作为一种缓解已开发就业中心交通拥堵的方法。

一个有效的聪慧式发展不仅仅包括公交系统。当地的规划管理和设计方针应该以一种以行人为本的、关心公益和环境可持续发展的方法指导开发。1995年的合同中，所涉及的6个城市都同意合作来提出、评估和规划一个将支持经济发展和其他规划行动的系统。例如，城市规划委员会可以利用分区和其他管理规定来鼓励公交系统——在其他策略中，通过要求雇主为乘坐公交的乘客提供方便，允许在公交车站附近进行高密度开发，建立适合公交的设计标准和覆盖划分地区以及限制停车场。

城市环线的开发给波士顿提供了一个以对环境和社会负责的方法来发展的机会。多年以来，由于该地区努力通过高速公路和往返火车来改善郊区的交通条件，内环郊区已经被忽略了。展望未来，波士顿正将其资源集中于不仅鼓励开发和有效利用现有的资源，而且以一种可持续发展的方法联系开发和资源的项目。

注

1. U.S.Department of Transportation,Federal Transit Administration,Massachusetts Bay Transportation Authority,*MIS Final Report:Major Investment Study of Circumferential Transportation Improvements in the Urban Ring Corridor.*(Washington,D.C:U.S.Department of Transportation,Federal Transit Administration,and Massachusetts Bay Tranportation Authority,July 2001),6-2.
2. Anthony Flint,"Urban Transit Project on Track,"*Boston Globe*,November 19,2001,B1.
3. Boston data from Boston Metropolitan Planning Organization(MPO)Transportation Plan,2000-2025.National data from Patricia Hu and Jennifer Young,"Summary of Travel Trends,"in *1995 Nationwide Personal Transportation Study*(Washington,D.C.:U.S.Department of Transportation,December 1999).
4. Boston MPO Transportation Plan, 2000-2025.
5. Ibid.

被改写。例如，通过鼓励组团式开发和零距离开发，规划委员会可以将多种户型引入社区，同时创建或保护康乐设施，如开敞空间。康涅狄格州的立法会机关最近要求所有的市政府考虑在保留和开发规划中使用组团式开发。[8]

以较高的住宅密度作为交换，规划委员会获得了较高层次的场地控制。并且，由于以组团式开发或（非垂直）高密度开发为典型的较低的场地开发费用，开发商获得了较好的经济回报。通过吸引较大的潜在市场，扩大开发商的住房类型和价格点将提高吸引力。而且，采用聪慧式发展可以加速地方和州的审批进程，并降低对社区抵制。

## 提高有效性的实践

规划者、开发商和策略制定者有一套帮助他们更有效和更有成本效益地利用土地和基础设施的工具和技术。哪些方法作用最大取决于每个社区的环境。无论如何，随着我们实践知识的增加，成功的例子很多，并且预计还会更多。本章的剩余部分主要向开发商强调了一些有效利用土地和基础设施的最成功的方法。

## 填充式开发

在已经被忽略、未被充分利用或被放弃的土地上进行开发被称作填充式开发。郊区填充式开发通常是在大部分已经被开发的土地上进行新的开发的结果；这种项目正普遍地递增着并且规模较小。对于那些不辞劳苦了解这些复杂性的开发商来说，填充式开发的用地具有独一无二的好处：有限或没有竞争的垄断市场；充分利用现有的基础设施和康乐设施的机会；作为对当地规划和经济目标作出贡献的交换获得分区和许可利益的机会。而且，填充式开发可能是一个有价值的公共联系工具，并且，为了未来的开发项目，使开发商有能力和当地市政府建立战略关系。

一项由加利福尼亚大学城市和地区开发学院（Institute of Urban and Regional Development, University of California）进行的全民调查，试图计算出美国当前被划分为高密度开发区（定义为每英亩 15 个单元，即每公顷 37 个单元，或者更多）的未被开发的土地的数量。大约 1200 个社区对该调查做了答复，结果证实有足够的填充式开发用地可用于安置 600 个新住户（假设在那些高密度区进行开发）。这个研究表明至少一些适合填充式开发的最重要的条件——土地和高密度分区的可用性——已经具备。[9]

尤其是内环郊区为住宅和商业的开发提供了许多空闲的或未被充分利用的土地。由于地价的抬高、人口的转移以及其他趋势的影响，住宅填充式开发用地先前是用以开展活动，而现在在经济上却行不通了。这些用地是如此之大，以至于能为多户家庭和年长者居住的住房开发提供很好的机会。在某些地方，它们可能适合于混合用途的开发项目。

尤其在老龄化社区，随着税收基数的减少，由于其经济利益，商业填充式开发受到当地政府的高度重视——特别是它在增加就业和财产税收方面所发挥的作用。在那些适合进行较高密度开发的地方，商业填充式开发是一种重新利用大片空置土地和褐色土地的最佳方法。例如，许多建于 20 世纪五六十年代期间的办公用停车场（两层或三层，路边停车场，且建筑容积率为 0.25 ～ 0.30）现在功能已经过时，而且，根据现在的地价，土地未被充分利用。这些主要的郊区以高密度和较大的建筑面积（2.5 万 ～ 3 万 $ft^2$，即 2320 ～ 2790$m^2$）被重新开发为混合用途的大学校园；它们也提供了停车楼和该用地的支持服务，例如自助零售系统、饭店和餐厅、健美中心、日托机构、会议中心、宾馆、多户住宅以及辅助生活设施。位于新泽西州普林斯顿外的普林斯顿福里斯特尔中心（Princeton Forrestal Center）就是一个从单一功能办公停车转变为一个具有多种康乐设施的就业中心场所的极好例子。

## 灰色场地的二次开发

人口增长所产生的许多需求可以通过适度地增大密度，对荒废的和未被充分利用的填充式用地进行二次开发以及对现有建筑物的合理利用而得到满足。填充式开发在无需开发绿地的情况下，为郊区的发展提供了巨大的潜力。一个重要的趋势是对灰色场地（greyfields）的二次开发。灰色场地指的是那些荒废的或经营不善的购物中心，这些地皮通常被数英亩的停车场所包围，位于老龄化郊区之中的重要位置。

转变这些空闲的和未被使用地块的趋势越来越强劲——随着越来越多的土地被废弃，灰

位于弗吉尼亚州华盛顿哥伦比亚特区外费尔法克斯市（Fairfax）的Farrcroft，是一个填充式开发项目，利用了小片区域和新传统的规划概念。

色场地为开发商提供了发展的机会。1999 年，一项由新城市主义代表大会（CNU）委托普华永道公司（PricewaterhouseCoopers）进行的研究估计，全美国2800家购物商场中大约7%已"倒闭"或严重经营不善，另外的12%作为单一零售场所也正趋向倒闭。按照新城市主义代表大会的史蒂文·博兹（Steven Bodzin）的说法，将经营不善的郊区购物中心的二次开发作为混合用途的城镇中心以及填充式邻里社区，是一个巨大的国家规划和二次开发机会。

尽管大部分购物商场仍然经营得很好，但一些新的购物中心不断地开业，将商业引向了远离现有中心的地方，这就意味着那些现有的中心可能成为灰色场地。全美国的连锁店和其他有名气的商户将继续在巨大的有活力的露天地方全能购物中心和新的"大盒子"商店里寻求空间，这进一步削弱了一些地方购物商场的地位。

一些倒闭的购物商场通过转变为城镇中心和填充式邻里社区重获生机，它们以一种既有利于开发商又有利于市政府的高效方法利用现有的土地和基础设施。例如，奥兰多市（Orlando）外的温特帕克商业街（Winter Park Mall）和查塔努加市（Chattanooga）的伊斯特盖特商业街（Eastgate Mall）是老的地方购物商业街，正被重新开发为适合步行的、混合用途的城镇中心，包括零售、居住以及办公建筑。这些地产的整体规模——许多购物商场开发有地面停车场——为公共停车和其他城市用途提供了充足的土地，尤其当项目被翻新改进时有停车楼。

零售中心转变为适合居住和混合用途的开发项目也在以较小的规模出现。位于加利福

## 丹佛斯泰普尔顿机场的二次开发

1989 年，随着斯泰普尔顿国际机场宣布将在 10 年之内关闭，丹佛市开始着手一个旨在使其成为全美国可持续发展的范本的新社区规划。距离丹佛市仅 10min 路程的占地 4700acre（1900hm$^2$）的斯泰普尔顿，将是全美国最大的填充式开发项目。1989 ~ 1995 年之间，当选的政府官员、职员以及城市顾问委员会的 42 名成员，为了制定斯泰普尔顿的开发方案，举行了上百次公开会议和规划研讨会，该规划方案描述了这个新的社区的全面设想，综合了该城市和地方的经济、社会和环境目的，提出了一个指导住宅、商业以及零售开发的基本框架，并且设计中包括了大约 1200acre（486hm$^2$）的开敞空间。

自 1950 年起，丹佛市的人口增加了 200%，同时该城市的土地面积增加了 350%。老城区的人口密度达到每英亩人口大约 5.3 人（每公顷 13 人），而新郊区的人口密度达到每英亩人口大约 2.6 ~ 3.2 人之间（每公顷人口 6.4 ~ 7.9 人之间）——这表明新的开发区正在从市中心向郊区无计划扩展。[1] 这种蔓延趋势同时伴随着乘坐公交车上下班时间的延长、交通拥堵的增加以及开放空间的失去。通过紧凑的开发，斯泰普尔顿可以为 3 万居民提供住房。住宅区将达到平均每英亩 12 个单元（每公顷 30 个单元），或者大约每英亩 30 个人（每公顷 74 个人），可以充分地支持充满活力的邻里中心以及四通八达的公共交通系统。开发区的密度也为多种家庭类型和收入水平的居民提供了居住机会。

密集的邻里允许在大部分住宅的步行范围之内开发混合用途的城镇中心和使用传统的设计要素——这二者都提倡以行人为本的环境和鼓励居民之间的相互交往。斯泰普尔顿规划方案中，每个街区里不同土地的大小创造了视觉上不同的环境，在设计指导的帮助下，在建筑风格和类型中鼓励好的品质和多样性。

该规划方案提倡将占地面积达 1100acre（445hm$^2$）的土地保留为开敞空间——大约占整个用地面积的 30%。新的公园，包括占地 80acre（32hm$^2$）的中心公园，将增加该地区现有的开敞空间，并通过新的自行车道路和铁路系统把它们连接起来。从正式的城市广场和社区公园到自然野生动植物区的各种开敞空间，将为统一的斯泰普尔顿混合用途社区提供一个框架，这将是该地区开发策略的关键。

一个可持续顾问委员会已经成立，以帮助可持续总体规划方案开发过程中的开发商及其转包商和该城市。这个规划将解决诸如用地的定位和设计、能源效率、水的管理、重复利用、建筑材料以及空气质量等环境问题。许多来自飞机跑道的混凝土以及来自拆毁的航运站的碎屑将在这里和其他当地的开发项目被重复利用。控制塔和其他特殊的航空建筑结构正在其他地区机场被重复利用。实际上，斯泰普尔顿已经成为世界上最大的循环利用项目。

为了制定斯泰普尔顿的开发方案，6 年中共举行了上百次公开会议和规划研讨会，该方案规划了大约 1200acre（486hm$^2$）或者大约占这个地方面积 30% 的土地作为开敞空间，包括占地 80acre（32hm$^2$）的中心公园。该方案的住房组成为平均每英亩 12 个单元（每公顷 30 个单元）。

从帮助准备整体规划方案到鼓励商业开发（通过税收鼓励），丹佛市在这块用地的二次开发中扮演着积极的角色。尽管斯泰普尔顿的开发规划几乎集中了聪慧式发展的每个方面，然而它并不是没有缺点。虽然倡导可持续的面向行人的邻里社区和中心，但是，适合机动车辆的大盒子活动中心（在总体规划中委婉地被称作“地区零售”）的需求在一期工程中就已经开放了。

但是，关于斯泰普尔顿规划

的大部分正沿着正确的方向发展。这个基于社区的规划已经确保了居民、商业以及作为一个整体的城市和地区的需求得到满足。这个项目的位置和规模已经引起了注意，并且它的混合用途、面向行人的以及基于邻里社区的规划方案将成为一个值得效仿的例子。

注

1. "Stapleton Overview:Smart Growth and Stapleton"(http://www.stapletondenver.com/overview/smart_growth.asp[January 24,2002]).

尼亚州的芒廷维尤的 Crossings 就是一个新的占地 18acre（7.3hm²）的邻里，提供了建立在倒闭的 Old Mills Mall 的基础之上的 397 套❶ Townhouse 和公寓。在加利福尼亚州的帕萨迪纳市（Pasadena），开发商在最近开业的 Paseo Colorado 项目上建立了大约 400 套住宅——一个倒闭购物商场的高端的、3 个街区组成的、混合用途的继起之物。在加利福尼亚州的圣何塞市（San Jose），城市和乡村购物商场已经被拆毁，并重建为一个被称作 Santana Row 的高档城市项目，其中包括位于商场、饭店和风景广场之中的 1300 套公寓和一家酒店。

从购物商场到混合用途用地的转变也代表了美国人态度的转变。按照建筑师乔恩·杰德（Jon Jerde）——他也是一位前卫的商场设计师——的说法，封闭的购物商场是"消费的华而不实的发动机，并且人们被这种事物搞得晕头转向"。现在，人们想要一些更实在和更感兴趣的事物，例如一个主街道或市区感受。[10]

在临近加利福尼亚州的帕萨迪纳市的地方，Paseo Colorado 混合了零售场所、饭店、娱乐设施和住宅。3 个方形街区组成的城市村镇代替了作为 20 世纪 70 年代二次开发的一部分的商业购物城。Paseo Colorado 包括 387 套租用住宅单元、一个超市和一家 14 幕电影院。

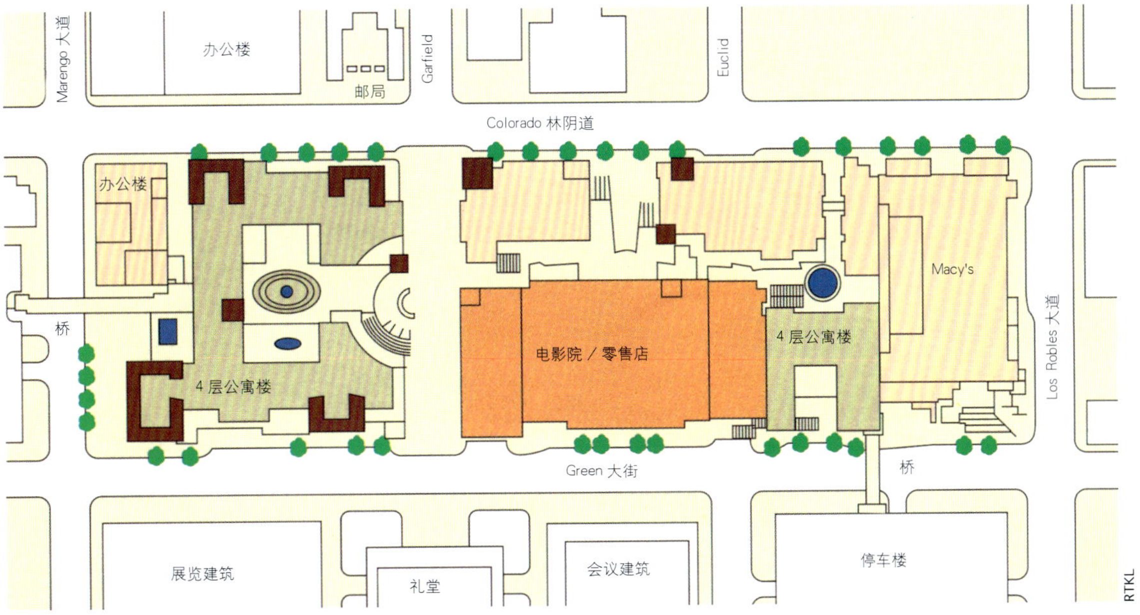


❶ 本书第 24 页的图注中为"387 套"，英文原书中前后不一致，疑有误。——中文版注

到达公交车站和其他设施的便利交通，已经使得华盛顿哥伦比亚特区外的 Pentagon City 成为豪华高层公寓受欢迎的地点。

虽然，加利福尼亚州是这一趋势的最好的范例，但是，一些倒闭的购物商场正在美国全国范围内重新焕发生机，如科罗拉多州、佛罗里达州、纽约州和田纳西州，当地政府正为开发商提供上百万美元以将濒临倒闭的商场转变成为可行的、多样化郊区社区的地标性城镇中心。

## 以公共交通为导向的开发

以公共交通为导向的开发在提高郊区土地使用和基础设施效率方面已经得到很多应用。事实上，交通是大城市活力的源泉——或者至少是使一个城市具有活力的循环系统。有很多著作论述了城市规划中土地使用和交通之间的关系以及哪个先来到世界的古老话题：开发项目应该被集中在公交交通系统周围，还是交通系统应该扩展到政治即将存在的郊区商业中心？

规划者很早就已经意识到交通使用要依赖于密度：交通系统的可行性是由位于服务区的步行范围之内的开发密度所决定的。[11] 因为密度较低并且规划适合汽车，郊区通常不能很好地得益于公共交通系统的服务——在许多地方，对汽车的依赖已经导致了难以忍受的交通流量和交通拥堵。但是，随着郊区住宅密度的增加，交通系统成为一个更加可行性的方法，不仅是就费用和能源效率而言，而且就健康和生活水平而言也是如此。郊区密度通常最高的城镇中心，为可选择的交通形式提供了机会——例如，连接附近的商业区的往返火车和轻轨，扩展的公交巴士系统，以及往返自行车道。除此之外，如果开发商同意将那些密度和策略联系起来以满足交通需求，郊区将越来越允许开发商进行高密度建设（例如，减少了的停车比率、乘车共用项目以及公交车站的上下班交通车合用小组）。

然而，仅仅住宅密度一项不足以支持交通的利用。为了使这方面更加有效，住宅密度必须与通过步行或乘坐公交能方便地到达城市、文化和商业活动区联系在一起。与 20 世纪早期乘坐市内有轨电车的郊区居民不同的是，今天的郊区居民越来越喜欢工作在蔓延的城市边缘和郊区办公地点，而不是在城市商业中心。更重要的是，通常位于城市的许多土地利用，例如，百货公司、医疗中心和教育机构，现在都大量地出现在郊区。虽然，郊区到郊区的交通往返比郊区到城市更难以通过公共交通来满足，但是，郊区商务区和其他商业活动中心仍在持续形成，为铁路和其他形式的交通提供了良好的机会。更为典型的是，一个以公共交通为导向的开发项目要获得成功，具有混合用途的中心与火车站的距离通常应该控制在0.25mile (0.40km)，或者5min的步行路程以内。

由于开发区具有高密度和方便的进出口接近交通系统，以公共交通为导向的开发和填充式社区倾向于比传统社区更多样化，无论是从社会、经济还是从种族意义上来说都是如此。也就是说，它们吸引了那些不可能进入郊区社区的人们。从开发的角度来看，它们比以前均质化的和功能单一的郊区更加有利；方便的交通已经表明，它能大幅度地增加房产价值，并刺激经济的发展。从环境的角度来看，以公共交通为导向的开发具有许多优点：它们减少了空气污染；并且，因为典型的郊区停车-乘车的路线可以被步行-乘车、自行车-乘车所代替，这使得更多的土地可以用作开敞空间，而不是作为街道和停车场。更重要的是，以公共交通为导向的开发为居民和商业提供了更多的选择：它提供了“可选择的生活和工作环境，这种环境把郊区的价值以及对开敞空间、人本住宅和安全感的生活方式偏好与步行邻里购物商场、街头邂逅和处于一个文化多样的环境中的传统城市价值观联系起来。”[12] 在21世纪，地方城市郊区可以相互交织起来，通过一个综合了各种交通选择，如市郊往返火车、轻轨、公共汽车、电车、自行车道路、步行街、汽车共用选择以及上下班交通合用小组的全面管理、多种方式的交通网络系统，来创造更适合居住的、稳定的郊区社区。

最近几年来，许多刚刚开始的以公共交通为导向的开发正在规划之中。俄勒冈州波特兰市的郊区就有一些最好的例子。其中的一个项目是Orenco站，它位于火车站附近发展起来了的一个古老村镇；如今，那个年代久远的火车站已经成为波特兰新的韦斯特赛德（Westside）轻轨系统的一部分。在这个村镇的北边是大片划分为办公园区、公司园区以及轻工业区。

Orenco车站的设计将一系列住宅的和服务邻里的商业开发区集中起来，使之成为位于Orenco车站公交站点的一个集中沿着轻轨路线的具有混合用途的规划。在新火车站附近，主街道被二次开发，从而具有面向街道的小的市民公园。社区服务集中在车站附近的一个城镇中心。在北边，商业开发区沿着东西向主干道排列，同时混合用途的住宅开发区沿着连接车站的垂直街道排列。

## 最小密度的分区规则

虽然郊区社区比较满意的密度是每英亩8～12个单元（每公顷20～30个单元），但是大部分的传统分区条例并不能阻止开发商以低密度进行开发。然而，为了在较好的地段进行填充式开发，市政府正在改变分区规则，以便在这些地方要求最小的密度，与先前的分区最大密度形成对照。例如，俄勒冈州（因地下铁道而出名）波特兰市的规划机构，将人口分配在24个城市和地下铁道周边的3个县。为了达到这些目标，市政府被迫重新划分邻里和土地，以便获得较高的密度。更重要的是，地方规划（在俄勒冈州具有法律效力）必须满足某一密度目标：在波特兰市要求每英亩可建筑面积建造10个单元（每公顷27个单元），占所有土地面积的大部分的郊区地方为每英亩 6 ～ 8 个单元（每公顷 15 ～ 20 个单元）。[13]

对开发商来说，分区的最小密度有利有弊。一方面，因为住宅密度比那些允许的密度更高，所以开发商在一个很好的住房市场可能获得巨额经济回报。另一方面，最小密度可能会限制开发商的开发选择以及市场灵活性，在一个虚弱的或者不断减少的住房市场中，可能会产生问题。从总体上看，最小密度规则与最大密度规则相比，给了开发商更多而不是更少的选择。

## 街区标准

街区标准是一个灵活的新技巧，它在对创建场所感有兴趣的郊区社区中不断受到欢迎。街区标准定义了大部分城市和城镇的特征：一个复杂的街区系统、一个面向人行道的建筑传统以及在使用和密度方面的灵活性。

街区标准确定了可能组成任何一个郊区城镇的 4 种类型：居住、市政、商用以及最重要的混合用途。每种街区特定的土地使用和密度都得以详细的描述。例如，混合用途是被应用在城市中心，除了住宅和办公用途外，还加入了大部分零售店。商业街区主要是用来满足办公和就业用途，同时也提供一些位于一层的零售店。住宅街区允许一些非住宅性质的使用，但是主要集中在提供一种住宅密度。市政街区提供公园、公共设施以及城市机构。

可以为城镇中心、村镇中心以及邻里中心制定特定的街区标准，每个街区类型按比例变化以适合每个中心的类型。例如，一个邻里中心具有一个很大比例的住宅街区，而一个城镇中心具有一个较大比例的商业和混合用途的街区。一个村镇中心具有足够大的混合用途的街区，以便形成以食品杂货店为主的零售中心。另外，每个街区类型也用于确定其他的简单标准：最大的街区规模、建筑高度限制、最小停车场限制、最小层数或建筑面积比或住宅密度，以及“临街建筑”的最小比例（即必须有面向人行道建筑物的街区的比例）。街区密度加上 4 个基本的街区类型的比例的变化，可以创建任何类型的城市环境。

在东南奥兰多的详细规划中，在围绕奥兰多国际机场的占地 2.1 万 acre（8500hm²）的土地上，街区标准建立了一个混合用途的开发项目（见图表 3-1）。这个迅速发展的地区规划可以容纳超过 8 万的大量居住人口。

首先，这个地方的自然条件，如沼泽地和野生动物栖息地，被确定和指明为保护地。为了创建连续的开敞空间系统、排水系统以及栖息地保护区，绿化带也被增加为受保护地段。一个包括城市铁路交通的交通系统也被增添到这个框架中。自然区域和交通网络成为一系列地方、城镇中心、村镇中心和邻里中心的基础。每个中心的城市规划是被每个街区的标准所控制的，并且每个街区的类型又限定了一个最大的街区规模、建筑物的高度、停车场的数量，最重要的是，沿周边的临街建筑的最小比例。

## 强调场所营造的土地使用规则

场所营造是开发商、规划者、设计人员、当地政府以及社区积极分子用来描述提高生活质量和建筑环境感受的术语。随着郊区持续发展和成熟，提高“场所”的生活质量变得越来越重要。在 1937 年，当谈到加利福尼亚州的奥克兰市时，格特鲁德·斯坦（Gertrude Stein）讽刺道“那里没有生活质量”。场所营造运动解决了这个郊区关心的问题。在 1999 年，在城市土地利用学会的第一次场所营造会议上，托马斯·李（Thomas Lee）——现在已退休的新豪地产公司（Newhall Land）首席执行官，将场所营造描述为“房地产开发的本质因素”。著名的城市设计师丹尼斯·皮耶普兹（Dennis Pieprz）

图表 3-1

## 东奥兰多的街区标准

| | 城镇中心 | 村镇中心 | 邻里中心 |
|---|---|---|---|
| **混合用途街区**（中心百分比） | 30～80 | 25～70 | 12～25 |
| 混合用途① | 零售店、服务建筑、饭店、办公建筑、电影院、杂货店、酒店、住宅建筑、市政建筑、公园或广场 | 杂货店、本地服务零售店、饭店、专业办公建筑、住宅建筑、市政建筑、公园或广场 | 小的零售店或市场②、饭店或咖啡厅、市政建筑、住宅建筑、公园或广场 |
| 最大的街区面积（acre/$hm^2$） | 7/2.8 | 7/2.8 | 3/1.2 |
| 最少楼层/面积比例 | 0.5 | 0.4 | 0.4 |
| 最小的临街空地（每条街道的百分比） | 65 | 65 | 65 |
| 停车场比例（每 1000$ft^2$ /93$m^2$ 的空间） | 3 | 3 | 3 |
| 建筑物高度（楼层数） | 2～10 | 1～3 | 1～2 |
| **商业街区**（中心最大百分比） | 55 | 40 | 12 |
| 许可设施 | 办公建筑、零售店（最大 10%） | 办公建筑、零售店（最大 10%） | 办公建筑 |
| 最大的街区面积（acre/$hm^2$） | 7/2.8 | 3/1.2 | 3/1.2 |
| 最少楼层/面积比例 | 0.5 | 0.4 | 0.4 |
| 最小的临街空地（每条街道的百分比） | 65 | 65 | 65 |
| 停车场比例（每 1000$ft^2$/93$m^2$ 的空间） | 3 | 3 | 3 |
| 建筑物高度（楼层数） | 2～10 | 1～3 | 1～2 |
| **住宅街区**（中心百分比） | 15～70 | 25～65 | 52～78 |
| 许可设施 | 公寓、住户自有公寓、Townhouse、平房 | 公寓、住户自有公寓、Townhouse、平房、小块的单户住宅 | 公寓、住户自有公寓、Townhouse、平房、小块的单户住宅 |
| 最大的街区面积（acre/$hm^2$） | 3/1.2 | 3/1.2 | 3/1.2 |
| 密度（每英亩/每公顷住宅套数） | 7～50/17.2～123.5 | 7～30/17.2～74.1 | 7～25/17.2～61.8 |
| 最小的临街空地（每条街道的百分比） | 65 | 60 | 60 |
| 停车场比例（每 1000$ft^2$/93$m^2$ 的空间） | 3 | 3 | 3 |
| 建筑物高度（楼层数） | 2～5 | 1～3 | 1～2 |
| **市政街区**（中心百分比） | 10 | 10 | 10 |
| 许可设施 | 公园、娱乐中心、市政建筑、日托机构 | 公园、娱乐中心、市政建筑、日托机构 | 公园、娱乐中心、市政建筑、日托机构 |
| 最大的街区面积（acre/$hm^2$） | 3/1.2 | 3/1.2 | 3/1.2 |

① 在每个街区要求有 30%～80%的零售店、电影院和酒店；20%～70%的其他设施。

② 每个街区最大为 1 万 $ft^2$（929$m^2$）。

资料来源：Reprinted by permission of Island Press. Peter Calthorpe and William Fulton, *The Regional City: Planning for the End of Sprawl* (Washington, D.C., and Covelo, Calif.: Island Press, 2001), 213.

## 帕洛阿尔托的全面规划

加利福尼亚州的帕洛阿尔托市（Palo Alto）长期以来一直是一个传统的城市设计例子。其1995年全面规划的更新，由有38名成员的公民和政府官员顾问委员会领导的两年半的讨论，集中在使它的邻里和商业中心更有特色的传统邻里设计原则。这次更新试图协调第二次世界大战后的郊区住宅开发区和具有更多战前城市化邻里的购物中心带。整个过程的目标是通过创建人行道以及混合用途的环境来扩展郊区适合汽车的地方；该规划的策略借用了已经在其他地方被证明成功的设计原则。这个文件分为6个部分（土地使用和社区设计、交通、住宅、自然环境、商业和经济、社区服务和公共设施），强调了土地使用、城市设计、交通、环境和经济开发之间的关系。为了指导用户作出决定，每个因素包含目标（广泛目标）、策略（原则和行为）以及计划（实现特定目标所制定的特定行为和策略）。

帕洛阿尔托位于圣克拉拉县（Santa Clara）的最北部，与周边的6个自治市关系非常紧密。由于不断增大的开发压力，这个地方的地区规划非常严格，以控制增长并且保存以及保护开敞空间和自然资源为目的的地区策略已经形成。圣克拉拉县的总体规划通过在指定的“城市服务地区”进行集中开发防止了蔓延，鼓励紧凑开发，并且指导向着公交线路和现有的活动中心发展。这个更新规划通过提供更详细的指导以保持发展和保护、居住和商业、步行和汽车之间的平衡，从而使得这些总体策略又向前迈进了一步。

目前，这个26mile$^2$(67.3km$^2$)的城市大约一半被指定为公园或开敞空间（见下表）。[1]其中，超过1/3被指定为保留地。大片的保留地从南边的山麓延伸到这个城市的东北边缘（沿着海岸线），而且整个占地面积达190acre(76.8hm$^2$)的29个公园点缀着这个城市的邻里。

这个规划强调了有必要将进一步购买开敞空间集中在连接栖息地的大片土地上，并创建连续的地区野生动物保护区。因为这个地区环境较脆弱的许多地方已经受到了保护，这一规划的环境因素集中在减少固体污染以及水、空气和噪声污染，还集中在通过实施政策与激励居民和商业来清理被污染的地方。

帕洛阿尔托市的住宅区域具有相对较高的人口密度：平均每英亩12.8人（每公顷31.6人），或者每英亩5.3个单元（每公顷13个单元）。[2]当这个城市向南扩展时，这个城市大约一半的住宅地区是在第二次世界大战后开发的。为了服务这个城市持续增长的人口，郊区购物商场和办公区也已经建立起来。今天，在帕洛阿尔托市，大约有35个各具识别性的住宅邻里，每一个都具有各自的特征；邻里之间的界限通过土地的细分模式以及公众的感知而确定。在特征上，这些邻里在具有狭窄的、沿途有树的街道以及街道停车场的传统邻里社区和

### 帕洛阿尔托的土地使用规划

| 土地使用 | 所占百分比（%） |
|---|---|
| 公园、保留地和开敞空间 | 40.5 |
| 开敞空间、控制开发和农业 | 15.0 |
| 公共设施 | 4.5 |
| 单户住宅 | 25.0 |
| 多户住宅 | 4.0 |
| 研发和有限的制造业 | 7.5 |
| 商业设施 | 3.0 |
| 空闲的可开发土地 | 0.5 |

资料来源：Palo Alto Comprehensive Plan 1998–2010, L-4.

大学园区（University Park），作为一个具有混合户型、占地面积达 8.5acre（3.4$hm^2$）的社区，是帕洛阿尔托市历史上最大的二次开发项目之一。该开发项目紧邻斯坦福大学（Stanford University），并位于大学路（University Avenue）的著名的商场和饭店的步行距离之内。

具有曲线街道、不加修饰正立面的通向私人的庭院和后院的 20 世纪后期的住宅风格之间变化。由于房价不断增长，空置率持续降低以及对更加社会性和经济性的混合邻里的需求增加，该城市已经制定了政策，以鼓励在较小的空置的土地进行填充式开发和开发包括多种户型的混合用途项目。分区的改变也被用来将商业的用地改变为住宅用地，允许在住宅区域较小的土地上建造住宅，以及减少停车场的需求（这样就提高了密度，同时降低了房价）。在单户住宅区域，新的多户住宅和配套住房的开发将增大密度，但是，新建筑物的建筑风格和规模必须进行设计以保持邻里的传统风格。

在许多城市的分区规范中，对更适合步行的、充满活力的邻里的期望已经刺激了混合用途区域的开发。在帕洛阿尔托市，覆盖的缓冲带和混合用途地带已经为混合用途的开发创造了许多机会。为了确保那些混合用途地方促进以行人为尺度的邻里的开发，该城市已经制定了设计标准和实施要求以规范规模、停车场以及建筑后退和朝向。在已经开发的地区中心和四个郊区就业区，该城市鼓励重复利用现有的建筑物和地面停车场，在未充分使用的土地上进行二次开发，在办公区引入相关的服务，以及开发公共交通系统、步行以及自行车设施以减少对汽车的依赖。

目前，斯坦福（Stanford）和帕洛阿尔托市 74%的工作路线是使用汽车，其余的是使用共用汽车（9.5%）、自行车（8.5%）、步行（3.5%）、公共交通（3.5%）以及其他形式。[3] 因为土地的使用模式最终决定了交通的选择，这个更新规划要求使用最小的密度。增加公交车站附近的密度、刺激雇员减少汽车的使用、征收停车费用和税收来资助可选择的交通项目，以及建立长期的教育来改变旅游习惯，是这个城市正在考虑的其他策略。这个规划也概述了扩展并提高现有的公共交通、步行以及自行车设施的方法。

注

1. Palo Alto Comprehensive Plan 1998-2010,L-4.
2. "Palo Alto at a Glance"(http://www.city.paloalto.ca.us/resources/ataglance.html[June 2000]).
3. Palo Alto Comprehensive Plan,T-2.

位于佛罗里达州西棕榈滩市（West Palm Beach）的 CityPlace 的许多设施营造了一种独特的场所感。位于巴黎歌剧院（Paris Opera House）后面的 20 幕多观众厅电影院和位于意大利式广场中心的价值 350 万美元的“屏幕喷泉”显示了开发商对细节的关注。

说得非常好：“难忘的场所有着自然的尺度——或具有特别的地理位置，或源于土地的形式，或产生于建筑物和开敞空间的完美组合。你个人即可以体验这个场所。当你在那里时，你会知道什么是场所。”[14]

对政府官员和土地使用管理者来说，为了建立更具有吸引力并且让人难忘的场所，正通过修改地方分区和土地开发法则来鼓励郊区的场所营造，除此之外，他们通常废除那些要求最大密度和各种用途相分离的更加传统的分区规则，即那些阻碍场所营造的规则。为了创建着重于综合的、混合用途的开发、人行道、城市广场和开敞空间、公交设施以及共享停车场的环境，需要改写郊区的分区准则。这个规则也需要具有更大的灵活性。正如 KPF 联合事务所（Kohn Pedersen Fox Associates）负责人 A · 尤金 · 科恩（A.Eugene Kohn）在城市土地利用学会最近一项场所营造项目的研讨过程中所说的，“土地的使用控制应该允许项目进行修改，以满足不断变化的社区需求，而不需要新的授权过程”。

郊区的整体构架应以“场所”和“联系”为基础，而不是以“分区”为基础，按照土地使用规则设计建立起邻里、地区、走廊、中心以及开敞空间系统。基于传统的地区划分类别和以场所为导向标准的郊区形式之间的差别是非常明显的。住宅区和进一步细分的土地转变为适合步行的邻里；购物中心和办公区被重新设计为以行人为本的街道的混合用途区域；主干道和高速公路则成为具有多种交通系统的林

阴大道。改变郊区分区准则用以强调场所营造，这种做法鼓励了对现有建筑物的重新使用，并且通过对邻里中心的位置、混合用途区域、就业地区以及开敞空间系统提供指导，促进了新的开发项目有效的用地选择。加利福尼亚州帕洛阿尔托市的最新的总体规划，就是一个鼓励场所营造的土地使用策略的很好例子。

成功的郊区场所营造在许多方面促进了土地和基础设施更有效的利用。首先，具有吸引力的郊区场所能吸引新的居民，同时保留原有的居民，这样既增加了这个郊区的稳定性，又增加了该郊区的可变性，扩大了新的住宅和商业填充式开发需求，并增强了这个社区的整体生活水平。其次，在场所营造和房地产价值之间形成一个直接的联系：最令人念念不忘的场所的房地产价格也最高。较高的地产价值转变为市政府更高的税收。反过来，这些税收可以用于提高该社区的资产——例如，用于保护开敞空间，重复利用现有的建筑物，以及重建老化的基础设施。最后，提高的郊区生活水平减少了开发绿地和郊区的无计划扩展的压力；结果是形成了可持续的社区和地区。

本章作者为马萨诸塞州沃特敦（Watertown）佐佐木事务所（Sasaki Associates）主要负责人弗雷德·梅里尔（Fred Merrill）所写。

**注**

1. Peter Calthorpe and William Fulton,*The Regional City: Planning for the End of Sprawl*(Washington,D.C.,and Covelo,Calif.:Island Press,2001),198.
2. John G.Mitchell,"Urban Sprawl,"*National Geographic*,July 2001,55.
3. John Buntin,"Dead End Revolt,"*Governing*,November 2001,18.
4. Cameron Speir and Kurt Stephenson,"Does Sprawl Cost Us All?Isolating the Effects of Housing Patterns on Pubic Water and Sewer Costs," *APA Journal* 68,no.2(winter 2002):56-69.
5. Christina B.Farnsworth,"All Dried Up,"*Builder Magazine*, March 2002,27-28.
6. Ibid.
7. American Planning Association,*Planning for Smart Growth: 2002 State of the States*(Chicago:American Planning Association,February 2002).
8. Ibid.
9. Timothy Beatley and Kristy Manning,*The Ecology of Place: Planning for Environment,Economy,and Community* (Washington,D.C.:Island Press,1997),154.
10. Jim Wasserman,"Dead Malls Gain New Life as Neighborhoods,"*Messenger-Inquirer*,December 23,2001(http://messenger-inquirer.com/features/business/3921353.htm).
11. Boris Pushkarev and Jeffrey Zupan,*Public Transportation and Land Use Policy*(Bloomington:Indiana University Press,1977),24.
12. Michael Bernick and Robert Cervero,*Transit Villages in the 21st Century*(New York,McGraw-Hill,1996),7.
13. Beatley and Manning,*Ecology of Place*,52.
14. Geoffrey Booth et al.,*Transforming Suburban Business Districts*(Washington,D.C.:ULI-the Urban Land Institute, 2001),153.

# 4 作为康乐设施的开敞空间

有效地和高效地利用开敞空间是新社区成功的规划、设计和实施的关键。随着高质量建筑和住宅特征在每个价格点上的标准化，社区提供给居民的生活水平将带来其竞争的优势。生活水平越来越依靠开敞空间和康乐设施的质量——依靠它们为社区居民提供自我实现的能力。

在社区建筑商的主要产品线上——大规模、混合用途、总体规划的社区——获得生活水平的提高和促进自我实现被看作长久的主题。然而，通常社区建筑商只是在社区内提供多功能的开敞空间，希望社区中的居民最终创造他们自己的生活质量和自我实现。这种稍微有些消极的方法忽略了通过新的和创造性的方法使用开敞空间，从而推动营造社区感的机会。

一个建设项目中必须包括开敞空间和其他康乐设施，对此社区建筑商不再表示怀疑。（但是，承包商偶尔可能会感到经济压力很大，以至他只是提供一个象征性的康乐设施，或者什么也没有提供——但是在此过程中，他明显地意识到投资的高度风险性。）但是因为许多建

在明尼苏达州埃迪那市(Edina)一个总体规划有346套单元住宅的社区 Centennial Lakes 的中央，是一个25acre(10hm²)的公园，它提供了一个生活娱乐和社会聚会的凉亭，以及各种各样的终年存在的活动，包括小型高尔夫运动、划船、垂钓、槌球游戏和滑雪运动。该项目位于一个主要的商业通道上，距离明尼阿波利斯市（Minneapolis）仅7mile（11.3km）。

DON PITLIK PITLIK STUDIOS 2000

筑商好像只是将开敞空间及其相关设施当作任务不得不建造，所以即使是对外行来说，最终结果通常看起来都显得非常做作。

今天的人们与其说是感觉到无聊，还不如说是他们累了。开发商的目标应该是创建激励性的并且能鼓舞和支持居民的自我实现的社区——个人的成长和自我实现是与个人价值相一致的。为了履行其作为社区塑造者的职责和创造销售差别，社区建筑商必须对有效使用开敞空间的挑战作出反应。

## 通过开敞空间增加价值

虽然，通过保护生态要素及其相互联系，开敞空间能够担当重要的角色，但是满足社区居民的需求和要求也是一个同样重要的因素。当开敞空间成功地履行了其角色时，这个社区将会升值。当开敞空间提高了生活在社区中的感受时，它自身将成为一个康乐设施。

开敞空间可能是消极的也可能是积极的。未经开垦的、自然的开敞空间可以提供生理上的舒适——通过创造与城市环境相分离的物质隔离或仅仅提供一种自然景色。当然，开敞空间的规模是一个很重要的因素，因为如果没有一块较大的土地用于这一目的的话，消极的开敞空间的设施价值将显著地降低。

另外，当开敞空间提供了与自然的相互联系时，这个用途也就不怎么消极而是更为积极的了。并且，即使开敞空间的数量不多，它也可能具有较高的设施价值。例如，使居民通过铁路、湖泊以及解说中心（interpretive center）等与自然相联系提供的设施价值就与不够完善的开敞空间形式不同，而且前者比后者的设施价值水平更高。

OPULENCE STUDIOS

位于拉斯维加斯（Las Vegas）郊区的萨默林（Summerlin），是美国销售最好的总体规划社区之一，通过其 68 个公园和广泛的铁路网营造了一种社区感。该项目有 2.4 万套住房，容纳了 5.1 万个居民。这个占地面积达 2.25 万 acre（9105hm²）的社区紧邻美国红石峡谷国家保护区（Red Rock Canyon National Conservation Area）。

社区开发意味着不仅仅是建造住宅。社区应该以营造一种强烈的场所感的方法来进行规划。这个“场所”的主要因素应该是提供丰富的娱乐机会，吸引较大范围的社区居民。这个目标是通过被当地居民所认同的一种“胜地”氛围来激发自我娱乐和自我实现的感觉。就所分配的有限土地资源而言，积极的开敞空间提供了最高的设施价值和最大的有效性。

## 开敞空间是最好的商业

有许多很好的理由将开敞空间用作康乐设施。为了使一个全面的开敞空间规划成为任何

ERIC FIGGE

Sailhouse 的景观式人行道和木板铺成的散步道与位于加利福尼亚州 Corona del Mar 周围的邻里连接在一起，为居民提供这种类型的可用开敞空间的开发商获得了强有力的市场工具。尽管密度较大［7.4acre($3hm^2$) 的土地上建有 89 套单元住宅］，开发商约翰 · 莱思 · 霍梅斯（John Laing Homes）仍确保了该邻里具有一种单户住宅的氛围。

好的商业策略的一部分，下面 6 个部分既分析了经济原因，又分析了非经济原因。

## 激发社区感

在很大程度上，一个新社区能否获得成功在这个社区被引入市场的时候就决定了。开发商在第一阶段所做的事情可能是为成功创造一个推动力——为了提升地价——这将在建设时期及随后的一段时间里偿还利息。然而开发商通常忽略了将开敞空间用作激发项目长远成功中最重要因素的机会：建立强烈的社区感。

如果街道和公用设施是社区的“骨架”，那么康乐设施就是它的心脏。成功的社区开发商将创建一种强烈的社区责任感，作为将生活引入开发的一种方法。通过合理的定位、规划和开发，开敞空间可以帮助建立一种社区感，通过建立一个人们想来到的“家”而使这片土地增值。在《非常美妙的场所》（The Great Good Place）一书中，雷伊 · 奥尔登伯格（Ray Oldenburg）写道，“为了自我放松和自我实现，日常生活必须在三种经验领域中达到一种平衡。第一个是家庭的，第二个是有收获的和有成就的，第三个是广泛的社会交往，三者构成了社区和社区生活庆典的基础。”[1] 这预示着社区开发商除了建设住宅和创造工作机会以外，还必须努力建立实实在在的设施，在此居民可以在日常生活中相互交往。尤其是如果能在初始阶段就得到有效利用，那么开敞空间在这方面就可能是一个有价值的工具。

## 创造差别

在今天竞争激烈的市场中，将一个社区与其他竞争的社区区分开来是非常重要的。今天的住房购买者寻求最大可能的投资机会。能够确定消费者的需求并以一种新的不同的方法来满足那些需求的社区开发商，将具有更大的竞争优势。

当提到开敞空间时，那个古老的房地产谚语——“地段、地段、地段”——可能具有新的含义。例如，通过在公园或者空旷的景观附近建造住宅，将开敞空间作为消极的康乐设施可能会创造一种地段上的优势。但是，通过创建积极的娱乐机会，释放开敞空间的潜在的能量能够创建一种更好的地段优势，尤其是当把社区作为一个整体加以考虑时。同时，开敞空间也可以用来区分社区中产品的类型。

## 逐渐增加的盈利性

开发商始终在寻求增加构成社区的有限地产的价值的各种方法。当决定如何分配宝贵的土地资源时，开发商必须密切关注创造“最大利润”的使用者们。虽然最大的价值看起来是通过使每一寸地产都成为适合销售的产品来获得，但是，利用周围景观和设施使建筑用地更加吸引人实际上可能会更有利可图。其目标是创建比实际地价和相关设施的改善更大的土地价值。

在这样的情形中，对开发商来说，重要的是牢记每当住宅的感知价格逐渐增加时，住宅的潜在市场价值也可能会不成比例地增加。

开敞空间可以用来有效并高效地满足消费者的需求，并因此增加社区中住宅的感知价格。对盈利性的影响可能非常显著。

## 保持成功的势头

典型地，即使是经过通货膨胀调整后，新社区住宅的感知价格在建设期后仍将明显地增加。这种现象可能归功于许多因素，其中最根本的是社区已经成熟并具有确定的场所感。社区建筑商的目标应该是加快这一进程——尽可能早地在销售阶段获得尽可能多的价值增长。感知价格的增长可能会加速销售过程——反过来，销售过程也可能会造成价格的增长——并有可能增强社区成功的势头。

需要再次强调的是，关键是将开敞空间规划作为加快社区建造过程的积极措施，以便有助于创建一种场所感和社区感。

## 非常满意的消费者

精明的房地产开发商们认识到真正关注购

设计很好的开敞空间，提高了位于密歇根州坎顿切里希尔村镇的价值。

LOONEY RICKS KISS

房者的满意度（不仅仅是空话）是商业上长期成功的关键因素。市场研究已经表明，当现有的购房者成为再次购房者或者向他们的朋友和亲人进行推荐时，利润就有可能增加。

从住宅建设的角度来看，尽管已经有许多关于购房者满意度的文章，同样的原则也适用于社区规划。在社区规划中，强调使顾客满意的因素需要从如“建筑质量”和“居住标准”向“建筑环境质量”和“生活水平”方面扩展。开敞空间作为设施的使用为不断提高的消费者期望提供了一个平台——使传播这种消息的住房拥有者和租房者满意。

## 领导才能和责任感

在过去，政府机构是社区设施和服务最普遍的提供者。但是，在财政逐渐吃紧的年代中，私营部分的社区建筑商必须在为居民提供许多设施和服务，包括娱乐基础设施和活动方面，担当起领导角色。这种责任感要求可以利用的社区资源——尤其是有限的开敞空间——必须以新的、有创造性的方法来利用。

如果社区建筑商不承担起那些传统上被认为是“公共”空间的主要供应商的角色，当适合的空间与资源扩展和紧张时，社区将会受到损害。相反，那些承担起领导角色，并确保开

位于加利福尼亚州佩塔卢马市（Petaluma）的老榆树村镇（Old Elm Village）就是一个混合用途的填充式开发项目，它由87套经济适用房、一个社区中心、一个幼儿园和多家临街商铺组成。通过保护项目用地的有限的自然资源，开发商提高了该项目的感知价格，并为居民对它的认同创造了一个正面形象。该用地上的主要树木都被保留了下来，包括此项目所得名的高大的榆树。

DON PITLIK, PITLIK STUDIOS 2000

位于 Centennial Lakes 社区中的广场将整个社区的居民带到了一起。该开发项目包括大约 100 万 $ft^2$（$92900m^2$）的办公场所、20 万 $ft^2$（$18580m^2$）的零售场所、一个 8 幕电影院和一个 10 万 $ft^2$（$9290m^2$）的先进的医疗中心。

敞空间被用来使居民集中在一起的社区建筑商，将成功地促进真正意义上社区的形成，这种社区使得地产增值。由于机遇和鼓励，规划社区的开发商或许是唯一适合担当这种领导角色的。

开发商可以使社区成为令人满意的居住地——因此有责任这样去做。由于住宅建筑公司的合并和联合，美国的房地产业正在经历着巨大的变化。随着剩下的那些公司变得越来越强大，住宅建筑商将呈现出许多大的建筑公司的特征。事实上，住宅建造的“商品化”已经出现。在公有制住宅建筑商之中，对销售量和相关成本效益的追求将导致强调住宅设计和其他“饼干模子”（cookie cutter）首创精神的标准化。虽然消费者愿意从传递给他们的成本节约上获益，但是，提供独特的、令人注目的社区的重担逐渐落到规划社区的开发商身上。

在详细规划和设计郊区方面（包括开敞空间），开发商具有越来越重要的责任，去为居民创建更加丰富的感受。社区建立在价值和特征之上。政府限制和产业变化要求开发商承担起责任，创建出销售用房和样板房消失之后仍能经受得住长期考验的各种各样的社区。这一责任要求加强土地管理及其使用。

## 面向消费者，而不是面向建造

开敞空间首先应该考虑人的因素：它应该建立在互动之上，而后是物质因素。有了心灵上的互动，开敞空间可以“从内向外”地设计以确保增进与邻里土地使用的相互联系。考虑居民将如何利用开敞空间，使得开发商能及早地为了获得最大影响而设计和利用开敞空间，这也使得开敞空间成为社区生活不可分割的一部分。

## 消费者的动机

开敞空间的有效设计必须始于对消费者需求和期望的最基本的理解。社区同样具有需求层次——最初是在20世纪50年代由心理学家亚伯拉罕·马斯洛（Abraham Maslow）提出——为所有人所共有。按照马斯洛的需求层次理论，基本的需求，如食物、住所、衣服和安全，必须在追求较高等级的需求之前得到满足，这些较高等级的需求包括诸如归属、审美和自我实现的需求。

圣迭戈东湖开发公司（EastLake Development Company）所提供的图表4-1是关于总体规划社区的统计，是建立在用于描述需求层次的马斯洛金字塔之上的。

当马斯洛模型用于社区开发时，从消费者角度来看，为什么大多数新社区——仅能满足金字塔最底层的两个等级的需求——常常被发现有不足就变得很明显。最成功的社区满足金字塔每个层次的需求。当然，最难以满足的需求是位于金字塔最顶端的那一个：自我实现。促进自我实现的社区是那些鼓励个人成长、满足居民的个人需要以及使服务适应人们而不是使人们适应服务的社区。这些促进自我实现的特征赋予新社区最终的竞争优势。

为了在竞争的市场中获得优势，新社区必须在潜在的购买者心中形成一种印象，必须具有可认知的“个性”，必须产生一种销售差别。当然，使用开敞空间设施来获得竞争优势并不是一个新的想法，但是社区开发商到目前为止始终未达到这个目标。为了成为让人记忆深刻的地方，社区必须提供乐趣和满足感。每一片

图表4-1
**社区建筑商的职责**

| 马斯洛的需求层次 | 消费者的动机 | 购房者的需求层次 |
| --- | --- | --- |
| (5) 获得与个人特有的潜能和价值相一致的自我成长和自我实现。 | 获得自我实现 | (5) 对与个人价值相一致的培养和激励自我成长的居住环境的渴望。 |
| (4) 努力获得相对于其他人而言较高地位，包括对权力、名誉和声望的的渴望。 | 获得地位与尊重 | (4) 努力获得由位置的需求、建筑形式、地产价格以及与地址相联系的概念所证明的地位和声望。 |
| (3) 努力获得家庭或群体的亲密成员接受，成为对他们非常重要的人。 | 获得归属感与爱 | (3) 努力获得具有共同的价值观和兴的趣的人群的“邻里”成员的认同；能够为社区的改善作出有意义的贡献。 |
| (2) 关注除饥渴之外的物质生存。 | 获得安全感 | (2) 关心自己的和所爱的人的人身安全，以及个人财产的安全。 |
| (1) 基本的生存需求（吃、喝、住等）。 | 满足生理上的需要 | (1) 以能够支付得起的价格满足基本的居住需要。 |

土地的使用都必须就其对高质量生活环境的贡献能力以及与社区特有的销售方案的关系——使这种产品区别于其他产品的销售方案——进行研究。

## 安全的开敞空间

人们想在周围拉起一张安全的防护外壳。20 世纪 70 年代，生活方式的年代记作者费丝·波普康（Faith Popcorn）发现了这种"茧式生活"（cocooning）的趋势，她将这种趋势定义为"一种全面的向最后可以控制的（或者某种可以控制的）环境——自己的住处——的撤退。"在其 1991 年的《波普康报告》（The Popcorn Report）一书中，她进一步发展了这种观点：茧式生活是关于控制某个人的环境，而且人们的环境并不局限于他们的住宅。

开发商规划社区时不能忽视消费者对安全感的逐渐增长的需求。这个挑战是创建被认为是安全的环境，使居民愿意出来以及相互交往。正是这种相互交往创建了具有价值和对住户有益的社区。人们必须能够在这种社区中"保护自己"。为了实现这一目的，规划者必须提供一种强烈的所有权感、安全感以及归属感，并将这种保护措施延伸到住宅的墙体之外的邻里、邻里公园、街道以及其他公共场所。

这一切的前提条件是所有社区的开敞空间都必须是安全的。然而，通常是由开发商来决定如何满足这种要求。遗憾的是，一些解决方案可能创造物理上的安全开敞空间，但是非常呆板并且没有吸引力。一个不同的解决方法，即鼓励在开敞空间里的相互交往，可以获得安全，还能使社区增值。

## 可灵活使用的开敞空间与专用的开敞空间

开敞空间以及相关的设施应该是可灵活使用的还是专用的呢？可灵活使用的开敞空间——通常来说，适于各种用途的开敞空间——通过允许多种用途以及使居民决定如何利用开敞空间和设施而提高了灵活性。当开发商创建专用开敞空间时——设计用来满足特定的活动——他（她）是积极主动的，并且预料到居民的需求，而且适当的因素可能早在社区开放时就已经处于合适的位置。

一个类比可以帮助解释这种选择：在 20 世纪七八十年代，住宅建筑商面临着关于住宅里空间有效利用的一个类似的困境。许多建筑商选择了"奖赏空间"（bonus room），一种可以在购买后进行组合以满足家庭个人需求的可灵活使用的空间。这种空间的建设相对来说比较便宜，并且消费者趋于为它支付比建筑费用更高的价格。当奖赏空间被指定为一个特殊用途时，开发商的角色本质上是十分被动的，并

**在科罗拉多州朗蒙特位于以前的林场上的占地面积为 80acre（$32hm^2$）的 Prospect New Town 中，9 个小型公园都处于社区 338 套住宅单元的 2min 步行距离之内。正对公园的住宅为居民提供了一种安全的环境，并且公园鼓励了社会交往。**

且消费者通常及时地认识到后来的真正利益。

从20世纪90年代起，这个趋势出现逆转：住房建筑商认识到通过使用可灵活使用的空间，能够有助于他们瞄准特定的市场目标，购买者的花费会使他们的花费获得较大的递增价值。换言之，目标消费者愿意为拥有能够满足他们特定需求和期望的住房支付更多的钱。相反，奖赏空间是一片空白，它们不一定满足消费者心中期望的用途（例如，媒体空间、主妇空间或者具有外出口的家庭办公室）。初步设计的选择和设计中的计划允许建筑商使得消费者的住房个性化。当消费者将以一种对于预期用途最有意义的方式设置的附加空间与万能的奖赏空间作比较时，他们更看重这种计划过的选择。

今天的大部分开发商仍在使用"奖赏空间"的方法来设计、布置和建设开敞空间以及相关设施。空间和建筑物是可灵活使用的，以至于居民能够到最后才为了他们所看重的特殊用途而决定使用它们。因而，社区的那种价值和开发商潜在的增值利益的实现，被推迟到早期的开发阶段之后。

Abacoa，一个位于佛罗里达州丘辟特的自给自足社区，具有300acre（121hm²）保护动植物的专用保留地。当建成后，Abacoa将包括6000套居住单元、300万$ft^2$（$278710m^2$）的商业区、一个大学分校和荣誉学院、一个小学、一个中学、一个公共高尔夫球场和一个较大的联盟棒球春训基地。

这种失去的机会不会再出现。对消费者仔细的研究可以决定开敞空间利用的最有价值的类型，深思熟虑的规划可以用来以最好的、最具成本效益的方法开发开敞空间，以满足目标市场的需求。对于相同的空间来说，这种做法的前期费用将比较高，但是对消费者来说，真正的、可以感知的价格也将会比较高。更重要的是，在第一阶段就能够获得这种逐渐增加的附加价值，它将有效地提高后续阶段土地的价值。

## 消费者喜好调查

消费者调查是回答许多关于有效和高效地利用开敞空间问题的，它是一个非常有价值的工具，并且是识别那些能够使消费者发出"哇"的赞叹声的社区要素的有价值的工具。然而，由于消费者的喜好随着时间和地域的改变而变化非常大，所以，消费者调查必须是当前的并且是针对特定的地方。许多顾问公司都擅长这样的调查，而且一些开发商就具有内部的调研部门。总部位于亚利桑那州斯科茨代尔市（Scottsdale）的一家社区开发商DMB，展开了一系列的调研以确定各种类别消费者的偏爱，包括各种开敞空间的吸引力。例如，最近的调研表明，70.6%接受调研的人们对"距离住宅在步行范围内的小型、中型公园"的偏爱胜过对"位于距离住宅不远的开车范围内的较大的豪华公园"的偏爱。DMB的调研也表明，消费者的需求随着时间发生了变化。在 20 世纪 90 年代早期，公司预测购房者希望社区内设有高尔夫球场和其他娱乐设施。但是到 2000 年，购房者对不可触摸的事物，如“社区、联系和多样性”具有一种强烈的偏爱。“步行进入”已经成为一个主要的需求。这些有价值的认识可以用来定位消费者的偏爱以及为有效和高效地利用社区土地来建造开敞空间提出策略。

研究可以解决宏观和微观层次上的许多开敞空间问题。例如，目标消费者是否赋予设有高尔夫球场的社区或者设有绿化带的社区更大的价值？因为高尔夫球场是非常昂贵的设施，因此了解消费者的兴趣是否值得付出成本代价对开发商来说非常重要。否则，最佳解决方案可能是一个主要用作视觉康乐设施的中型高尔夫球场地（为了娱乐）——一种“T 形的绿化带”。此外，也可以调查消费者对于人员配备或公园设施类型的偏爱。

广泛的调研提供了有关消费者对开敞空间偏爱的有价值的线索。对下列问题的回答所反映的偏爱为开发商提供了有用的信息：

- 创造出一种居住在乡村的感觉的开敞空间。
- 有许多供享受的邻近公园和开敞空间。
- 足够近的可供孩童和家庭步行去比赛和锻炼的足球场地。
- 周末娱乐中心有星巴克咖啡亭。
- 公园里设有户外音乐会舞台。
- 夏季野餐的树阴。
- 一个帮助组织游戏的游戏厅。
- 重新布置和保护的橡胶树。
- 保护得非常好的绿化地带，其中包括带娱乐设施的娱乐场地。
- 进出自然开敞空间的天然小径。
- 为夜晚娱乐而照明的公共场地。
- 能为房主和客人提供美丽景色的视角。
- 整个社区都具有描述当地文化和当地植被的铭碑。
- 作为开会和联谊活动中心的水景。
- 有适当驻足停留地的步行小径。

“美国生活”——一个市场研究公司——1998 年所做的一份美国国内的调查表明，超过半数的接受调查者认为康乐设施，例如自然的开敞空间、步行道和自行车道以及植有本地植物的公园，是非常重要的。保留设有简单的设施（如泥土小径、长椅、小树林以及沙地运动场）的自然环境中的开敞空间，是一个吸引购房者非常具有成本效益的方法。即使是在城市地区、树木繁茂的“草木丛生的地方”、人造自然小路或公园都允许居民与环境相互接触。

位于明尼阿波利斯（Minneapoils）外围的圣克鲁斯（St. Croix）和亚特兰大北部的桔子洲（Orange Shoals）（见“案例研究”一章），都在它们的自然开敞空间的特征上进行投资。作为“保护社区”而出名，它们开发时强调保护大片联系的自然空间——圣克鲁斯大草原与桔子洲的森林和河流——这提高了社区生活环境。这两个社区都受到环境组织的表彰。

## 为了居民需求进行规划

开敞空间是硬件基础设施，是进行软件基础设施建设所必需的。给予开敞空间价值的是它如何适合居民的娱乐目标。传统上，社区规划趋向于反映娱乐趋势以及对特定利益群的压力作出反应，而不是为居民闲暇时间中的个人表达和增长提供激励。正如通常的做法，娱乐是使人们适应规划，而不是使规划来适应人们。

现代开敞空间设施的规划正在朝着不同的方向前进。公众和个人的娱乐目标集中体现在为生活中的冒险提供机会。娱乐被认为是作为日常生活一部分的刺激和丰富因素而不是与之相分离的。最好的社区能创建一个设计以满足居民的物质和精神需要的整体环境，不是仅仅提供单一的休闲设施来打发一天中的时间。

开敞空间设施提高了社区居民的感受。开发商必须从色彩、气味、品位、质地以及声音等方面仔细考虑社区的开敞空间和设施。大型的具有混合用途的社区可以包括公园以及沿着商业街道的食物售卖亭。一个周末农贸市场不需要较大的社区来支持，它带来当地产品和鲜花的颜色、气味以及味道。甚至仅有最小的规模，例如一个喷泉，就能够使一个小广场从感观上吸引人。喷泉所带来的视觉影响、水喷溅的声音以及当小孩穿过冰冷的水时所发出的欢笑声，都提高了可能被认为是没有吸引力的和不能使用的土地的价值。

## 娱乐追求

社区居民基本的精神和物质需要可以分为多种类型；每种类型的需要都可能通过一系列的娱乐追求而得到满足。

**归属感** 过去，人们依靠他们的邻居来生存。在收割季节，邻居互相帮助；并肩作战抗击洪水、火灾以及面对其他紧急事件；管理社区的公民事务。今天，紧急事件是由专业人员（经过专门训练的志愿者）来处理，而且社区是由选举或任命的领导者来管理。然而，"归属"需求仍然存在。所以，社区必须加以组织以便为那些愿意为社区作贡献的人留下一定的空间——并因而获得一种归属感。

**休闲** 闲暇时间通常被认为是工作时间之后的剩余时间。在闲暇时间获得身体放松是非常简单的。在树木林立的湖边钓鱼、帆船运动、骑马、划行模型小船、园艺、野炊，甚至看电视，都是休闲的形式。但是，同样重要的是休闲还包括"休闲节奏"概念，也就是说，空闲充满了生活。沿着景色优美的公园大道驱车前去工作，放学后和朋友一起步行回家，或者在去商店的路上问候一个邻居，都给日常生活带来了更多的放松节奏。

**独居** 找到一个安静的开敞空间，在其中与大自然和自己的内心进行交谈变得越来越困难。这个基本需求必须在社区中得到满足。必须找到保护——如果可能的话，必须找到提高——与大自然合二为一的感觉的方法。街景、绿化带、树林甚至在城市的街道上，自然的质感、颜色和气味都可能与开发因素交织在一起。无论这些地方是采用街景的形式还是仅仅是开敞空间中的小树林，重要的是它提供了享受安静的地方。

**大肌肉运动** 在新规划的社区中，小型的社区公园（通常是供孩童玩耍的地方）以及像游泳池这样的设施正变得非常普遍。但是，大肌肉（big-muscle）运动——橄榄球、棒球、足球、排球、篮球、网球、蛙泳、手球式墙球、手球以及保龄球——的设施应该可以供各年龄段的居民使用。虽然，历史上娱乐设施的分类已经通过市政府和类似的公共机构的娱乐部门得到解决，但是，财政的限制经常使得公共部门无法提供必需的娱乐设施。公众和个人的主动性在满足大肌肉运动的需求方面都是非常重要的。社区建筑商必须分配必要的资源和创造力来确保这类娱乐得到完满的解决。

**安静的游戏** 这类"安静的游戏"包括诸如推圆盘游戏、掷蹄铁游戏、槌球游戏和棋盘游戏等。虽然这些游戏通常都被认为是年长者的活动，但是，参加者通常并不只限于这个年龄段的群体。事实上，这些游戏为几代人之间的相互交往提供了很好的机会，进一步提高了社区的价值。为了促进这类活动的参与度，开发商应该在活动中心或公园中留出特殊的空间，并为这类安静的游戏提供设施。

**自然研究** 开发商应该在社区里和社区附近指定适当的自然的或自然化的区域，并为那些对自然研究、观察野鸟或者相关活动感兴趣的居民规划小路。为环境教育安排特定的地方可能也是比较合适的。对这种活动的支持通常来自社区的居民以及来自于像奥杜邦协会（Audubon Society）、谢拉俱乐部（Sierra Club）和童子军活动组织这类团体的当地分支机构。

**手工智力活动** 艺术和工艺、科学研究的机会、职业课程（关于诸如计算机和摄影这样的主题）以及为孩子们安排的放学后的节目都应该是开敞空间规划的因素。可以在社区的娱乐中心或公共和私人公园中进行安排，但是，有创造力的社区开发商将与一些机构（如校区和商业中心租户）一起商定。例如，一个当地的苗圃可以为社区的居民提供专业的园艺课程。在商业中心，关键可能是积极地与租户共同协商互利的租约或者雇用专业人员，由他们负责组织和指导这类活动，并使活动与居民的兴趣相匹配。

**冒险活动和创造性游戏** 冒险活动场地、树木丛生的地方和配有特殊装备的公园都可以满足儿童的冒险和寻求刺激的需求，并且对于创造性游戏而言这些地方可以是安全的。因为社会已经变得如此爱争论，对责任的关注使得那些曾经允许小孩创造他们自己的游戏经历的未经组织的运动场不复存在。然而，这些鼓励创造性的运动场（记不记得当你还是个小孩时所创造的想象中的世界？）是非常重要的，并且只要有条件就应该提供。

**节奏和音乐** 一个规划得非常好的社区应该为生动的音乐演出留出足够的空间，这些音乐演出可能是由城市、校区、社区协会或者商业协会组织的。像圆形剧场和露天音乐台等设施可以用来举办音乐会、舞蹈表演以及专业的音乐演出。

**戏剧** 在整个社区开发的规划阶段，应考虑一个社区剧团或者类似组织的潜在需求。如果在开敞空间的规划中加入这样的活动，可能使开展这些活动变得非常容易，甚至刺激这样的活动。具有舞台设备的户外圆形剧场和露天广场（无论是永久的还是必需的），都可以作为专业和业余演出的舞台。

加利福尼亚州的米申别霍（Mission Viejo）是一个占地面积达 1 万 acre（4000hm$^2$）的规划社区，有大约 2 万个单户住宅，900 万 ft$^2$（836130m$^2$）的工业、零售和办公场所，以及 336acre（136hm$^2$）的娱乐设施和开敞空间。被园林和人行道所环绕的米申别霍湖是一个娱乐活动中心和紧急蓄水池。

**社会活动** 野炊帐篷、城市广场或方庭、儿童嬉戏场地、会议设施以及邻里街坊聚会的地方是一个社区必要的组成部分，并应作为一种增进社会交往的方式纳入开敞空间的规划。就社会活动而言，人员配备的考虑（包括志愿者的参与）可能比其他各种娱乐更加重要。

**社区服务** 对许多人来说，参与社区生活——通过俱乐部、志愿者协会，或者组织机构或委员会的会员资格——是一个基本需求，也可以划分为一种娱乐活动。满足这个需求的一个方法是成立具有自己的组织机构和委员会的公共领域保护协会或生活方式保护协会。一个大自然解说中心或社区亭子的建立可以鼓励志愿者的参与。

**智力锻炼** 人们经常把智力锻炼作为一种娱乐形式。就实际内容而言，开敞空间的规划应该考虑提供解说中心、系列讲座、旅游展览以及其他的活动和项目。户外展示空间和多功能室内设施可以提供这种场所。

## 满足居民需要的开敞空间设施

开敞空间总体规划的目标应该是提供所有必需的要素，以确保多样化的娱乐机会，同时满足已经明确的娱乐需求。下面的 7 个部分确定了娱乐设施的基本类型，并为进行开敞空间规划的开发商提供一些指导方针。

**特殊的设施** 特殊的康乐区提供了传统的公园设施不能实现的独特娱乐需求。这样的例子包括高尔夫球场、马场、人工湖以及其他的户外设施。这些设施通常为私人所拥有，并通过某种形式的社区协会或商业机构来运营。

**具有体育设施的社区公园** 通常，当地的娱乐部门决定公园应包括哪种类型的娱乐设施。重要的是应确保分配足够的开敞空间，并为大肌肉运动，如竞争性的足球比赛、棒球比赛，提供必需的设施。通常，这些活动是社区生活的核心，特别是对有学龄孩子的家庭而言，它是形成社区纽带的动力。开发商应该与当地公园的权力机构协商，以确保提供充足的运动设施。否则，开发商可能不得不将这些设施作为实现项目满意度的一部分。

**邻里公园和小型公园** 邻里公园和小型公园应该适应它们所处邻里的预定人口的需要。每一个邻里公园都应该具有一个特定的开敞空间设施——当与其他的当地设施联合起来时，它能提供一个平衡的娱乐机会。邻里公园应提供运动场、儿童娱乐设施、非正式比赛的球场和练习场以及野餐设施。一些特殊设施，如游泳池、休息室、沙滩排球场或社区花园，在某些邻里中可能是合适的。Ladera Ranch，位于加利福尼亚州奥兰治县（Orange County）的一个较大的总体规划社区（见"案例研究"一章），邻里公园的设施适应每个邻里的特征和生活方式。很明显，这个社区没有高尔夫球场，但是，为了吸引购房者，它成功地使用了小型开敞空间设施。

**公立学校** 通过协调学校和临近公园设施的规划和设计，社区可以为社区中的学生和其他人提供更多的娱乐机会。典型的娱乐设施包括球场和其他与学校有关的户外娱乐设施。其他还可能包括为音乐、戏剧、自然研究、服务组织举行会议以及邻里社友聚会提供的设施。

在 Belle Greek，一个位于丹佛附近有 1000 个单元的总体规划社区（见"案例研究"一章），日常生活的活动中心是一座建筑综合体，包括

DIXI CARRILLO/EDAW ©2001

金鸡湖湖滨地区（Jinji Lake Waterfront District），是一个位于中国东部、环绕最大的淡水湖之一的面积达1273acre（515hm²）的项目，由EDAW事务所设计，由居住、娱乐和商业三部分组成。一个步行小径和花园的连续系统围绕在湖的周围。

娱乐中心、日托以及法律学校。这座建筑综合体面对城市广场，包括会场、大型体育馆以及所有当地居民可以使用的其他设施。

**商业中心** 虽然通常认为商业中心不能提供娱乐机会，但是它们可能是构成适合休闲的娱乐生活方式的不可分割的要素。商业区可以设计成包括一些设施，如图书馆、行人道咖啡座和其他户外餐饮场所、可能具有音乐台和小型圆形剧场的村镇公共场所，以及举办安静的游戏和社会聚会的林阴地。自行车商店也可以位于自行车道附近。为了扩大娱乐机会，商业中心的开发商可以鼓励租户使他们的设施用于学习体验，这也可能创造额外的业务，例如，在摄像馆内开办摄影培训班、在面包店里开办面包烤制培训班以及在书店里举办儿童故事讲读班。

在马里兰州罗克维尔市的金氏家族农场（见“案例研究”一章），一个适合社区的商业区已经成功地与社区的建筑物融合到一起。商店和饭店位于具有城市风格的街区中，并且朝向人行道和村镇绿地，而且饭店还包括街边餐厅。金氏家族农场中的大部分居民和工作人员可以步行或骑自行车到达商业区。

**小路** 线性的开敞空间可以扩大娱乐机会。总体规划应该提供：步行、徒步旅行、骑自行车和骑马的地方；街景和野炊场所；自然研究场所；健身中心；简单休息的长凳。大部分规划得非常好的社区都包括步行的地方，无论是人行道、小径还是二者的某种组合。

**市政区域**　提供现场演出和文化活动的户外设施与广场是帮助满足居民娱乐需求的市政特征例子。历史景点和建筑物也是非常重要的，并能作为标志性地标和聚会地点。在位于弗吉尼亚州费尔法克斯市的Farrcroft（见"案例研究"一章），在举办公共的和私人的特殊活动的场地上，开发商保留了具有历史意义的大厦——表明了即使是在一个规模相对较小的项目中，设施也能够使人们聚集在一起并建立一种社区感。

开敞空间设施应该尽可能地帮助居民满足他们尽可能多的物质和精神需要。尽管娱乐活动提供实现这些物质和精神需要的方式，开敞空间设施是一个满足那些需要的载体。

在图表 4-2 中所显示的机会矩阵，说明在一个社区中物质因素和娱乐活动之间的关系，是一个规划社区开敞空间的便捷工具。尽管有些主观，这个矩阵还是提供了一个如何进行开敞空间总体规划的例子。

值得注意的是，每个设施分类下面的机会数量并不是整个开敞空间规划中对那种康乐设施的需求或者该康乐设施相对价值的标志。然而，它的确表明了设计的灵活程度以及全面且平衡的开敞空间总体规划不可或缺的创造力。

## 规划和设计应考虑的因素

当设计一个社区的开敞空间时，应该遵循以下设计原则：

- 每个开敞空间因素都必须服务于建立和维护一个特殊地方以及特殊质量的整体目标。
- 自然必须比人造的改进占绝对优势。自然环境应该始终居于首要位置。为了营造每个

敞亮的狗儿可在其中撒欢跑的景观庭院中，有野餐烧烤架、一个儿童游乐场和一片 0.5acre（0.2hm$^2$）的村镇绿地，满足了弗吉尼亚州的出租公寓社区——阿灵顿广场的 Avalon 项目的娱乐需求。

图表 4－2

**东湖市规划社区的娱乐机会矩阵**

| 娱乐活动 | 娱乐因素<br>特殊设施和设备 | 邻里公园和小型公园 | 社区公园或运动公园 | 公立学校 | 商业中心 | 开敞空间和小路 | 市政区域 | 每种活动的设备类型数 |
|---|---|---|---|---|---|---|---|---|
| 大肌肉运动 | ■ | ■ | ■ | ■ | | ■ | | 5 |
| 安静的游戏 | ■ | ■ | | | ■ | | ■ | 4 |
| 自然研究 | ■ | ■ | | | | ■ | | 3 |
| 手工智力活动 | ■ | | | ■ | ■ | | | 3 |
| 冒险活动和创造性游戏 | | ■ | | | | ■ | | 2 |
| 休闲 | ■ | ■ | ■ | | ■ | ■ | ■ | 6 |
| 节奏和音乐 | ■ | | | ■ | ■ | | ■ | 4 |
| 戏剧 | | | | ■ | | | ■ | 2 |
| 社会活动 | ■ | ■ | ■ | ■ | ■ | | ■ | 6 |
| 社区服务 | ■ | | | ■ | | | ■ | 3 |
| 智力锻炼 | ■ | | | ■ | ■ | | ■ | 4 |
| 每种设施所满足的活动数 | 9 | 6 | 3 | 7 | 6 | 4 | 7 | |

注 ■代表强大的娱乐机会。

设施都是生态系统的一部分这样一种印象，所有的公园都应通过开敞空间连接起来。

- 住宅应直接连接开敞空间设施。
- 开敞空间设施应尽可能地帮助居民满足他们尽可能多的物质和精神需要。

在设计开敞空间设施中，开发商应该以关注自然来确定方向。通常开发商不能够理解自然设施始终是一个较大的生态系统的一部分——因而，不能变得成熟起来。例如，认识到湖泊的自然形成过程，不仅会使这个地方的外表形态更具有可靠性，而且抓住了确保每英亩设施达到最低可能造价的关键。例如，湖泊的生态系统包括以下方面：

- 支流：干涸的、参差不齐的、线性的开敞空间，源于暴发洪水的突如其来的和罕见的力量。
- “最高的水池”：水体的可能最高的洪水线。由一条冲刷线和一个逐渐倾斜的长满草的边缘确定这个区域。
- 永久性的水池：一年中水所保持的最低等高线。
- 排水沟：一个外表类似于支流的系统，水通过它流出永久性的池塘。

开发团队必须认识到这一事物的重要特征。首先，自然特征本身是静止的。其次，自然特征暗示的范围应该是动态的。诀窍是尽可能少的建设产生尽可能多暗示，最终以最小的花费建造完善的、可信的开敞空间环境。

## 结论

娱乐在人们的生活中变得越来越重要，并且，因为各种各样的因素（工作地点增加的压力、由两个上班族组成的家庭不断增长的成员数量，以及赋予休闲时间的价值），使娱乐仍保有其重要性。当规划新社区时，开发商应该

通过创造性地利用池塘和瀑布，位于佛罗里达州莱克玛丽市（Lake Mary）市镇公园（Town Park）的 Colonial Grand，包含一个 100 年的洪水冲积平原。经过设计使公寓生活更像度假生活，Colonial Grand 由 59acre（$24hm^2$）土地上的 456 套单元组成，并包括一个俱乐部会所和水塘，几乎从每个公寓都能看见树林或水。

使方便、安全地体验广泛的娱乐感受成为一个主要目标。

对于建筑商和开发商来说，提供有创造性的、高质量的设施将是持续成功的关键。它要求创新地利用开敞空间资源。开发商必须主动地利用开敞空间作为一个增值的设施，从而创造具有竞争力的市场优势，在创建可以居住的社区中展示领导才能，并且通过激发强烈的社区责任感来提高盈利能力。

为了实现这些目标，开发商需要知道消费者的需求和期望。拥有这些信息，他们能有效地将开敞空间转变成为“获得巨大利润”的投资。社区建筑商有责任明智地利用宝贵的开敞空间。除此之外，这样做只是相当平常的有益的商业运作。

本章作者是加利福尼亚州米申别霍的开发商 Lennar Communities 的部门负责人罗伯特·桑托

斯（Robert Santos）和圣迭戈州Interra Strategies（有限）公司总裁帕姆·思格布雷桑（Pam Engebretson）。

注

1. Ray Oldenburg,*The Great Good Place*(New York:Marlowe & Co.),1989.
2. Abraham Maslow,*Motivation and Personality*(New York: Harper),1954.

# 5　为了获取更大价值的多种住宅类型的组合

老一些的城市和城镇可以让开发商学会如何在新社区中创造价值。纵观历史，城市和城镇按照已流传了几个世纪的完备的城镇发展法则而建立和扩展。因此，许多老一些的城市和城镇具有真正令人难忘的街道和公共场所——在这里建筑和景观的细节成为现实，在这里发生了日常生活的所有活动，在这里大量的社区繁荣起来。这些街道和公共场所在健康社区的各个方面之间形成一种平衡，在这里人们可以居住、工作、购物、娱乐、礼拜和学习。它们促进了生活的连续性，其中的每一个方面都是对其他方面的补充，创造出一种促进持续增长和繁荣的自我复兴的动力。

在这些充满活力的社区中，经济价值的增

传统邻里生动的场面：位于华盛顿哥伦比亚特区的国会山（Capitol Hill）。Townhouse、底商公寓以及较小的公寓建筑共存于同一个街区上。

TORTI GALLAS AND PARTNERS

长与和居民的生活方式直接相联系的现有环境的质量成正比。南卡罗来纳州（South Carolina）的查尔斯顿（Charleston）、华盛顿哥伦比亚特区的国会山、纽约的福里斯特希尔斯（Forest Hills）和布朗克斯维尔（Bronxville），以及俄亥俄州克利夫兰市的谢克海茨（Shaker Heights），只是大量的地方的质量如何创造价值的例子中的几个。人们喜欢居住在这些地方，并愿意为那些优越条件支付非常高的价钱。这一点对于大型的长期项目的开发商的暗示是非常明显的。随着开发的进展和社区的形成，这些社区将会增值。通过一个开发项目适应其周围的环境，并与整个成熟社区结合起来所创建的协同作用，小型项目的开发商可以容易地取得相似的成果。

这些类型的社区是建立在什么样的原则之上呢？对于上面所列举的那些成功模式的仔细研究，揭示了高价位社区的 5 个共同的、相互独立的因素：

- 强大的公共领域。
- 混合用途。
- 良好的连接性（地方和地区）。
- 面向行人的街道和公共空间。
- 多种住宅类型的混合（独立式单户住宅、Townhouse 以及多户住宅单元）。

本章讨论的重点——混合住宅类型，在社区规划的讨论中经常被忽略，因为它和高价位社区中其他因素的关系总是未被理解。本章描述了许多开发商在规划和实施具有多种住宅类型的社区中需要考虑的许多重要事项，也讨论

INTERFACE MULTIMEDIA

位于马里兰州贝塞斯达（Bethesda）郊区的贝塞斯达大楼（Bethesda Row）就是一个零售和办公用途成功混合的项目。下一阶段将在零售商铺上添加多层公寓。

了多种住宅类型与好的社区建筑物的其他特点之间的关系，并说明了多种住宅类型的混合如何能使一个开发项目增值。

## 为什么混合多种住宅类型？

为什么要在单一的社区中混合多种住宅类型？简单地说是为了增加价值。在原本被分配用来建造单一住宅类型，例如，分配作独立式单户住宅的同一片土地上，一个带来住宅类型和价格平衡的邻里将对社区、居民和开发商回报更大的价值。通过拓宽开发市场，各种建筑类型、规划以及价格提高了价值，同时详细的设计和规划可以确保不会对质量、项目定位和规模经济失去控制。这种针对市场的多样的方法将提高吸引力，同时创建一个吸引人的、美学上多样化的邻里，这种邻里避免了许多购房者都抵制的"饼干模子"的模式。在老的社区中，公共领域会成为一个更舒适的、更值得注意的以行人为本的环境，进一步增加了社区的需求

位于华盛顿哥伦比亚特区的历史上著名的乔治敦，开创了一个通常在同一个街区上的多种住宅类型混合的先例。

和可销售性。

住房储备多样化的策略除了拓宽市场潜力，也增加了住宅的价值：许多消费者愿意为一个多样化社区中的住房支付额外的费用。这种观察结果已在许多新的城市社区中得到证实，由于对这种邻里的需求，这些社区的价格攀升得非常迅速。ULI 在《重视新城市主义》(Valuing the New Urbanism) 中的研究表明，全美国范围内 5 个多样化的新城市邻里中的住房价格要比更多的传统郊区中的可比住房的价格高出 4% ~ 25%。[1]

今天，人口统计显示的人口状况也是一个为多种住房选择增加价值的原因。正如在第 1 章中所讨论的，传统家庭现在占到所有郊区家庭的 27%——根据美国的人口普查结果，到 2010 年，这个数字预计将降低到 20%。相反，曾被认为是“非主流的”家庭现在成为主流。这样的家庭持续大量地出现在新社区中，带来了对较小住宅、较丰富的多样化和城市风格设施的喜爱。由于对交通拥堵的厌烦，这些新家庭——包括独自居住的单身、没有子女的已婚夫妇、同性恋夫妇、守空巢者和单亲家庭——正在寻求提供了住宅灵活性和选择的邻里社区。许多人也正在寻求在他们的早期生活中所享有的兴奋和社区感，那时他们居住在大学校园、合租的住房或者多样化的城市邻里中。

而且，祖孙几代人现在倾向于选择彼此的居住地更近。许多老人宁愿与他们的子女和孙子孙女居住在同一个地方，而非孤单地居住在退休社区，由此创造了对多户住宅、附属单元以及小块的单户住宅的更大需求。

## 旧貌换新颜

混合用途和混合住宅类型是在美国和其他国家已经发挥几个世纪作用的经得住考验的概念。例如，在华盛顿哥伦比亚特区的乔治敦邻里中，几乎任何一个街区都包括多种住宅的混合，能够为各种收入水平的居民提供住处。美观的宅邸是美国一些最富有家庭的住宅。与这些宅邸混合在一起的 Townhouse 和较小的独立式住宅为另一阶层的人所居住。而且，大部分街区都包括年轻的单身人士和结婚夫妇可以居住的较小的公寓或住户自有公寓。在某些情况下，从较大的住宅中划分出来的公寓为学生和其他少数人所居住。乔治敦的建筑物具有不同的大小、住宅类型和价格，但是具有相同的特征；其结果是不同收入水平的居民在社区都能找到适合他们的住房。商场和就业中心的距离从没有超过几个街区，使得该邻里不仅成为一个混合住宅和混合收入的社区，而且也是一个混合用途的社区。

沿着任何一条 1940 年以前的道路——

例如，华盛顿哥伦比亚特区的康涅狄格大道(Connecticut Avenue)——驱车行驶，路边的住宅展现了从高到低依次变小的密度变化：多层电梯公寓大楼正好位于大道上；在最接近大道的部分路旁街道上是无电梯的公寓和Townhouse；距离大道最远的是两家合住的住宅和单户住宅。在大道沿线的8层公寓大楼后面，商业建筑商通常建造大的和小的独立式住房、半独立式住房、四套联立公寓住宅楼、Townhouse以及小的停车场公寓——所有住宅都处在同样街区上，并且都采用相同的构件式幕墙（stick-built）技术。到目前为止，这样的住宅类型的组合提供了一种增强吸引力并满足不同需求、收入水平和品位的方法。

随之而来的是具有单一用途分区和独立细分的不断蔓延的郊区风格开发项目——每一个开发项目提供一种价格幅度变化很小的单一住宅类型，每一个开发项目都为单一收入水平居民所居住。美国的郊区——在20世纪后期是极为成功的，并促进形成了世界上前所未有的最大繁荣——已经产生了一系列全新的问题。单一用途的分区与等级化的高速公路系统的结合形成了广泛独立的开发群，以致当居民从家到单位、从单位到商场、从家到商场或从家到学校时，每一个行程都必须在越来越拥堵的公路系统上使用私人车辆。随着郊区密度的进一步减小，用途、住宅类型和人们之间的分离只会恶化这种情况。如今的情况是，售价为25万美元的单户住宅位于一个陆地海湾，而售价为15万美元的Townhouse位于另一个陆地海湾。在许多开发项目中，围墙和大门使得每一种住宅类型独立于其他的住宅类型，进一步强化了这种分离。

今天，新的开发模式提供了解决蔓延及其缺点的可选方法。例如，新城市主义采用改进的邻里开发原则来解决现有的社会、环境和经济问题。这种新的城市模型——与了解大片土地的开发权利、产品建造、资金筹集、市场分析、销售和管理的成功的郊区房地产开发商结合起来时——可以创建出赢得快速审批、获得更大的市场接受，并对已有的环境作出积极贡献的社区。

## 理解文脉

历史已经一次又一次地证实，理解以及建立邻里和公共领域之间的相互依赖关系，地区、邻里和邻居之间的相互关系是非常重要的。这些关系形成了开发商在设计一种住宅类型混合时必须考虑的文脉。下面6个部分研究了一组相关因素，这些因素与住宅混合有关，并且，如果一个开发项目想取得成功，它们必将共同

华盛顿哥伦比亚特区的康涅狄格大道沿线，大量的公寓和住户自有公寓分布在繁华的街道两旁，低密度的住宅位于街道的后面。

发挥作用。一并考虑时，这些因素形成一个混合住宅类型的规则基础：

- 地段。
- 权利。
- 人口分布和生活方式。
- 土地、停车场和建筑物的费用。
- 建筑类型。
- 吸引力。

## 地段

地段的参数包括：相对于城市中心邻里处于什么位置，这个城市有多大，以及来自新的和现有住宅的竞争的数量和类型。尽管在任何一个地方都可以创建一个具有多种住宅类型的邻里，但是，这种方法将随着地理位置而变化。例如，一个适合于城市商业区的住宅的适当混合不能转移到市中心地区、内环郊区或者一个新的绿地郊区。而且，同样的方法在不同的城市以不同的方式发挥作用。纽约、巴尔的摩、查尔斯顿和奥兰多都需要独特的策略来创建一个成功的住宅混合。住宅类型和合适的混合决定于这个城市、城镇或村镇的规模，以及这个项目与市中心距离的远近。

当一个项目被提议使用在一个填充式地段时，一个基本原则起主导作用：新的住宅必须反映现有社区居民的设想。开发商、建造者和建筑师不再能够从厨房的洗涤槽开始设计住宅；他们必须从路边开始设计。与现有的居民看待这个社区的方式保持一致的住宅设计，将有助于保持场所感，同时鼓励现有居民之间的合作，居民将认为新的开发项目有助于加强他们的想象力。然而，当居民的感觉与实际相冲突，并且这个地方的经济状况要求较高密度而居民期望社区仍继续由低密度的郊区社区组成

在加利福尼亚州圣何塞的圣安娜大楼（Santana Row），沿主街道分布的商店和饭店的上部楼层是住宅。停车场位于地下和地上建筑内。

SB ARCHITECTS

时，开发商和设计者可能需要进行邻里教育并建造得到一致认可的建筑物（见第 8 章）。

最成功的填充式开发商深谙现有社区的目标，并能将这些目标转变成经济可行的、适合销售的产品。通常，成功依赖于提供一个较高密度的产品，它在规模和形式上与邻里的现有建筑物相协调，并反映已有建筑环境的风格和质量。在某些方面，由于周围环境提供了一个模板，所以，在填充式用地上设计一个社区要比在未开发用地上容易。当然，有些邻里不能为填充式开发提供可以接受的模板，在这种情况下，设计者必须提出一种新的但仍可协调的开发。

如果这个规划项目是一个未开发用地上的新社区，那么，关于住宅混合的决定将更加复杂。郊区开发区的旧模式只能在一个可接受的地方提供一种单元形式。在今天的集生活、工作、娱乐于一体的社区中，开发商需要提供一个完整的生活方式——理想状态下，包括一个适合交通的位置、适合步行的街道、康乐设施以及非常接近工作、服务、社区中心和邻里的开敞空间。除此之外，开发商应努力创建氛围友好的街区，并提供一个住宅类型选择上完美的、完整的组合。

自 20 世纪 80 年代起，郊区的场所感发生了巨大的变化，并且现在消费者对建筑商和开发商的要求更高。几乎所有的郊区购房者和租房者都十分关心他们的居住地的质量，并且一些人甚至愿意接受一些措施——例如，局部的密度和多样性变化—以造就他们想要的各种变化。一些开发项目，如佛罗里达州的庆典新城（Celebration）以及马里兰州的肯特兰（Kentlands）和金氏家族农场，都是满足这些较高期望的社区。

开发项目的混合用途部分也已走过了很长一段路程。小型市场不再需要补充到一个细分的用地上，今天的城镇中心更像是实实在在的事物：几个适合步行的邻里的地理中心、各种物品的供应、服务以及位于大多数居民 5min 步行距离之内的社区中心。从设计和销售的观点来看，多种住宅类型混合的思想与现在关于地方发展的观念紧密地结合在一起。

TORTI GALLAS AND PARTNERS

佛罗里达州的庆典新城由多种住宅类型混合组成，包括位于城镇中心的底商住宅。

## 权利

在权利实施的整个过程中，形成了两个相互冲突的观点——市政府的观点和开发商的观

马里兰州罗克维尔市的金氏家族农场的住宅类型，从左到右依次为：底商公寓、查尔斯顿风格的公寓、Townhouse 和独立式单户住宅、公寓建筑、庄园住宅、独立式单户住宅。

点。市政府想确切知道所规划的是什么，即使它是未来 10 年或 20 年的规划；而开发商想要保留最大的灵活性，以便于调整规划以反映不断发展变化的市场。

通常，这种分歧可以通过好的设计方案、一套数量和质量指导方针或调节条例而得到弥合。数量方针规定了建设量的参数，包括单元总数和非住宅性建筑物的面积。质量方针描述了用地和建筑物的设计，并规定了高度、体积、建筑后退和停车场的参数。调节规划使市政府确信它将获得具有相当品质的开发；这样，这些实施指导方针将远远超过简单的分区。["在这里建造 $7000ft^2$ ($650.3m^2$) 的土地，那里建造 $5000ft^2$ ($464.5m^2$) 的土地。"] 最好的情况是，调节规划允许开发商自由调整在什么地方、什么时间、建造多大的住宅。

创建了马里兰州罗克维尔市的金氏家族农场的开发团队，紧密地和市政府合作以树立这个项目能满足城市目标的信心；这个城市允许开发商享有他们需要的灵活性。例如，这个获得批准的规划规定了最多 3200 套住宅单元，并描述了这些单元的类型，但是，它没有规定每一种类型的单元的数量，这样，随着建设的进行，为调整留下了更大的空间。这个规划也允许开发商在未明确指定的时间中将单元的数量增加达到 3600 套，前提是这种增长得到市长和城市委员会的同意。如果该城市对整个规划没有信心，那么，这样的灵活性是不可能的。这种灵活的、全面的规划和开发对消除市场和金融社区方面的抵制，以及克服那些具有混合住宅类型的项目经常面临的政治和管理上的反对都大有帮助。而且，确保一次而不是分阶段享有大型开发项目的权利，使开发商不受将来可能不利于新开发项目的政治环境变化的影响。

一个现在对于建造概念上综合的、混合使用、混合住宅类型邻里的为人熟知的争论——而不是在一个地方创建的相同的住宅单元——让"发展"成为一个好词。通常，现有邻里的居民反对任何提议的开发，因为，根据他们的经验，一片空闲的土地要比将要代替它的开发项目好得多。保持邻里由未建造的土地所包围被认为是理想的，而仅有一小部分相邻的住房则不是十分理想，并且，看到一个低价的住宅出现在左邻右舍会引起现在社区住房的警觉。相反，当给现在的住房拥有者展示一个将使他们的社区增值和增加设施的真正的混合用途、多种类型的单元的开发规划时，他们会非常愿意接受这个提议。

非营利的发起人、具有社会意识的开发商，或者当地政府的目标也可能是整个综合体的一部分。例如，在科罗拉多州的 Belle Creek（见"案例研究"一章），一个具有社会意识的开发商与一个非营利的发起人合力创建了一个混合多种住宅类型的社区，满足了广泛的租房者和业主的需要。

对于那些认为年龄、收入和职业的多样性部分地决定着一个适合居住的好地方的人而言，住宅单元种类的多样化是非常重要的。而且，能提供混合住房类型的项目能帮助管辖区域获得一系列的社会目标——从满足经济适用的和无障碍单元的最小需求，到为年长者和学生提供住房，并为那些服务行业工作者提供接近他们工作地点的价格合理的住房。当然，解决社会目标也可能产生非利他主义的利益。例如，所产生的社区友好关系可以使开发项目更快得到批准。

最后，当地管辖区域、出租人、购房者以及邻里财产的所有者都能从社区中包括的混合住宅类型获益。

- 通过允许住宅类型混合，社区可以帮助满足大范围的当地住房需求，同时减少对交通、基础设施以及开敞空间的影响。
- 当整个开发使用了混合单元类型，且所有的单元类型的设计和材料特性相似时，经济适用的单元就可以与社区无差别地混合在一起。
- 住房和户型的广泛混合能更好地支持具有城市风格的公共设施以及零售活动，使整个社区从中受益。
- 各种价格住房类型的混合使当地雇员居住在接近他们的工作的地点成为可能。

**紧邻一个转变为住户自有公寓的 80 年之久的公寓建筑，位于西雅图的 Victoria Townhomes 从原先的建筑物和周围的邻里获得设计灵感。作为住户自有公寓停车场问题的解决办法，10 座 Victoria Townhomes 建造在服务于这两栋建筑的部分地下车库的上面。**

## 人口和生活风格

为了创建一个成功的项目，开发商必须认识到每个市场将被吸引到地理领域从城市中心到空旷的郊区的哪个部分。许多不同类型的人们——形成许多不同类型的家庭——发现居住在独特的村镇、城镇或邻里在位置上是令人满意的，但是对于最适合的住房类型以及能支付得起的出租或购房价格，不同的人有不同的需求。例如，X 一代人、没有孩子的已婚夫妇、单身家庭以及守空巢者想要并需要不同的单元类型。除此之外，根据市场的收入差异，他们的需要将在一系列或大或小的价格范围内得到最好的满足。

同样，在较年轻的和较年长的购房者中，对他们自己和他们的追求来说，方便、低维护费用以及时间越来越成为影响购房选择的主要因素。（这个趋势也指出了较年轻和较年长的人们居住在同一个街区，同一个邻里社区，甚至同一个建筑中的潜在可能性。）此外，在今天的家庭中，较年长的单身的比例比以前更大，并且这个群体中的许多人选择的生活方式依赖于一个城市中心或郊区地方的生活、工作、娱乐环境。无论居住在一个很容易连接娱乐和工作的 Loft 公寓，还是一个有通道直接进入停车场的公寓，对于地段的选择，方便性通常是其核心。

如何使开发商仿效这些范例？经验表明它与规模有关：很明显，邻里越大，机会就越多样化。不少于 200 个单元的社区才能有提供多样性的住房选择。对一些较小的开发项目而言，关键是成为周围已有环境的一部分，并提供能提升现有住宅混合的单元类型。除此之外，一个高标准的公共领域——无论是现有的还是计划中的——可以使具有高密度和多种住宅类型混合的新邻里更具有可行性，同时提高可销售性和获得批准的可能性。

为了使多种住宅类型混合的邻里获得成功，必须存在一个反映供给的合适的市场。虽然决定这种邻里的市场潜能可能比决定提供单一住宅类型的潜在社区更具有挑战性，但是，越来越多的市场调研公司熟知研究这些类型开

## 居住在经济适用房中

在 20 世纪 60 年代早期，马里兰州的中产阶级城镇蒙哥马利县(Montgomery County)是由具有相同的价格范围，居住着相似收入的居民，外观看起来相同的住宅小区组成。当在这些地方的附近建造一个疗养院的建议被提到这个地方的规划日程上时，这些邻居雇用的律师认为不同的土地使用可能改变这个邻里的特征，并降低土地的价格。然而，该建筑还是建了起来，并且没有任何预料的事情发生。这个邻里仍然是一个只有一个阶级的社区[直到 1967 年的公平住房法(一个白皮书)获得通过]，在这个地方的任何地点开发低价格住房的所有尝试都遭受到这个社区的愤恨。"不要在我家后院"——"Not in my backyard (NIMBY)"——成了战斗口号。

但是，在 20 世纪 60 年代中期，情况发生了巨大变化。这个地方成为一个就业中心，人口迅速增长，并且合适的公共设施和基础设施的缺乏导致了增长的抑制。随着许多因素抬高住房价格，建筑商发现，开发高级住房非常有利可图——剧增的住房价格对年老的、低水平工人以及年轻家庭造成了巨大压力。中等收入和低收入家庭能买得起的住房供应严重短缺。

1974 年，住房倡导者和当选的政府官员之间在经过 6 年谈判后，蒙哥马利县通过了分区制，它被认为是这个地方第一个必须遵循的区划法规。在适当定价住宅单元(Moderately Priced Dwelling Unit，简称 MPDU)条例中，大部分有 50 套或更多单元的新社区必须有 12.5% ~ 15% 的住房是经济适用的。由于适当定价的住房建造的同时，市场定价的住房和不同收入的人们同时进入同一个社区，所以，该法规有效地消除了议程中的 NIMBY 行为。

虽然，2/3 的 MPDU 是为中等收入家庭所拥有(主要是购买)，他们的收入占这个地方平均收入的 65%，这个地方也使用该法则通过要求 1/3 的 MPDU 提供给这个地方的公共住房机构——住房机会委员会 (Housing Oppotunities Commission，简称 HOC)，来解决低收入居民的最低需求。除此之外，这个地方要求经济适用单元与市场定价的单元具有相同的使用类型（也就是说，MPDU 必须是业主拥有或者已出租——无论市场定价的单元是哪种类型）。

虽然，一些地方政府具有自主的包容性分区规划，但是这样的规划只产生了很少的单元。相反，截至 2002 年，蒙哥马利县在 250 多个不同的地方已经建造了 10100 多个 MPDU，这些单元中的 1600 套在住房机会委员会的控制之下。(即使如此，MPDU 的生产明显地与整个住房的生产联系在一起，在任何给定的时间，所开发的住房单元的数量将随着住房市场的强度而变化。)

在一些 Townhouse 社区，市场价与 MPDU 业主或租房者之间的收入差别是最小的。然而，在高级社区也有它们的 MPDU 份

发的市场的复杂性。

## 土地、停车场和建筑物的费用

无论是何种类型的项目，每个成功的开发商必须使所有的费用因素达到平衡。市场经济学通常规定了土地、建筑和停车场的费用。为了最大化价格和市场吸引力，必须同时考虑这三个因素。随着密度的增长，土地的价格也增长了。土地价格越高，它越能被有效地使用。这样，当密度很高，并且地价十分昂贵时，停车楼（或者甚至是地下停车场）的花费将被证明是合理的。由此得出结论，在密度最高的地方，市场应该有能力支持每平方的最高销售价格。相反，在地价不太昂贵的低密度、边远的地方，建造停车楼是没有成本效益的。建筑物的质量通常随土地的价格而定。当土地比较昂贵时，尤其是在大城市的中心，需要有较高的销售价格来使项目在经济上具有可行性，因此，

额。甚至是在那些住宅价值几十万美元的邻里中，蒙哥马利县的来访者也能发现MPDU，其中一些MPDU是公共住房。这个地方的成功可能归因于许多因素，如果其他的管辖区域尝试相似的规划时，它们应该考虑这些因素。首先，支持者需要形成强大的联合以建立强制性的包容性分区法规。其次，建筑商、环境保护者、住房业主以及其他感兴趣的团体的利益必须受到关注。第三，重要的是认识到包容性分区补充了经济开发努力：经济上健康的社区拥有一定范围的商业和服务，能安置所有收入水平的雇员。曾经，蒙哥马利县雇主必须租用公共汽车，把低收入的雇员从其他管辖区接送到这里。现在情况已经完全不同了。

建筑商需要得到公平的对待。为了解决占用地产却没有进行赔偿的法律问题，蒙哥马利县的法律给建筑商提供了高达22%的密度奖励，这由MPDU的数量决定。这个奖励使开发商可弥补建造MPDU的费用，并保护他们不失去开发市场定价住房的机会。这个法则也允许建筑商使用不同的住宅类型来获得密度奖励。

这个法规适合于所有的那些在0.5acre（0.2hm$^2$）或更小的土地上分区建设50套或更多单元的地方，其密度超过该区域所许可的通常密度的22%——实际上，土地成本的减少是用以补偿低价的单元。MPDU在类型上有着从花园公寓和双拼住宅到独立式单户住宅的变化。虽然，MPDU的价格被这个地方的住房和社区事务办公室所规定，并受每年生活费用调整的限制，但是，为了获得与市场定价单元相一致的住房，仍允许建筑商建造高级住房。对于一些开发商来说，由于密度奖励和销售容易，MPDU是最有利的单元。然而，另外一些开发商认为建造MPDU基本上是一个收支平衡的事情。这些MPDU的二次销售价格被控制长达10年，租房价格是20年。

必要的包容性分区在一些地方是适当的，在那里有强大的和持续增长的住房市场，在那里当地政府有立法权和分区权，在那里拥护者可能支持必要的政治意向。蒙哥马利县这些政策的拥护者包括一个公平住房组织、妇女投票者联盟和一些政治人士。

MPDU现在大约占到蒙哥马利县住宅储备的3%，并且大约有1/3通过各种规划租给低收入的家庭。这个地方的MPDU法则可以作为该地区正经历快速增长并面临购买力问题的其他区域的一个模型。适合中等收入者购买的住房现在分布在整个县的各个开发区域，并且由于它被广泛使用，居民已经接受了这个概念。市场定价住宅的土地价格没有因接近MPDU而受到影响；土地正被有效地利用；并且，住宅建造仍为私人企业所控制，当地政府提供经济适用住宅的费用仍然是非常小的。

资料来源：Joyce B. Siegel，"Living with Affordable Housing，" *Urban Land*，May 1999.

TORTI GALLAS AND PARTNERS

弗吉尼亚州亚历山德里亚市的 Hearthstone Mews 是一个每英亩 32 个住宅单元（每公顷 79 个单元）的无条件继承形式所有权的 Townhouse 开发项目。进出车库要经由具有吸引力的背面通道。

建筑物的质量也会较高。

## 建筑类型

对于决定是否使用多种住宅类型混合来解决住宅项目问题的开发商或者住宅建筑商而言，施工的难易和场地的连续性进出口一直是很重要的问题。用来建造联排住宅、双拼住宅、花园公寓的标准化产业技术，可以方便地用来创建提供 12 个不同单元方案的复杂的低层邻里。虽然在理论上对小建筑商而言，在大型新城镇的单片场地上建造同样的住宅看起来非常有效，但实际上对于单家建筑商而言，在单片土地上建造公寓、四联公寓住宅楼、联排住宅以及独立式住宅的混合，或者甚至包括少量的传统住宅类型，例如商住两用的 Loft 或下层出租零售商铺的住宅，可能会比较容易或更加有利可图。

虽然，混合住宅的建造没有偏离传统的构件式幕墙的方法，但是，建筑风格和城市设计可能会十分复杂；例如，开发商必须决定哪些类型的单元住宅可以或应该彼此相邻，建筑物将如何适合场地和彼此之间的相互关系，以及如何通过变化高度实现给每个邻里和街道一个不同的特征和路边感觉（curb appeal）。下面是一些有用的设计规则：

- 建筑高度应该逐渐变化——也就是说，建筑高度的变化应该逐渐发生，通常是一层或两层。
- 在较高的建筑物中使用的建筑设计因素也应使用在较小的建筑物上，以确保这些建筑物彼此联系。
- 建筑类型的变化应沿着街区中心背对背地出现，而不是沿着街道面对面。
- 背立面应具有良好的设计质量，尤其是较高密度的单元更应如此。
- 同样的土地使用应该面对面：住房所有者面对住房所有者，租房者面对租房者。
- 高密度的建筑应建造在最热闹的地段，并且围绕主要的公共空间，在那里它们的体量可以帮助定义这个地方。低密度的住宅单元适合比较安静的二级街道。
- 开发项目混合使用的部分应该位于较热闹的街道上，在那里，交通可以支持零售活动；较安静的住宅应该稍微从商业活动中心的喧嚣之中隔离出来。
- 所有的公共建筑物，例如法院、图书馆和市政厅，应该设计成为标志性建筑物，并在规划中置于突出的地方。

土地所有权有三种类型：无条件继承形式、住户自有公寓形式和租户占用形式。在每英亩

10个住宅单元（每公顷25个住宅单元）或者更少的情况下，无条件继承形式的土地所有权在数量上占优势，但是，在最高密度地区，单元通常是住户自有公寓形式或租户占用形式。许多开发商宁愿开发无条件继承形式的所有权的产品，因为它易于管理、筹集资金和销售，此外开发商也希望减少来自业主委员会的潜在的索赔风险。在弗吉尼亚州亚历山德里亚市著名的历史区域，面积不足1acre（$4000m^2$）的Hearthstone Mews，其密度达到每英亩32个住宅单元（每公顷79个单元）。这就是一个高密度项目的例子，在那里无条件继承形式的所有权运作得非常好。这个项目在两个层面上取得了成功：它被接受成为原有邻里的一部分，因为，即使它具有周围邻里两倍的密度，它仍具有相同的规模和建筑风格。由于较高的密度使购房者能以低于那些原有邻里住宅的价格购买到好地段的住房，所以它也被市场所接受。

在一个单一的街区中采用多种住宅类型的混合，为每个家庭提供一个安全的“地方”和有个性的开发，向开发商与建筑师提出了挑战。当直接相邻或面对的单元具有不同的价格或土地所有权时——例如，业主居住的单户住宅面向租户租用的公寓——这样的安排可能是有问题的，即使是在人们对社会多样性感到舒适的地方。提供一个成功的多种住宅类型混合的邻里并不是随意的安排，而是以精细的、舒适的等级以及仔细规划的邻接来进行规划的。

**住宅类型衍生**　如图表5-1所示，随着少数建筑的变化，曾经作为标准的单户住宅、Townhouse、双拼住宅、四联公寓住宅楼以及公园公寓已经划分为更多的单元住宅类型来反映更加精细的目标市场定位，并反映了今天范围更广的城市设计概念。一个例子是“宅邸式建筑”，一种19世纪早期的联排式房屋的演进。在宅邸式建筑中，一些小的单元都被设计在一座建筑物中，它有宅邸的外形和形式，并提供了一个适当的城镇广场所需要的较大的规模——或者接近一个宅邸实际尺寸的开发项目。

图表5-1说明了一个重要的关键点：相似的建筑技术能被用来获得多种的住宅类型、密度，并满足多种生活方式的需求。自20世纪90年代早期起，建筑产业方面巨大的进步已经使建造给停车楼的高密度的低层木结构建筑物成为可能。这些进步使得建筑商每单元的花费比使用钢结构或混凝土结构更少，同时，仍然获得了每英亩50～60个单元的密度（每公顷124～148个单元）。在某些情况下，如果场地的净面积作为计算密度的基础，并且单元尺寸较小，那么每英亩能获得多达80～90个单元（每公顷198～222个单元）。这样的计算提供了几点好处：允许开发商获得非常高的密度，停车楼使汽车从人们的视线中消失，并且，4层的高度对邻里来说是一个极好的尺度。社区、开发商以及新的居民都会有所受益。

如图表5-1所示，随着社区变得越来越复杂，市场越来越关注于一些特殊的小环境，房地产业已通过开发变化较大的住宅类型作出反应，这些住宅类型中的每一种都与人口和生活方式有关。例如，Loft公寓——提供两层的体积和一个开敞楼层——在没有孩子的30多岁的已婚夫妇中间非常普遍，但是不能适合老年人的需求，因为老年人宁愿居住在多层或高层的带电梯的建筑中，或者居住在第一层作为主卧室的Townhouse中。生活方式需求方面的这些变化促进了产品分化——在过去的10年中，开发商已经逐渐认识到这些变化创造的市场机会。

三个基本的结构类型主要用于居民开发项目：木结构、木／钢混合结构、钢结构和（或）混凝土结构。每种结构类型有相应密度和高度

图表 5－1

## 住宅类型矩阵

| 建筑类型 | 所有权 | | | 结构类型 | | | 停车场 | | | | |
|---|---|---|---|---|---|---|---|---|---|---|---|
| | 无条件继承 | 住户自有公寓 | 租户占用 | 木结构 | 木／钢混合结构 | 钢结构和（或）混凝土结构 | 地下停车场 | 半地下停车场（Podium） | 停车楼 | 室内停车场 | 地面停车场 |
| 高层建筑 | | ■ | ■ | | | ■ | ■ | | | | |
| （8 层以上） | | ■ | ■ | | | ■ | | ■ | | | |
| | | ■ | ■ | | | ■ | | | ■ | | |
| | | ■ | ■ | | | ■ | | | | | ■ |
| 多层建筑 | | ■ | ■ | | ■ | ■ | ■ | | | | |
| （5～7 层） | | ■ | ■ | | ■ | ■ | | ■ | | | |
| | | ■ | ■ | | ■ | ■ | | | ■ | | |
| | | ■ | ■ | | ■ | ■ | | | | | ■ |
| 低层建筑 | | ■ | ■ | ■ | | | ■ | | | | |
| （2～4 层） | | ■ | ■ | ■ | | | | | ■ | | |
| | | ■ | ■ | ■ | | | | | | ■ | |
| | | ■ | ■ | ■ | | | | | | | ■ |
| Loft 和商住两用单元 | | ■ | ■ | ■ | | | | ■ | | | |
| | | ■ | ■ | ■ | | | | | | ■ | |
| | | ■ | ■ | ■ | | | | | | | ■ |
| 庭院建筑 | | ■ | ■ | ■ | | | | | | ■ | |
| | | ■ | ■ | ■ | | | | | | | ■ |
| 庄园或宅邸式建筑 | | ■ | ■ | ■ | | | | | | | ■ |
| | | ■ | ■ | ■ | | | | | | ■ | ■ |
| 查尔斯顿式建筑 | | ■ | ■ | ■ | | | | | | ■ | |
| 车房 | | ■ | | ■ | | | | | | | |
| 有院子的 Townhouse | ■ | | ■ | ■ | | | | | | ■ | |
| 无院子的 Townhouse | ■ | | ■ | ■ | | | | | | ■ | |
| 首层有主卧的 Townhouse | ■ | | ■ | ■ | | | | | | ■ | |
| 双拼住宅 | ■ | | | ■ | | | | | | ■ | |
| 小别墅：小片地块 | ■ | | | ■ | | | | | | ■ | |
| 单户住宅：中等规模地块 | ■ | | | ■ | | | | | | ■ | |
| 单户住宅：大片地块 | ■ | | | ■ | | | | | | ■ | |
| 别墅 | ■ | | | ■ | | | | | | ■ | |

|  | 是否具有混合使用开发的潜力 |  | 方案[①] |  |  |  |  |  |
|---|---|---|---|---|---|---|---|---|
|  | 是 | 否 | 1 | 2 | 3 | 4 | 5 | 6 |
| 高层建筑 | ■ |  |  |  |  |  |  | ■ |
| (8 层以上) | ■ |  |  |  |  |  | ■ |  |
|  | ■ |  |  |  |  |  |  | ■ |
|  | ■ |  |  |  |  |  |  | ■ |
| 多层建筑 | ■ |  |  |  |  |  |  |  |
| (5 ～ 7 层) | ■ |  |  |  |  |  |  |  |
|  | ■ |  |  |  |  |  |  |  |
|  | ■ |  |  |  |  |  |  |  |
| 低层建筑 | ■ |  |  |  | ■ |  |  | ■ |
| (2 ～ 4 层) | ■ |  |  | ■ |  | ■ | ■ |  |
|  | ■ |  | ■ |  | ■ |  |  | ■ |
|  | ■ |  | ■ |  | ■ |  |  | ■ |
| Loft 和商住两用单元 | ■ |  |  |  |  |  |  |  |
|  | ■ |  |  |  |  |  |  |  |
|  | ■ |  |  |  |  |  |  |  |
| 庭院建筑 |  | ■ |  |  | ■ | ■ |  |  |
|  |  | ■ |  |  | ■ | ■ |  |  |
| 庄园或宅邸式建筑 |  | ■ |  | ■ |  | ■ |  |  |
|  |  | ■ |  | ■ |  | ■ |  |  |
| 查尔斯顿式建筑 |  | ■ |  |  |  | ■ |  |  |
| 车房 |  | ■ |  |  | ■ | ■ |  |  |
| 有院子的 Townhouse |  | ■ | ■ | ■ | ■ | ■ |  |  |
| 无院子的 Townhouse |  | ■ | ■ | ■ | ■ | ■ |  |  |
| 首层有主卧的 Townhouse |  | ■ | ■ | ■ | ■ | ■ |  |  |
| 双拼住宅 |  | ■ | ■ | ■ | ■ | ■ |  |  |
| 小别墅：小片地块 |  | ■ | ■ | ■ |  |  |  |  |
| 单户住宅：中等规模地块 |  | ■ | ■ |  |  |  |  |  |
| 单户住宅：大片地块 |  | ■ | ■ |  |  |  |  |  |
| 别墅 |  | ■ | ■ |  |  |  |  |  |

① 见图表 5-5。

的特定限制以及相应的建设费。木结构的建筑是最便宜的，但是却有高度限制——通常高度是4层。处于中间位置的是木/钢混合结构，它能用于高度达8层的项目中。项目超过8层时，必须选择最昂贵的方案——钢结构和（或）混凝土结构。图表5-2粗略概括了每种结构类型的特征。

同样，停车场类型的不同对密度和项目造价也具有重要影响。下表粗略估计了停车场的造价：

| 类型 | 每个停车位的造价（美元） |
| --- | --- |
| 地面停车场 | 2500 |
| 木结构车库 | 5000 |
| 首层停车结构 | 8500 |
| 支撑上部住宅单元的半地下停车场 | 15000 |
| 地下车库 | 20000 |

**混合的建筑风格** 在一个开发项目中混合多种建筑类型时，混合多种建筑风格通常也是适合的。如果这个项目足够大——例如，多达300～400个单元——建筑风格的混合则增添了视觉价值，并能通过拓宽可感知的产品类型扩大市场的潜能。好的策略是开发多种建筑类型，然后创建一个具有几种相容的建筑风格的衍生变化。例如，在佛罗里达州奥兰多市的庆典新城的一个小区，设计师创造了一组5个建筑风格作为6种建筑类型的基础，并且每个建筑风格适合一种或多种建筑类型。

这种技术的优势是非常明显的：正如图表5-3所示，5个建筑风格和6种建筑类型的组合允许建筑商获得14种建筑选择。并且，因为每种建筑选择都包括双卧室或三个卧室的模型，所以这14个建筑类型为市场提供了总共28个不同的住宅产品。三种可选择的色彩设计补充意味着，在一个有300个单元的邻里，共创建了84种选择。这个策略创建了一个非常特殊的邻里——使得具有广泛需求和品位的购房者满意。

**相同的建筑，多种住宅类型** 在单栋建筑中，也可以创建多种住宅类型。大型建筑物尤其可能是这种方案的好的选择，特别是当开发商努力确保这个新的开发项目和周围的邻里相协调时。在单座建筑中，类型的混合可达到它在一个邻里或大社区所能实现的同样的目标：它允许多种单元类型的开发项目具有多种价格。

位于弗吉尼亚州阿灵顿市的哈得孙项目（Hudson）是一个具有完整邻里的特征和相应市场划分的单栋建筑。它采用木结构与后张法混凝土建造，并为一个已建成的、混合用途的内环郊区而设计，这座建筑物标志着从一个相临的独户邻里向高密度商业邻里的转变。哈得孙项目包括像四层的Townhouse的142个单元和一座能提供151个单元的12层的建筑物。在这个项目中混合了Loft、公寓、商住两用单元，以及屋顶公寓（见图表5-4）。两层地下停车场——仅仅开发低层项目经济上是不可行的——服务于整个项目。地下停车场使汽车从

图表5-2
**结构类型、造价、密度和高度**

| | 木结构 | 木结构和轻钢结构 | 钢结构或混凝土结构 | 每平方英尺/每平方米造价（美元） | 每英亩/每公顷住宅单元数目 |
| --- | --- | --- | --- | --- | --- |
| 1～4层 | ■ | | | 50～75/538～807 | 4～50/10～124 |
| 5～7层 | | ■ | | 70～100/753～1076 | 50～90/124～222 |
| 8层以上 | | | ■ | 95～150/1023～1615 | 超过90/超过222 |

图表 5－3

**佛罗里达州庆典新城的建筑风格和建筑类型混合**

| | 古典式 | 殖民复兴式 | 地中海式 | 法国式 | 圣奥古斯丁式 |
|---|---|---|---|---|---|
| 花园公寓 | ■ | ■ | ■ | | |
| 庭院公寓 | | | ■ | ■ | |
| 车房 | | | ■ | | ■ |
| 街角住宅 | ■ | ■ | | | |
| 三层 Townhouse | ■ | ■ | | | |
| 两层 Townhouse | ■ | ■ | ■ | | |

人们的视线中消失，并使实施较高密度的建筑物成为可能。租房者可以在高层建筑物与无电梯的建筑物之间依次作出选择，在一系列单元类型、大小以及价格当中作出选择。

图表 5-5 描述了 6 种方案，每一种都说明了在单个项目或邻里中可以混合的建筑物的种类，它们形成一系列的密度：每英亩 12 ～ 150 个住宅单元（每公顷 30 ～ 370 个单元）。这些归类仅仅是无数可能性中的几个例子。事实上，即使密度比这里所列举的更小也可以混合建筑种类。每一种方案的内涵进一步区分了这些特征——例如，所有权、结构类型以及停车场的布置——可以用来产生更多的选择。结构、所有权以及停车场类型的决定取决于土地价值与施工造价以及可获得的销售价格之间的关系。这个目标是为创造更加多样化的、美学上具有吸引力的邻里开发多种单元类型，这可以通过提供多种价格以及满足一系列生活方式的需求来获得更快的市场接纳。

**混合用途**　就美学和市场潜力而言，许多邻里通过包括一个混合用途的中心而得以增强。一个好的周围地区的公共空间规划，甚至可能有助于消除贷方、管理者和邻里的反对。混合用途城镇中心的最好的那些实例，通常由沿街道排列的建筑物组成，并具有沿街的商铺和办公空间或者上部具有住宅单元。随着更多混合用途项目的完成，房地产业获得了更多关于哪种类型的商业活动最适合居民住宅的知识。例如，开发商通常赞成住宅下不能开设餐馆，因为餐馆中的气味会飘向居民住宅。尽管许多居民愿意居住在漂亮的零售小商店或艺廊上面的公寓中，但很少有人喜欢汽车销售店邻近他们的住宅。总的来说，零售公司的质量、风格和规模应给居民增加正面感受，而不要被认为是一个妨碍或者负担。

另一个问题是采用垂直混合还是水平混合。在大部分城市中心，垂直混合加强了密度效果并增加了中心的活跃性。但是，单一功能的中心并不需要被垂直混合。例如，在鲍德温公园（Baldwin Park），一个混合用途的城镇中心位于前奥兰多海军训练中心，设计时使用了几个策略。饭店和超市位于单一用途的建筑物中，而其余的零售店位于建筑物的底层，在其上面有办公室和公寓。总体上，这个城镇中心住宅的 75% 是只适合居住的。通过在必要的地方采用垂直混合，开发商获得了满意的"主街道"

图表 5 - 4

**哈得孙项目的单元类型**

| | 屋顶公寓 | Loft | 商住两用 | 公寓 |
|---|---|---|---|---|
| 塔楼 | ■ | ■ | | ■ |
| 四层商住两用住宅 | | ■ | ■ | |
| Townhouse | | | | ■ |
| 庄园住宅 | | ■ | | ■ |

的特征，并在总体上保持了一个强有力的混合，而实际上无需包括高比例混合用途建筑。

## 市场接纳

为场地仔细地确定最适合的市场定位，并提供一个满意的、行人为本的邻里（比其竞争者更加多样，具有更好的外观，并能以更高的价格购买）的开发商，将立即获得更多的市场份额。其结果是更快的接纳。

由于通常对经济适用单元需求量大，但是高价位单元住房更有利可图，所以，混合用途开发能够使两者达到平衡以使市场接纳最大化，保持建筑和销售在一个稳定的水平。混合用途的规划也可以建立起一定的灵活性来适应市场的变化。例如，一个热卖的联排住宅可以代替一个滞销的双拼住宅，无需重新设计或重新定价。同样，混合用途的规划可适应各阶段的变化。例如，在整个经济低迷时期，开发商可以建设价格便宜的小型住房，推迟建造较昂贵的单元，直到经济好转。随着这种灵活性写入批文，建筑商可以持续使利润最大化，同时创建一个建立在其增值之上的社区。

在大型的混合住宅开发项目中——如科罗拉多州丹佛市的斯泰普尔顿国际机场——土地开发商可以使用几种技术来使这些混合用途的目标充满活力。

- 为了确保社区中稳定的产品、大范围的价格点以及特征，雇用各种国内的、地方的以及当地的房屋建筑公司。
- 在当前阶段，当建筑商卖完所有的住房时，始终有下一个邻里准备开发。
- 当某片土地被指定给建筑商时，确保这片土地足够大，使建筑商能得到他们需要的产品效率，但是，土地小也足以确保这个开发项目的整体多样性。

## 结论

最后，提供混合住宅类型的社区的开发商依赖的是同样的因素，这些因素决定了大多数种类开发项目能否成功：好地段、市场需求、良好的交通和通道、合理的土地及基础设施费用。通过强大的有生机的公共领域、建筑用途和建筑类型的适当平衡以及强大的地区联系，

图表 5 — 5

**密度方案**

**方案 1**

每英亩 12 个住宅单元（每公顷 30 个单元）
- 独立式单户大片住宅
- 独立式单户住宅（小别墅）
- 双拼住宅
- Townhouse

**方案 3**

每英亩 20 个住宅单元（每公顷 49 个单元）
- 双拼住宅
- Townhouse
- 车房
- 庭院公寓
- 花园公寓

**方案 5**

每英亩 60 个住宅单元（每公顷 148 个单元）
- 有地上停车楼的低层多户住宅

**方案 2**

每英亩 15 个住宅单元（每公顷 37 个单元）
- 小片场地上独立式单户小别墅
- 双拼住宅
- Townhouse
- 庄园住宅

**方案 4**

每英亩 30 个住宅单元（每公顷 74 个单元）
- Townhouse
- Plexes 住宅 / 查尔斯顿式住宅
- 庄园住宅
- 带停车楼的花园公寓

**方案 6**

每英亩 150 个住宅单元（每公顷 370 个单元）
- 有地上停车楼的高层多户住宅
- 有地上停车楼的低层多户住宅

位于弗吉尼亚州阿灵顿的哈得孙项目，将无电梯的四层住宅与具有电梯的多层住宅结合在一起。住宅单元包括Loft、公寓、商住两用空间以及屋顶公寓，所有单元都具有地下停车场。

住宅类型的混合将得到进一步提高。出色的管理、详细的建筑和社区设计将获得出租者、管理者以及邻里的支持，并有助于建造一种适合市场的产品。提供混合用途住宅的价格和类型所涉及的额外的技术能力、费用和风险相对来说是非常小的，盈利可能是非常大的，并且是逐渐增大的：稳定的市场接纳，灵活地面对消费者品位和收入的变化，未来阶段的可获利记录，以及对整个社区的社会方面和环境方面的贡献。通过对今天的以及明天的家庭的组成和需求作出反应，提供混合住宅类型的开发项目可以以多种方式创造价值。

本章作者为托尔蒂·加拉斯及其合伙人事务所（Torti Gallas and Partners）的负责人约翰·托尔蒂（John Torti）。

**注**

1. Mark J. Eppli and Charles C. Tu,*Valuing the New Urbanism: The Impact of the New Urbanism on Prices of Single-Family Homes*(Washington, D. C.:ULI-the Urban Land Institute, 1999).

# 6　邻里复兴中的机会

随着郊区住宅的开发变得越来越具有挑战性和越来越复杂，开发商逐渐发现一个充满活力的不断增长的选择就在自己的后院。比较古老的内环郊区的填充式区域对于再开发和复兴条件已经成熟，通常还立刻能被市场接受，并且能够获得很高的销售价格。填充式用地位于发达的地区，但是，它们或者完全被忽略，或者现在未被最高限度地和最好地利用。由于对新开发项目的政策上的抵制，大部分郊区开发商已经遭遇了昂贵的、耗时的且通常是敌对的授权过程。然而，一些开发商密切关注一些接近市中心的郊区中被忽略或未被充分利用的用地，并且愿意克服所涉及的困难和挑战，包括紧密的用地环境和潜在的污染。在这个过程中，开发商、社区和消费者都将获得巨大的回报。

本章研究与开发住宅填充式用地有关的方法、机会和缺陷。将要探讨的问题包括市场、场地的选择和市场研究、成功的产品类型、确

在得克萨斯州理查森（Richardson）的 Block，一个较高密度的社区被融入一个单户住宅邻里。Block 的住宅不仅供销售，而且供出租，并且还包括适合邻里的零售场所。

JAMES, HARWICK + PARTNERS, INC.

定的权利、施工挑战以及销售。

## 郊区填充式开发地区的市场：深度和广度

在郊区市场中，守空巢者、无子女的已婚夫妇、单身家庭、单亲家庭以及其他非传统家庭对传统的、单户住宅以外的住宅的需求越来越广泛，也越来越多——这种需求通常未被满足或者被忽略。

对于今天的消费者而言，时间是非常宝贵的。典型的郊区购房者愿意忍受长时间的乘车上下班，是为了在一个郊区获得更好的住房价格、更好的学校以及建立家庭的机会。然而，市场中的很大一部分在寻求上下班交通方便、环境以行人为本，以及接近娱乐、饭店和其他设施。这些消费者的动机明显不同于那些以家庭为出发点的郊区购房者的动机。

例如，许多 X 一代的专业人员在特殊地段寻求一种独一无二的住房选择。因为他们看重是否能够步行去享受夜生活和交通站点，所以他们愿意忍受更加恶劣的、不稳定的环境，甚至愿意为非传统的、供销售和供出租的地方支付额外的费用。相似的力量刺激了生育高峰期出生者，他们是“提前退休但战后出生的孩子”。这个新的生命阶段——甚至在以前的几代人中并不存在——为开发不同的新类型的居住空间提供了不断增长的机会。

因为填充式用地的特殊情况以及可以选择的产品的缺乏，市场已经显示出愿意为这种地段中的住房支付额外的费用的愿望。而且，填充式开发的消费者更可能接受高密度和有优越位置的产品。接近市中心的场地甚至吸引了一部分单户住宅市场。当较大的用地被聚集到这种地段时，开发独立式单户住宅成为可能，其销售十分火爆——并且据报道，传统的独立式单户住宅售价要比相对较远的可比住宅高 20% ~ 50%。

无论是多户的、联立式的还是单户的，供出租的还是供销售的，较小型且独一无二的项目还是较大的更加传统的单户社区，填充式开发吸引了具有广泛的生活方式和人口特征的更广和更深的市场。

## 发现机遇

填充式开发用地具有所有的形式、规模以及各种情况。由于某种原因，一些不发达的地方被忽略了，位置好的用地由于接近高速公路、高压电线或者热闹的街道而受到损害。其他场地可能环境上被污染了（见特写专栏）或者由于复杂的土地所有权问题很难组合到一起。有时，原始的未被开发的土地——诸如农场、果园或苗圃——已经好几代都属于一个家庭，开发需要完全绕开它而进行；然而，这样的土地分区通常落后于这块用地当前能做到的最高程度和最好的利用。一些郊区开发商，如圣路易斯的 Taylor Morley Homes，历经数年，为了创建更大的、地段更好的允许开发新的独立式单户住宅的相当规模的社区，已煞费苦心地集中了一些小片土地，其中包括一些较古老的个人住宅。在迅速发展的城市，如亚特兰大和休斯按照美国国家住宅建筑商协会的说法，在令人向往的、接近市中心的地区大约有50万个潜在的住宅用地，由于实际的或者可以感觉到的环境污染使扩展和再开发变得更加复杂。直到最近，这些被遗弃的或者未被充分使用的工业或商业场所的再开发依然颇多阻碍，不仅是由于清理净化的高额费用，而且由于在联邦法律下一系列法律条款中任何一方可能面临的责任。联邦政府和州法律的最近变化以及一系列激动人心的公共规划和环境保障措施，已经为褐色地块的开发提供了更多的机会。

对于涉及的所有方方面面，褐色地块的开发是一个成功的建议。通过将先前不能使用的土地转变成为适合新住宅和商业的场所，它使毁灭的社区重新具有了新的活力——并且，这样做，吸引了新的开发，并提高了地产价值和税收。像其他形式的填充式开发一样，褐色地块开发解决了住房需求，同时将住宅开发引向那些已经建造好的地方，因而减少蔓延，并保护开敞土地不被开发。开发商将获得利益，因为他们能够接近价值很高的市场，受到积极的媒体的关注，并巩固了与当地政府之间的关系，这可能确保将来的授权更加容易。商业也从投资和新居民的购买力中获益。当然，消费者由于得到了接近商业地区、商场、大学和公共交通的位置方便的新住宅，也从中获益。

## 责任问题和解决方法

直到最近，寻求购买被污染的土地的住宅开发商面临着巨大的障碍。住宅场地的清理标准十分苛刻——而且，就某种污染而言，标准甚至还没有确定。环境保护署（Environmental Protection Agency，简称EPA）一直要求所有者负责清除以前土地所有权时期被污染的地方，甚至要清除从其他所有者拥有的没有联系的地方流过来的被污染的地下水。许多州有自己的同样严格的环境法。然而，认识到这样的法律具有无意识的“寒蝉效应”（chilling effect），大约40个州已经采取主动，保护那些成功地完成了州政府规定的自愿清理计划的无辜的土地所有者。在这种主动措施下，开发商确切地知道他们应该做些什么，以及未来的州政府活动保护的是什么。实际上，在大多数情况下，EPA已经接受了州政府规定的自愿清理努力，尽管没有任何正式的联邦政府强制执行的弃权声明。而且，在那些可以获得安全公共饮用水但是地下含水层却被污染了的地方，EPA也发布了预期购房者只要满足某种条件无责任的“安慰信”以免除强制责任。为了给出租人更多的安慰，开发商可以通过购买环境保险来承担支付无法预料的清理费用，前提是将来会采取强制措施。

## 新的立法

为了尽可能给开发商和出租者提供更大的确定性，2002年初，国会通过了《小型商业责任免除和褐色地块复兴法案》（Small Business Liability Relief and Brownfields Revitalization Act），它修正了1980年的《综合环境反应、赔偿和责任法》（Comprehensive Environmental Response，Compensation and Liability Act，简称CERCLA）。在新的法律中，被污染地块的预期购买者和接近《CERCLA国家优先列表》上所列地产的无辜所有者将受到责任保护——如果他们满足某种条件，例如已经勤奋努力，并遵守州政府制定的清洁计划。虽然，这项法律是一个好的开始，但是，仍有许多存在问题的条款。例如，它不能解决《资源回收与再利用法》（Resource Conservation and Recovery Act，简称RCRA）中规定的职责，在这项法律中，被普通污染物——

例如，石油、含有铅的漆和石棉——所污染的地产的所有者在联邦法律中负有连带责任。同时，描述EPA可以重新审议一个案例的情况的语言有点模糊，在将来需要重新解释。值得庆幸的是，在RCRA中，未来的立法将对那些成功地完成了一个州的褐色地块或自愿清洁计划的无辜的土地所有者提供免受联邦责任的完全保护。

同时，开发商和出租者可以从获得环境污染保险，以及了解到州政府的自愿清理计划实际上很少被EPA否决当中得到一些安慰。

## 可用的清洁资金

除了尝试解释责任标准以外，在过去的5年中，《小型商业责任免除和褐色地块复兴法案》也以联邦基金形式提供了10亿美元资助州和政府机构完成下列事项：

- 评估给定地块的污染程度和类型。
- 清点给定地方的褐色地块的特征。
- 规划和设计彻底清洁计划。
- 承担给定地块的清洁工作。
- 精简现在被用于褐色地块清洁的周转资金贷款。
- 资助大学和非营利组织在地块评估、修复和社区参与方面进行培训。

这些资金可以与那些通过各州和地方计划获得的资金，以及那些通过其他联邦政府计划的可以使用的资金联合起来，例如，城市和住房开发部门的《褐色地块和经济开发的初步规划》的第108部分提供的拨款和低利率贷款。在一些情况下，资金可能被用来作用地准备，包括：分级、拆毁以及基础设施的建设—甚至在绿地的开发过程中可能造成的费用。拨款通常竞争非常激烈，并且通常根据社区的经济压力水平以及项目创造工作和刺激经济发展的潜力来授予。如果一块用地位于一个州的企业区，开发商具有以贷款和课税扣除的形式进一步获取利润的资格。其他的州政府通过提供资助，包括拨款、低利率债券、周转贷款、减税以及税收鼓励，来补偿清洁费用。通过与项目所在州有关的部门相联系，开发商可以获取更多的信息。

## 试验和补救

住宅开发区的补救标准与产业或商业地产的补救标准相比是非常高的，清洁费用相应地也更高。通常，污染物质被从地块上除去，并用无污染的土壤代替。在某些情况下，被污染的土壤可以用于较深的填实区，以创建护坡或者平台。其他有创造性的解决方案包括覆盖污染的土地，或者把被污染的土壤与好的土壤混合起来，直到污染物的浓度被稀释到可以接受的水平。

## 销售

市场对于再造的褐色地块上的新住房显示出惊人的广泛接受程度——尤其是方便的、地段比较好的地产，这在其他方面是难以得到的。虽然，一些开发商始终关心何时会没有明显的健康危害，但是对再造的褐色地块上的新住房可能是一种耻辱，因为这些关心通常是没有根据的。实际上，只要没有健康危害，消费者似乎就可能超乎预期地接受这些地方的住宅。促使褐色地块的项目作为郊区无计划扩展的选择的销售活动，一直特别有效。

COURTESY OF SOLOMON CORDWELL BUENZ & ASSOC, INC.; PHOTO BY SUISHENG CHANG

建于被开垦的湖滨地带褐色地块上的 HarborPark，位于威斯康星州的基诺沙市，距离 Metra 车站只有几个街区，方便了去往芝加哥的往返乘车族。

敦，对于开发商来说，集中整个街区的古老的、废弃的住宅，并拆毁它们，以便为高密度的住宅创建一个大片的用地，是十分普遍和具有成本效益的。

用地常常已经不适合它们先前的用途——典型的是工业用途。位于底特律（Detroit）郊外布赖顿（Brighton）的 Crosswinds Communities 已经将一个原先的堆木场转变成为一个由 44 套 Townhouse 和公寓组成的开发项目，包括 7 个商住两用的 Loft。在威斯康星州（Wisconsin）基诺沙市（Kenosha），一个 69acre（28$hm^2$）的湖滨工业场地被转变成 HarborPark Townhomes 和住户自有公寓的用地。在整个美国的较老的邻里中，先前的机械工厂、电子传送站、铁路场地、堆木场、购物中心、小学以及教堂是许多郊区填充式用地中的一部分，正被开发成为新的住宅。

因为拥有要复兴的土地的市政当局通常选择将土地卖给那些已具有良好声誉的郊区开发商，所以，一些开发商重视在社区中显而易见和政治上积极表现，将其作为一种建立联系和获得信任的方法。为了择优使用，市政当局通常与开发商一起重新划分地块，或者为了使该项目得到资助和建造，他们会做出让步。税金增额融资是当地政府通常用以刺激私营企业对填充式用地的兴趣的一种手段。减税方案也相当普遍。

适合任何房地产的，尤其适合填充式开发：最好是关注某一个特定的地方，并尽可能多地了解与它有关的东西。开发商应该成为政治气候方面的专家，并获得市场方面的详细的并不断更新的知识。市政当局规划部门是线索和信息的好的来源。许多部门都具有关于地产的地理信息系统（GIS）数据库，包括公共的地块，或者可以购买的地块。

郊区填充式用地的合适规模的变化非常大。它很大程度上依赖于开发组织的管理结构，以及这个组织那些特殊项目的准备状况。对于一个项目或阶段的最佳规模可能是 50 个单元，最小的有效数量则是 25 个单元。

作为对方便的地段的回报，市场通常会"宽恕"围绕郊区填充式开发项目的地块的负面影响。例如，居民通常开车穿过一个较老的社区到达他们的新社区，老社区的再售价格要明显低于这个新社区的房价。然而，这种情形并没有影响底特律、费城、圣路易斯或者华盛顿哥伦比亚特区郊区的新项目的成功，这里仅仅列举出许多例子中的一小部分。同样地，市场很容易接收地理位置方便的地方，这些地方大都邻近被毁坏的或被遗弃的建筑物以及被毁坏的工厂等。令人惊讶的是，只要提供停车场和住宅的安全警报系统，即使是单身妇女——一个较大的购买群体——看起来也并没有被有问题环境所阻止。一些成功的市场顾问已经认识到，当提到填充式开发项目时，市场比许多开发商的预想更加大胆。

当一个项目的市场还没有确定时，应对的方式通常能构建得非常具有创造性。许多销售者，包括公共机构，将和开发商共同分享土地风险，前提是将其作为一种销售不动产的方法，或者当这个项目成功地获得了一些利润时。这种合作关系也可以帮助开发商获得项目资金，并允许他们对于建议的产品具有更大的创造性。一旦获得一块用地，购买或获取临近或附近用地的选择权也是非常明智的。例如，第一个项目成功后，价格急剧攀升。如果可能的话，开发商应设法预计下一个"销售热点"地区，并获得在那个地方的选择权。

## 市场调查

评价市场需求的等级和针对一种特殊产品的可能反应是填充式开发的一个巨大的挑战。当没有相应的产品可以分析，并且每个用地具有独特的特征时，很难确定市场的深度和广度。

### 定性因素

当缺少进行研究的直接可比较的产品时，最好首先进行假设。弗吉尼亚州麦克林区（Mclean）的梅胡德公司的市场营销顾问戴维·梅胡德（David Mayhood）建议"效仿"。作为决定填充式开发可能在哪里行得通的出发点，梅胡德推荐开发商确定那些 X 一代人常去的饭店和酒吧的地方。就市场而言，接近工作不如接近娱乐重要；位于商业地区、购物商场、公共交通以及大学的步行范围之内也是十分重要的。对开发商来说，下一步是暂时居住在那里——在这个临近地方的饭店、酒吧和商店花费一些时间，以便获得更多的关于这个潜在市场的特征。

位于步行范围之内的公交车站自然而然地将寻求方便的生活方式的往返乘车者吸引到市中心。最近的许多填充式开发项目的成功，可以归因于快速公交车站的存在或者其他由公众名义赞助的再开发活动。以前住宅建筑中的商业活动是邻里正要转变的进一步标志，它通常提供了新的填充式开发的机会。

通过研究美国其他部分的可比的郊区市场，开发商也能学到很多，从而确认目标市场和在目的地区可能被采用的产品。

一些开发商首先给用地周围一定的地理半径范围内的人们邮寄问卷。除了进行电话咨询外，这样的努力产生包括反馈有价值的市场信息的调查表，并且，形成一个关注群体的潜在候选人列表。一旦一块用地处于控制之下，并且一些产品轮廓已经被创建，开发商就会发现这些关注群体是巨大的反馈资源，更不用说将来的销售量。

## 定量因素

像其他种类的房地产投资一样，填充式项目要求研究定量因素。这意味着将根据年龄、教育程度、婚姻状况、职业和收入来确定目标群。概括与这个目标群体有关的总体趋势——过去、现在和未来——也是非常重要的。

当然，任何可以说明目标市场的偏好的竞争都应该分析。为了评价购买权利，开发商应该研究现有产品的再售价格和租用价格。此外，还应该评估竞争产品的规模、价格、特征以及设施。理解竞争为什么会成功或者为什么不成功是非常重要的。

一旦开发商准确地确定了市场需求，就是该为设想的开发项目制定参数的时候了，制定的参数包括产品类型、设计特征以及价格幅度。在已经收集的定性和定量的数据的基础上，开发商可以评估确定的市场定位中各种价位的购房者的数量。开发商应该明白每年能够销售多少个单元，以及什么样的短期价格和长期价格是一个错误的决定。

在底特律 Brush Park 的 Woodward Place，Crosswinds Communities 在具有停车场的楼房上面开发了层叠的 Townhouse，同时获得了每英亩上超过 30 个单元（每公顷 74 个单元）的高密度。相同的产品也在密歇根州洛伊尔欧克市接近市中心的郊区成功地开发出来。建筑设计方为霍布斯－布莱克联合事务所、进步联合事务所和巴顿联合事务所（Hobbs and Black,Progressive Associates,and Barton Associates）。

## 土地规划和产品设计：成功的关键

新产品可以将购房者或租房者吸引到毗连的邻里。一种独特的产品也能抓住当地政府官员的想象力，并把他们作为这个项目实施过程中的合伙者。令人兴奋的产品可能刺激消费者，挖掘出那些在该市场之外的潜在购房者。同时，就新产品与现有的社区混合的程度而言，它可以赢得邻里的支持。创造的机会也是无止境的，因为，从定义上来说，每个地方都是独一无二的。

决定如何对待汽车的使用是现有的社区填充式开发的设计上的关键问题之一。填充式开发非常适合创建有着网格状的街道模式和小路的新城市主义邻里。在较老的郊区，尤其是在车站附近发展起来的地方，小路通常已经存在。拓宽现有的小路系统可以有助于一个新的开发项目与其周围环境融合在一起。

在弗吉尼亚州福尔斯彻奇的韦斯特福尔斯的Gates项目，建筑设计师——德弗罗联合事务所（Devereaux and Associates）——设计了一种产品，其中地面车库隐藏在具有吸引力的砖砌墙面的背面。

## 住户自有公寓或租用公寓

无论是楼顶建造Townhouse还是层叠的Townhouse，都具有私人入口和房后的私人车库，是建立适合街道的、行人为本的社区的具有创造性的一种方法，同时可获得每英亩超过30个单元（每公顷74个单元）的高密度。车库都是经由小路或汽车庭院进入。为了提供房后车库的入口，并使建筑物的密度最小化，房前的室外地坪被人为地提高了，一个半跑的楼梯通向这个房前的入口。Crosswinds Communities在底特律外的密歇根州洛伊尔欧克市引进了一种产品，由多座包括宽22ft（6.7m）的单元的4层建筑物组成：一层是一个1300ft$^2$（120m$^2$）、双卧室／双浴室的公寓，上面是一个两层的1600ft$^2$（150m$^2$）、双卧室／双浴室的Townhouse。两个停车区分别服务于两个单元：一个是仅有一个车位的车库，另一个是包括一前一后两个车位的车库。进入每个单元的步行入口在建筑的沿街道的一边，或者是在斜坡上，或者经由一个上升的走廊。单元作为住户自有公寓销售。

适合住户自有公寓项目的另一种停车场布置形式可以是一个公用的停车场，它通过斜坡进入，并且覆以那些与上面单元相一致的材料。一个有创造性的例子是弗吉尼亚州福尔斯彻奇（Falls Church）的韦斯特福尔斯（Westfalls）的Gates项目，在那里7个单元和14个单元的建筑物为每个单元都提供了两个停车位。拥有98个单元的这一社区紧邻福尔斯彻奇西地铁车站，并吸引到达华盛顿哥伦比亚特区的往返乘车者。

## 无条件继承形式的所有权

只要有合适的深度和面积，零地界的城市风格的平面在社区中可能效果很好。走道宽度上可以窄至26ft（8m），深度达到80ft（24.4m），包括屋前走廊和屋后停车场。尽管这样形成的密度通常比那些现有社区的密度要高，但是，为了换取一个方便的地段、新产品或者更大的可购买力，市场显示了对较高密度的惊人的容忍程度。此外，市政当局越来越愿意为郊区的传统邻里开发项目（traditional neighborhood

位于密歇根州布赖顿（Brighton）的Main Street Crossing，就是一个由Crosswinds Communities开发，由霍布斯－布莱克联合事务所设计的商住两用产品。单元宽为22ft（6.7m），并且每个单元有两个从小路进入的车库。第一层为工作场所，第二层为居住层，第三层为分开拥有的住宅。

developments，简称TND）提供分区。考虑到给定地段的优势，开发商需要研究市场的接受潜力。在弗吉尼亚州费尔法克斯的Farrcroft（见"案例研究"一章），开发商以更高的密度建立了一个改进的传统邻里开发项目，并且销售价格也更高——密度和售价皆超出了周围的老社区。

传统的三层的Townhouse可能朝着一种行人为本的庭院方向发展，具有每英亩超过10个单元（每公顷25个单元）的密度和斜坡连接的后部停车。它们可以作为无条件继承形式的所有权的地产而销售，同时业主委员会拥有小路和庭院。

背靠背的Townhuose可以产生每英亩达14～15个单元（每公顷35～37个单元）的密度，同时充分利用现有街道的入口。为弗吉尼亚州北部的Brambleton（一个Miller和Smith项目）所设计的方案，由面宽大而进深小的联立式单元组成，背对背、两端结束于面宽小而进深大的单元。每一个单元附带有一个车位或两个车位的车库。典型的建筑由8个单元组成，宽为138ft（42m），深为48ft（14.6m）。这样的产品可以配置成为传统的Townhouse或Loft风格的单元。

商住两用的Loft，通常被用在一个较大的项目的入口，是一个在郊区填充式地段的最近革新。因为这个产品的类型吸引了正在探究更先进的规划概念的市政当局，在开发项目中包含一小部分商住两用的Loft的开发商，在某些情况下被允许在这个项目的其他地方提高密度。这个设计通常包括一个第一层的适度的工作空间，在它上面是一个两层居住单元，它们被同一个当事人所拥有或租赁。另一种选择是，商住两用的单元可以是在下面两层，独立的成套单元在第三层。后面的入口和一个背后附带的停车场为每个单元提供了一个或两个停车位。在一些管辖区，要求具有一个独立的商业或职业使用许可证，这样就可能阻止或延迟销售。同时，这种产品类型在具有城市风格的设

位于华盛顿州西雅图由Threshold Housing开发的Malden Court，建筑设计师马西娅·甘布尔·哈德利（Marcia Gamble Hadley）和斯蒂克尼·墨菲（Stickney Murphy）将10个两层的住户自有公寓单元融入两座建筑物中，像是两座老住宅，它们与周围社区紧密融合在一起。

施的密度相对较高的地方运作得非常好，所以这类产品的特殊地段的特征可能会限制需求。然而，随着家庭办公的流行，消费者越来越强调保护他们的私人时间，这种商住两用单元可能是一个更具吸引力的生活风格选择。

### 填充式开发融入其周围环境

填充式开发的独特性提供了无数的产品可能性。具有填充式产品设计经验的优秀建筑师是最好的开端。通常，通过研究现有邻里的模式以及从何着手，开发商可以获得设计线索。

例如，在西雅图，一个非营利的开发商想出了一种方法，使10座住户自有公寓Townhouse看起来像两座较大的老住宅。为了满足35ft(10.7m)的高度限制，第一层和停车场被设计为低于地平面半层。低于一层平台的地面停车场为每个单元提供了1.4个车位。每个单元，面积范围为800～1100ft$^2$(70～100m$^2$)，都有各自的私人入口。第四层的屋檐和屋顶窗为第五个单元创建了空间以适合每种结构。

新的Townhouse可以设计成类似于高消费的、具有历史意义的城市邻里中的富丽堂皇的古老建筑物。体量、拱窗、熟铁栏杆以及预制的混凝土细部设计可以使新建筑看起来非常古老。最上面一层的屋顶平台和后面的阳台是吸引人的设施，它利用了空间并吸引市场定位。

BOB NAROD

在West Market的Park Place——位于弗吉尼亚州雷斯顿（Reston）的一个Miller和Smith开发项目，建筑设计方帕帕乔治／海姆斯有限公司（Pappageorge/Haymes，Ltd.）赋予新建筑以精美的老邻里外观。这个9.8acre（4hm$^2$）土地上的有122套单元的项目，平均每英亩具有12.5套（每公顷31套）住宅。

## 授权和分区考虑：可管理的挑战

在某些方面，填充式项目的开发的授权过程不同于其他房地产项目：由于变化而感觉受到威胁的当地利益集团通常参与这个过程。邻里的关心通常集中于交通、建筑高度、潜在的税收增加以及景观的潜在损失；他们也可能关心夜晚的光线（来自地面停车场）。有时，反应是基于一般的“NIMBY主义”，并可能令人吃惊地不容易改变。关键是改变周围的这些群体，并使他们成为同盟者——甚至成为购房者。

填充式开发再现的挑战之一是陈旧的分区制度经常阻止了使项目具有可行性所必需的高密度。除此之外，建筑高度通常被限制在35ft(10.7m)——同样的高度对单户住宅分区来说是非常典型的。理论上，当地政府将会和开发商合作，贡献出作为合同份额的必要的分区更改。在市政当局寻求与开发商建立合作关系的情况下，分区制度上的让步应是普遍平常的。

有时，在重新分区不可行的情况下，建筑和土地规划将要求特别的创造力。例如，位于韦斯特福尔斯的 Gates 项目的开发商，实际上抬高了周围的地坪，以满足 35ft（10.7m）的建筑物高度限制。位于西雅图的 Malden Court 的建筑师采用了其他有创造性的解决方案：为了使四层的居住空间适合 35ft（10.7m）的屋顶高度，他们使建筑物和停车场下沉了半层。作为最初应尽的努力的一部分，开发商应该仔细地研究法规的语言。例如，术语"屋顶高度"，通常定义为平均高度——与更具有限制性的定义相反，这种更具有限制性的定义仅仅考虑了屋顶最高点的高度。

管辖区域越来越想具有混合用途——通常底层为零售开发项目。这个要求使项目更加复杂，更加难以市场化和筹集资金。购房者和租房者通常不愿意居住在那些与零售活动有关的噪声、臭气和陌生人当中（更不用说啮齿类动物）。使零售空间接近住宅项目而不是与住宅项目在同一个建筑物中可能会更好。

当地政府不是这个过程的合伙者时，开发商通常不得不劝说管辖区域创建一个新区划类型，或者覆盖现有的类型以满足需要。销售的对象首先是邻里和城市群体，他们能够帮助劝说当地政府。为了避免今后一个漫长的、昂贵的过程，通过首先争取邻里来建立对这个项目的一致意见是非常重要的。

如果一个新的开发能缓解邻里的现有问题，这个因素可以发挥其有利作用。例如，费城郊区的一个开发商利用原先苗圃地块上的一个有 35 套单元的新社区来弥补严重的雨水问题，这个问题已经导致周围住宅的地下室被水淹浸。另外，一个场地可能被划分用以一个邻里认为不和谐的工业或其他用途，而邻里认为这个提议的开发是一个更令人满意的选择。作为计划的一部分，开发商解决现有交通或其他问题的意愿，将使邻里的反对者转变成为愿意帮助这个计划获得批准的支持者。通常，开发商在把项目销售给社区时会确定一个"热门"因素。让步会增加成本，所以在最早的预计因素之中应当加以考虑。

有时，邻里被先进的规划意见所说服。例如，开发商可以提出环境问题，指出新开发项目将缓解郊区的无计划扩展，并增加乘坐公共交通的人数。其他情况下，确保郊区将获得年龄、种族和宗教背景以及收入水平的混合，可以吸引社区群体。在那些不能吸引新投资的地方，开发商可以证明供出租的住房将是进一步的投资基础。如果并且当现有的邻里开始想象他们自己——或者他们的孩子——作为新项目的购房者或租房者，支持的趋势将会大大地改观。

擅长填充式开发的成功的开发商通常能够提前确定出社区中了解所有问题和各个团体的那个前沿人物。这种人通常是那些在公众会议上发表演讲的人。首先，组织最初的"厨房"会议和对邻里演讲的开发商，应该接触这些领导者。一些开发商甚至聘请一些知识渊博的、联系广泛的社区成员加入他们，作为项目顾问。

在将新的开发项目引入较老的郊区的努力中，商业可能是有价值的同盟。新项目可以为当地的商业提供一系列有利条件，例如，为零售地区带来新的购买力以及修建破损的基础设施。邀请企业所有者表达他们对邻里和市政领导的支持将打开现成的支持源泉。

最终，一些开发商实际上发现，填充式开发的授权过程比郊区的其他提议更加容易。尤其是用地被区划为邻里不希望的用途时，或者是在用地周围只有很少或者没有住宅开发项目的地方，这变得更可能。（第 8 章提供了与处理 NIMBY 问题有关的更多细节。）

Iron Horse Lofts 是位于加利福尼亚州沃尔纳特克里克（Walnut Creek）的供出售的多户住宅开发项目。该开发项目也包括经济适用的出租公寓。该项目密度为每英亩 35 套单元（每公顷 86 套单元），并且没有高度或体积变化。

## 施工和费用

填充式开发的施工具有巨大的障碍。狭小的用地使规划和搭设脚手架更具挑战性，并且意味着最终费用更加昂贵。

在空地可能是一个简单的任务——例如，在用地堆放挖掘出的土或者把场地上的垃圾运出，而在填充式用地则可能是相当复杂的。开发商应仔细地制定存放土方计划，作为最前面的施工设计的一部分。可能有必要规划和预算在一个用地中的多次垃圾运输。在可能的情况下，一些开发商租用附近的土地来存放土方。

填充式开发的较高密度形成了额外的限制。相距仅为 5ft（1.5m）的单户住宅单元，同时进行住宅的整个部分的场地平整和施工是非常必要的，它需要预先挑选的模板类型和其他选择；这限制了消费者的选择，并可能造成一些市场限制。

当一个地方具有有限的存放容量时，"准时制"（just-in-time）运输的生产概念可能是实际必需的。因为不允许犯错，考虑在什么时间需要什么设备变得十分重要。在事先安排好的计划中需要有一些变化，甚至可能需要具有逻辑经验的额外的成员。有时，为了满足施工要求，施工或销售办公室将不得不从一个地方移动到另外一个地方，就像在下一盘棋。

对于填充式用地的开发商而言，雨水排水系统向他们提出了特殊的挑战。通常，雨水保留在地底下的混凝土水池中或者地下排水池中。在某些情况下，存储雨水的唯一地方是铺设好的路面下。在基础设施陈旧并且已破损的地方，开发商将不得不重新修建现有的管道系统。

因为原有的基础设施通常是陈旧的或者不充足的，所以，对于填充式用地的开发商而言，它可能是另外一种昂贵的挑战。具有讽刺意味的是，即使基础设施已经存在，但是也可能不充足，或者是过于陈旧以至于必须增加。在许多情况下，输水管道和下水管道——一些已经使用了100多年——不得不完全被替换。重新布置街道和掩埋高架的公共事业设备线路增加了额外的费用。这些费用应该在早期预料到，并加入预算。

在最初的规划阶段付出一定的努力是非常重要的。老的用地通常充满了地下残骸或者具有与土壤相关的影响挖掘和建筑地基的问题。开发商应认真关注地基的规划、设计和施工，以避免昂贵的意想不到的额外费用。

多户住宅必须满足的建设规范比单户住宅的更严格。所以，设计者应该熟悉当地的防火规范和公平住房法规，以及与《美国残疾人法案》（Americans with Disabilities Act，简称ADA）有关的当地和联邦政府要求。高密度住宅的设计通常要求屋顶作为户外的生活空间。但是，施工过程当中一个最普遍的问题是水通过屋顶平台和房屋的楼层渗漏；如果将要包括这些要素，开发商应该聘请商业建设方面的专家以确保它们被合理地设计和建设。

因为填充式项目通常建设在原有邻里的附近，开发团队必须擅长解决管理问题，例如施工扬尘和噪声。对开发商而言，最好提前解决这些问题，准确及时地向邻里通知正在进行的工作。在盗窃可能是一个问题的边缘邻里，开发商可能不得不雇用保安人员在下班以后进行看管。因为填充式开发不同于绿地开发，所以开发商应该建立一个独立的部门来处理填充式项目的各方面问题——需要额外的耐心、创造性以及对原有社区所关心的问题的敏感性。

填充式项目建设不可避免地意味着更高的费用。多次运输渣土、拆除建筑、重建基础设施、增添景观以掩盖废墟、妥善处理意外的环境污染以及实施设计，所有这些都提高了成本——并且，最终将提高为产品的价格。一些开发商已经遇到开发费用比开发相同的绿地所需要的费用高一倍的情况。然而，对处于便利地段的住房的强大的市场需求特别有利于销售价格，使之足够高并能补偿这些高额费用。

## 销售填充式项目

通常，填充式项目位于没有竞争和没有最新开发的地方。下降趋势是因为市场可能还没有准备好考虑这样一个购买新住房的地段。上升趋势是因为这样的地段伴随着内在的市场而发生：已居住在附近的居民——他们对于购买新房的前景非常兴奋，同时仍然居住在他们了解和喜爱的邻里。典型的是，填充式住宅的大部分购房者来自这个项目的较小范围内。创建一个关于开发项目的当地“兴奋之情”是非常重要的；盛大的开幕式、销售宣传以及丰富的装饰模型都可能有所帮助。

对填充式地产项目来说，销售重点应该集中于生活方式：接近市中心的生活、更多的方便、更好的设施以及当地提供的丰富多彩的活动。位于弗吉尼亚州雷斯顿的West Market的Park Place的销售利用了所有这些特征。印刷广告促进了位于雷斯顿城镇中心的这个项目的销售，并影射了一个生动的“上流西方生活方式”，类似于同名的纽约邻里。为了吸引购房者追求那种特殊的生活方式，模型（具有如“伦敦”、“巴黎”和“纽约”等名称）被复杂的城市风格所装饰。

## 结论

内环郊区为愿意学习填充式开发的错综复杂的情况的开发商提供了更大的机会。但是，也有困难。土地趋向于变得昂贵，并且随之产生环境危险。用地可能不得不组合到一起。NIMBY 的力量可能延迟项目的完成，或者使它作出巨大的调整。设计和规划必须反映周围环境的特征，这些特征有时可能形成了限制，有时又可能激发出创造性的解决方案。

尽管存在很大的困难，一些开发商实际上喜欢填充式项目胜过绿地开发。确切地说，这是因为绿地开发更加困难，市场份额的竞争也很有限，并且市场可能并不存在。老郊区的新住房的市场潜力是非常巨大的，并且，销售价格可以补偿更难、更昂贵的开发过程。

第 9 章中研究的案例代表老郊区的几个项目。丹佛外面的 Belle Creek 已经将高质量的开发和各个收入水平的新家庭带入曾经主要是一个工业郊区的地方。弗吉尼亚州费尔法克斯的 Farrcroft 创建了一个适合步行的到达历史上著名的商业区的连接。马里兰州罗克维尔的金氏家族农场充分利用了公共交通，并将混合用途的生活方式引入郊区。华盛顿州班布里奇岛（Bainbridge Island）上的温斯洛“马厩”（Winslow Mews）以最小的规模，给西雅图外围的一个社区增添了 22 套住房。

本章作者为宾夕法尼亚州莫尔文市(Malvern)进步房地产开发企业(Progressive Housing Ventures)的负责人萨拉·E. 佩克(Sarah E. Peck)。

**参考资料**

Carter,Donald.“Density by Design.”Paper presented at the ULI symposium“Developing Infill Housing: Successful Strategies for Market-Rate Projects,”Atlanta,Ga.,June 6,2001.

Everett,Carl.“Navigating the Changes in the Brownfields Revitalization Act”(http://www.saul.com/publications.htm).

Glieberman,Bernie,chief executive officer,Crosswinds Comm-unities,Detroit,Mich,Interview by author.

Lochery,Rob,Keystone Heritage Group,Lebanon,Penn. Interview by author.

Lurz,Bill.“Interesting Infill.”*Professional Builder*,July 1999.

Manko,Gold and Katcher,LLP.*Brownfields Law and Practice*(http://www.mgkbrownfields.com).

Mayhood,David.“Understanding the Market for Infill Development.”Paper presented at the ULI symposium “Developing Infill Housing:Successful Strategies for Market-Rate Projects,”Atlanta,Ga.,June 6,2001.

Morley,Harry,chairman emeritus,Taylor Morley Homes,St. Louis,Mo.Interview by author.

Murphy, Bill, Murphy Architectural, West Chester, Penn. Interview by author.

National Association of Home Builders.*Building Greener, Building Better*.Washington,D.C.:NAHB Research Center, March 2002.

Rombouts,Christine.“Banking on Brownfields.”*Urban Land*,May 2002.

Stouffer,Spence,marketing director,Miller and Smith, McLean,Va.Interview by author.

Terwilliger,J.Ronald.“Infill Housing Trends and Opportunities.”Paper presented at the ULI symposium “Developing Infill Housing:Successful Strategies for Market-Rate Projects,”Atlanta,Ga.,June 6,2001.

# 7 可持续发展与绿色建筑

目前住房建设与开发行业正在发生着巨大的变化。鉴于人们对环境卫生和生活质量的关注与争论持续升温，一些工业开发部门一直在倾听、学习并作出改变。实际上，现在所谓的"绿色建筑"近年来已成为家居开发行业中最吸引人的发展方向之一。带动这些变化的原因包括：人口增长及随之而来的对资源需求的增长，对气候变化的关注，能源消耗的增加以及技术的进步。一些绿色建筑计划的起因是应对地区环境危机，如地区物种生存面临威胁或在垃圾场上营造建筑带来的负面影响。其他的环境危机是直到人们认识到是时候采取行动时才出现的。随着关于可持续发展能力和不同代人之间的公平性问题的全球对话进一步深入，绿色建筑计划也在深入演变，并带动了相关标准的发展，例如能源和自然资源应

拉斯坎帕纳（Las Campana）位于新墨西哥州圣菲（Santa Fe），其最新一期工程按原有的地形特点设计。作为水土保持策略的一部分，持久耐寒的自然植被得到了很好的保护。

EDAW, INC.; ©2001; PHOTO BY DIXI CARRILLO

图表 7-1
**人口增长和土地开发**
**1982 ～ 1997 年**

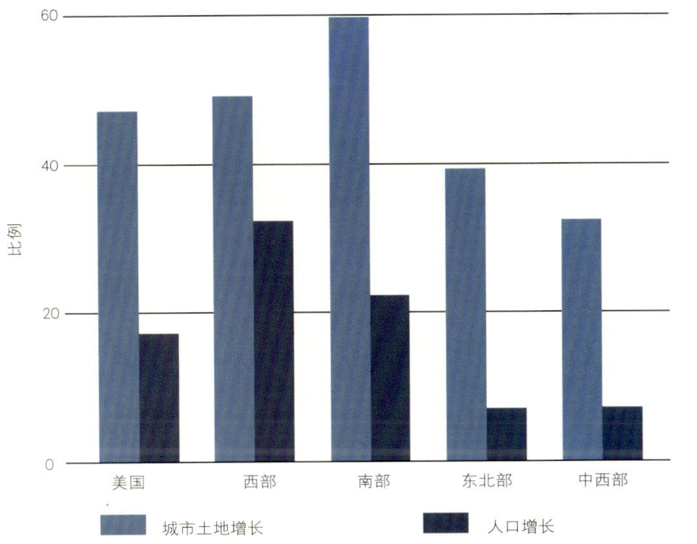


资料来源： William Fulton et al.,*Who Sprawls Most?How Growth Patterns Differ across the U.S.*,Brookings Institution Survey Series(Washington,D.C.,July 2001).

用的合理化与家居建筑部门对室内空气质量的改善。包括能源与环境建设联盟(Energy and Environmental Building Association，简称 EEBA)与能源联合会/环境保护署(Department of Energy/Environmental Protection Agency，简称 DOE/EPA)美国建设纲要在内的建筑科学团体，已经将物理语言和"综合设计"或"系统化思考"加入到了绿色建筑相关词汇表。最近，针对建筑上的缺陷所设立的责任保险的流行激起了人们对住房寿命和性能的极大兴趣。

人们越来越意识到世界需要更加"聪慧"、更加舒适的社区，在这里人们能够生活、工作和娱乐，同时更加紧密地与自然环境融合到一起，而对它有更少的索取。能源的高效利用也越来越受到人们的关注。很多房产开发商正在认识到，市场本身不仅需要更高的质量，还需要更多对环境的责任，这也许是最重要的。商业回报将会逐渐流向以最小环境成本创造价值的房产开发商，而成本效益又会将此价值带给客户。

## 可持续发展

根据环境保护署(EPA)在《建筑与自然》(Our Built and Natural Environments)杂志 2001 年卷中的报告，自 1954 年后，美国城市化土地面积已经翻了两番。1950 ～ 1990 年间，多数大都市的城市化土地面积增加了两倍多，与其人口增长一样快。[1] 2001 年由布鲁金斯学会(Brookings Institution)所进行的一项研究表明，1982 ～ 1997 年，美国人口增长了 17%，而城市化土地面积却增加了 47%。[2] 此外，美国农业自然资源保护司(U.S.Department of Agriculture Natural Resources Conservation Service)对自然资源现存量的调查报告表明，1992 ～ 1997 年间，美国共开发了 1120 万 acre(450 万 $hm^2$)土地——平均每年 220 万 acre(89 万 $hm^2$)。[3]

随着人口、多样化和经济活力的增长，大部分地区开始了城市化扩张进程，其中以科罗拉多前缘地区最为典型。2000 年美国人口普查数据表明，在丹佛市区居住的人口超过了 229 万，这比 1990 年多了 45 万。与此同时，城市面积增加了 79$mile^2$ (205$km^2$)；在此前 10 年里，城市化的地区面积增加了 88$mile^2$ (228$km^2$)。到 2020 年，城区人口预计将增长 70 万～ 80 万。[4] 伴随着这些数据而来的是交通拥挤，空气和水质量下降，城市扩张，公共空间减少以及人们生活水平下降等问题。为了解决这些问题，美国在 2000 年 11 月对宪法进行了修正，其中增加了针对人口增长的条例。尽管条例的试行以失败告终，但人们给予它的关注将影响到将来的规划和发展。但是，大多数的土地开发的决策者仍然依据其地方的传统方式在运行，他们的政策一般都是鼓励增长，削弱本地文化，挑战原有的风俗习惯，原因是他们自身的兴趣所在限制了他们对该地区作全面分析的能力。

为目标物种和自然群落指定可能的保护区，这种规划模式是保护团体得以科学发展的基石。例如，自然管理局（Nature Conservancy）和科罗拉多自然遗产规划项目（Colorado Natural Heritage Program）相联合便成功应用了此模式。通过学习这样的范例，就可能提高未来的土地规划水平。[5]

私人组织也开始涉足绿色建筑，例如，EDAW 事务所——一家国际设计与规划公司，已经开发了一项名为绿色社区（Green Communities）的计划，以帮助其顾客来开发更多对生态负责的工程项目。EDAW 事务所的计划部署了具体的目标及达到每一项目标的策略。这些目标和策略要建立在计划必须适合于社区这一认识之上，而计划是否适合取决于经济因素、开发位置与类型、现存自然资源以及政治环境。

以下 6 部分描述了住宅开发产业绿色开发的几点原则。

## 紧凑开发

住宅建筑的紧凑化使得逐渐增多的房屋数量和逐渐减少的土地使用面积得到协调。可使用的未开发的土地越来越少，同时却要容纳越来越多的人，在哪里盖房子这个问题变得越来越严峻。绿色家居的开发商在寻找一个最佳的用地来集中建造房屋和提供服务，同时要考虑是否靠近已有的公共基础设施（例如，下水道、公用场所、公路以及公共娱乐场所）。这个限制条件使得无序开发降到了最低限度，从而保护了脆弱的动植物栖息地，并且通过减少人们对交通工具的需求减少了污染。

## 混合用途开发

混合用途开发综合了居住、商业、零售、求职、娱乐和教育这些功能。通过降低交通密度和开发郊区土地等方法，就可以实现综合利用。在一个土地紧张的地区对土地进行混合用途开发，不仅可以支持和强化开发过程中的各要素，还可以为居民提供一个宽敞的多样化的环境，以供他们在此生活、工作、购物、娱乐和学习。

## 以公共交通为导向的开发

以公共交通为导向的开发通过把社区建造在靠近火车站或其他公共运输站点附近，以将交通量降至最低。在这项原则支持下，美国联邦国民抵押协会（Fannie Mae）在美国的许多城市中试行轻便交换抵押项目（Smart Commute Mortgage Program），此项目通过为人们提供更为灵活的资格条款来鼓励人们在邻近火车站和汽车站的地方购置房屋。长远来看，这种新做法可能会增加人们对公共交通设施附近房屋的需求。

## 生态化开发

任何一个地方都有其独特的生态系统，可持续发展就是建立在这样的理念之上。从生态学的角度出发来对土地进行规划、设计和开发，从而考虑开发土地的类型并且保护脆弱的自然地区，这些地区包括：海岸、湿地、河溪、冲积平原、陡坡、濒危动植物栖息地和黄金农业地。

有创造力的开发商会保留有价值的未开发自然地区，并将其作为人们修心养性的开敞空

位于科罗拉多拉斐特（Lafayette）的印第安山（Indian Peaks）的绿色村（Village Green）中，居民们很容易到达邻里花园。这个社区包括了Townhouse、乡村式的房子和较大的居住区，这些都是根据绿色社区的标准来建造的。

间设施，从而创造出竞争优势。就如第4章中所提到的那样，这样的开敞空间（例如，受保护的湿地，鸟类和野生动植物栖息地）可以用来观赏或作为娱乐地带，设有小路以供人们散步、慢行或骑车。研究表明开敞空间为新社区带来了附加值，而购房者也愿意为邻近开敞空间付更多的费用。[6]

总部设于科罗拉多的麦克斯坦（McStain）公司开始尝试利用其高原社区的自然生态系统和土地特质，并抓住这个优势从其独特地貌来创收。圣特拉（Centerra）位于科罗拉多州拉乌兰（Loverland），是专业化设计的社区，高原村是其主要的居民带。社区中的大部分土地都设计成开敞空间，并且所有的住户用不到5min就可以步行到中央公园或小型公园。圣特拉的特色是拥有8mile（13km）的步行道和自行车道，其中有5mile（8km）穿过自然保护区域。社区中最重要的是高原环境中心（High Plains Environmental Center，简称HPEC），有一位全职的环境主管在这里工作。HPEC负责监督275acre（111$hm^2$）的湖泊和湿地的修复与美化工作，这部分区域是圣特拉专业化设计的关键。HPEC还可以作为圣特拉乃至拉乌兰社区居民的教育中心，向他们介绍落基山脚下和高原交界处的独特的生态系统。

## 改进的雨水处理系统

1acre（0.4$hm^2$）的草坪雨水流量是相同面积的未开发草地的流量的大约16倍。[7]随着降雨强度的改变，这个数字也会随之变化。事实上，难以渗水的表面（如人行道、屋顶、公路和草地的表面都不能有效地吸收雨水）使雨水无法缓慢滤过土壤并且返回小溪、河流、湖泊、水库、大海和泉水中去。以人工草地方式收集到的水容易受到污染，这些污染物质主要来自：裸露无遮掩的泥土、汽车用油和橡胶碎屑、草地上的化学肥料和农药等。水流携带着这些或其他的污染物质通过传统的造价昂贵的排水系统传送而形成污染。

为了控制水流和保护水源免受已被污染雨水的污染，低冲击开发（Low-impact Development，简称LID）作为一项可供选择的方法已经崭露头角。在马里兰州，乔治王子县（Prince George）环境资源部门作为先行者，降低对传统的雨水排放机制的需求，包括路缘、排水槽、雨水沟及排水管道，取而代之的是LID。此方法复制早期发展的水文学模式对雨水进行处理。一般来说，LID需要建设渗滤池（包括生物保留区、草洼地和可渗透铺砌层），以便在距源头尽可能近的地方截获雨水并通过土壤层过滤掉污染物。

尽管LID仍是一种相对较新的方法，但前期研究结果表明它在经济方面（可降低对传统排雨设施的需求）和环境方面（可保护自然特征）均具优势。然而LID是否适用还取决于地区条件，包括地表斜度、水位深度及土壤渗透性。地区规划和分区制度也可能给新式雨水处理方式带来新的障碍。[8]

EDAW, INC.; ©2001; PHOTO BY DIXI CARRILLO

沃特尔 · 格罗夫（Wattle Grove），位于澳大利亚悉尼的一个褐色地块二次开发项目，为对环境负责的土地开发设定了全国性标准。这个包含 2800 套单元的开发反映出了水质和雨水处理创新系统的特征。

### 建立人与环境的融合

最佳的绿色开发实践促使创建了可持续的、适于居住的社区和邻里，在这里人们可以感觉到与他人、与环境、与所居住的世界融合起来。融合总是从最根本的开始。如果最好的地区是深深植根于其丰富的历史中，那么可持续社区的建设必须由社区历史和文化发展趋势来左右其土地利用决策。可持续社区还必须具备不同的建筑类型和密度，以满足不同人群的需要，并反映出多变世界的“人口马赛克”。年轻的向年长的学习，直到自己也成熟起来，并转而教导年轻的，在这一过程中，这种多样性既保留了持久性又不断得到了更新。包括受教育机会、高质量儿童看护、便利的公共交通和娱乐设施在内的社区支持系统，进一步补充和加强了社区建设。人、建筑和娱乐设施融合在一起，健康而又生机勃勃，这就是结果。

可持续社区设计特征是以人为标准：为人而不是为车作设计。引人注目的人行道沿途有绿化带（也称为林坪）和街道树木，非常适合于四处散步。公园、集会区、自行车道和人行小路为亲朋互访提供了条件。屋前走廊（曾经是美式房屋的标志）又一次成为欢迎和连接外部世界的象征。正是在设计上这一强烈的重点，才使一所住宅成为一个家，使一条街道成为一个社区。

## 开始

与任何其他工程一样，开发商首先要召集一个专家团队。这项工程中，专家团队的成员包括生态学家、水文学家、土地规划师、市场顾问和其他绿色建设方面的专家。开发商还应根据工程独有特征制定现实的目标，这些目标可划分为两类：公益性的和经济性的。公益性目标包括保护自然资源，提供更利于健康的环境和减少能量消耗；经济性目标包括加快审批过程，提高市场潜力，提升价值和降低运营费用。一些公益性目标最终会带来经济性的成果。

评估和了解绿色建设中各部分的花销和利润是很重要的，有些创新会立即得到回报，有些要等若干年后才有回报，还有些永远没有回报但可能会带来意义深远的非财政上的利益。

一些组织可以协助开发商根据绿色标准来评估其工程，这些组织中，有的会提供合格证，该合格证作为市场工具很有用。能源与环境设计导引（Leadership in Energy and Environmental Design，简称 LEED）是由美国绿色建筑委员会制定的评估系统，此系统根据多种标准对开发进行评定，这些标准包括选址、腐蚀物控制、雨水处理和废弃物处理；可持续工程评估程序（Sustainable Project Appraisal Routine，简称 SPeAR）从四个方面对开发进行评定：经济、社会、自然资源和环境；奥杜邦认证计划（Audubon Signature Program）为环境规划提供协助，并根据工程复杂度和开发商所申请的会员等级发放铜牌、银牌和金牌认证。这些组织和其他组织的网址列在下页专栏框中。

## 长远发展

绿色建设能否成功很大程度上取决于远景管理决策，这其中包括培训居民，使之成为社区管家。例如，EDAW 事务所的绿色社区工程就布置了适合于特定发展需求和环境的长远规划。一般来说，规划包含环境管理策略，此策略应包括以下内容：

- 设定维护和管理的范围，包括敏感地区的可利用程度。
- 阐明监控的程序。
- 为居民、工人和来访者制定着重于交际方式、人员编制和设备的环境教育计划。

即便较小的绿色建设也会出版指导手册并建立网站或业务通讯，以使居民了解最新动态；更大型的建设则可能有条件为所有人提供接受

位于中国苏州正东的金鸡湖湖滨地区环绕中国东部最大的淡水湖之一而建，是对环境负责任的开发。专业化设计的社区最终成为 60 万居民的家园。设计包括一系列积极和消极公共空间以及一个有湿地公园的环境教育中心。

EDAW, INC.; ©2001; PHOTO BY DIXI CARRILLO

## 绿色建筑资源

全美国有超过 20 项绿色建造计划，同时各州、地方和家庭建筑附属计划也在发展。以下各组织的网址有助于每个人启动工程。

- 奥斯汀绿色建造计划，得克萨斯州，奥斯汀：www.ci.austin.tx.us/greenbuilder.
- 科罗拉多绿色建造计划，科罗拉多州，丹佛：www.builtgreen.org/.
- 建设更美好的开特散普计划，华盛顿州，开特散普县(Kitsap)：www.kitsaphba.com/.
- 星际楼宇，乔治亚州，亚特兰大：www.atlantahomebuilders.com/earthcraft/.
- 佛罗里达绿色建筑联盟，佛罗里达州，那不勒斯：www.floridagreenbuilding.org/.
- 威斯康星绿色建设之家，威斯康星州，麦迪逊：www.wi-ei.org/GBH/index.htm.
- 能源与环境建设联盟（EEBA)：www.eeba.org. 还可参考 EEBA 制定的能量与资源效能建设标准：www.eeba.org/technology/criteria.htm.
- 美国建设计划：www.eere.energy.gov/buildings/building_america/whoweare.shtml. 新住房建设性能目标可在以下网址找到：www.buildingscience.com/buildingamerica/targets.htm.
- 美国肺病协会健康住宅：www.lungusa.org/air/healthhouse_index.html 或 www.lungusa.org.
- 美国绿色建筑委员会住房能源与环境设计导引（LEED-R)：www.usgbc.org 和 www.usgbc.org/LEED/LEED_main.asp.
- 美国国家住宅建筑商协会研究中心：www.nahbrc.org. 研究中心更多有关绿色建筑信息请参见以下网址相关内容：www.toolbase.org/secondary.asp?CategoryID=1&TrackID=.
- 可持续建筑工业委员会：www.sbicouncil.org/home/index.html.
- 环境建筑新闻：www.buildinggreen.com.
- SPeAR，一个评估可持续发展能力的工具集合：www.arup.com/environmental/html/whatwedo/spear.htm.
- 奥杜邦认证协作保护区计划：www.audubonintl.org/programs/signature/.

全面环境教育的机会。

## 绿色建筑

绿色建筑是利用对环境无害的材料和方法建造的节能建筑，有利于可持续发展。由于越来越多的购房者认为绿色建筑很重要，主营绿色建筑的建筑商可将其作为一种市场工具以在竞争中取得优势。

### 能效与可再生能源的选择

能效在绿色建筑体系中是至关重要的。在一次次的调查中，购房者一边倒地首选能效作为他们新家中最重要的绿色特征。许多绿色建筑商，诸如俄克拉何马市（Oklahoma City）的完美家园（Ideal Homes），阿尔伯克基（Albuquerque）的艺术家园（Artistic Homes）以及奥斯汀的勋章家园（Medallion Homes）等，在承诺保持环境可持续能力的同时，还提出了

圣莫尼卡市（Santa Monica）以科罗拉多州法院（Colorado Court）作为其绿色建筑设计方针的模板。科罗拉多州法院是一项建在填充式地块上有 44 套单元的工程，包括大量太阳能动力设计，是 100% 能源中性的，这就意味着一定会将未用能源返回至能源栅格。

住宅能源保证计划，并将其作为为购房者创建附加值的方式之一。另外，节能房屋运行成本的降低可使更多的钱用于抵押并且使更高的转售价格成为可能，认识到这一点，放贷团体建立了节能抵押（energy-efficient mortgages，简称 EEM）和能源改进抵押（energy-improvement mortgages，简称 EIM）。[9] 如果购买或分期付款的住房是节能的，用 EEM 可使房主有资格获取更高额的贷款。EIM 可用来资助现有住房与节能相关的改进，这样就给房主带来了其他种类贷款无法提供的优势。

对当今建筑商来说，环境保护署"能源之星"计划（Energy Star Program）为能效制定的标准是此类标准中最高的。"能源之星"是一项自发的气候保护计划，起始于 20 世纪 90 年代中期，目标是降低碳排放量。[10] 国际章程委员会（International Code Council）1983 年制定了能源规范章程，相比于这一标准，依照"能源之星"标准建造的住房能效据估计要高出 30%。尽管"能源之星"只是众多此类计划中的一个，但有些建筑商发现"能源之星"能够为他们的能效计划提供非常有用的框架；另外，由于"能源之星"享有广泛的声誉和极高的信誉，将其作为一种市场工具也极具价值。"能源之星"的测试协定要求第三方对指定社区内 15%的住房进行能源评估，以保证其符合性能标准。尽管评估会使每所住房成本增加 300 美元，但评估为住房的能源性能提供了量化的标准，对销售和市场专家、建筑公司及转包商而言，这又将转化为成本效益极高的交流信息和质量控制工具。

麦克斯坦公司是一家遵从"能源之星"计划的建筑商，该公司采取多种措施来提高楼房表层性能，并因而提高了新建住房的能效。这些措施包括：改进的空气隔绝策略（以减少空气渗漏和热损失）；高性能、低辐射系数的窗户；节能机械系统。（除了改进的楼房表层，对机械供暖和制冷系统，还有必要用工程分析方法确定其尺寸、设计和密封方式。另一种选择——公式化计算，可能无法反映暖通空调系统及其设计的快速变更。）

另外，还有几种措施有助于降低住房供暖和制冷负荷。例如，依据最大日照方位设计的房间，就是利用了太阳能和小气候模式。尽管达到最佳日光设计所要求的场地设计与朝向给传统的用地开发与住房建设带来了挑战，但即使建筑上的遮蔽措施——如雨篷、悬挑、格架、屋顶和门廊——也可以有效减少日光照射。

合理设置景观美化元素也有助于降低使用费，例如在房子西面和南面种植落叶树，夏天最热的时候可提供阴凉，而冬天可以让阳光照进房间。通过建筑景观美化元素，高效率低能耗的落地扇和吊扇可以代替传统的压缩制冷机。[11]

最后，生活用具和照明设备等许多家庭用品，现在比以前能更有效地利用能量。1975 年北美的电冰箱平均每年用电 1800kW·h，而现在大多数电冰箱减少了 75% 的能耗，但性能并没有降低，价格也没有显著提高。萤光照明和其他先进的照明技术不断发展，为效率只有 90% 的 A 型白炽灯提供了不同的选择。

20 世纪 90 年代可再生能源市场获得巨大发展。1992 ~ 2002 年间，风力发电量从 2170MW 提高到 24800MW，增长了 10 倍还要多；1987 ~ 2002 年间，风力发电成本从 0.35 美元 /(kW·h) 降低到了 0.04 美元 /(kW·h)；1991 ~ 2001 年间，太阳能电池年产量从 55MW 提高到了 391MW，增加了 7 倍。此外，从 20 世纪 80 年代中期以来，光电面板的用电成本已经从 15 美元 /(kW·h) 暴跌到约 0.20 美元 /(kW·h)。[12] 考虑到电能成本和西海岸电能市场的不稳定性，加利福尼亚一些民用房建筑商正不断增加可再生能源市场的投资，给购买者提供多种能源选择。谢伊家居（Shea Homes）位于北加利福尼亚的圣迭戈县斯克利普斯大农场（Scripps Ranch）。在谢伊高性能家居中，将太阳能电动系统和太阳能热水系统作为标准配置。利用高效率的可再生能源部件，谢伊已经具备一定的竞争优势并且成功地使自己成为一个创新性房产建筑商。

折扣、奖励计划和州立创新政策促使加利福尼亚建筑商支持可再生能源，而美国很多其他地区的建筑商就不具备这样的优势。他们没有这样的工程项目，民用建筑市场中可再生能源要素的高成本也使消费者和建筑商裹足不前。有兴趣采用这些要素的建筑商可能在土地开发方面发现更多商机，例如太阳能社区照明设备能减少线路的铺设，从而节约成本。

## 室内空气质量

据美国肺病协会（American Lung Association，简称 ALA）报告，美国人 90% 的时间生活在屋内，约有 3600 万名美国人受过敏性反应或气喘病之苦。美国环境保护署把恶劣的室内空气质量（Indoor Air Quality，简称 IAQ）作为国民健康的第四大环境威胁。1993 年，ALA 的明尼苏达州分局举办了“健康住宅”的活动，教导人们如何改进室内生活环境。[13]

由于几近密封的节能住房的出现，室内空气质量正引起人们更多的关注。因为严实密封房间会减少新鲜空气的流通，使新房子的居住者潜在地暴露在更高浓度的污染物中，这些污染物包括氡、甲醛、颗粒物质、生物污染物以及燃烧产生的一氧化碳和其他副产物。

就生物污染物而言，当今人们非常关心发霉毒素，并且大部分诉讼也集中于此，这种毒素可能损害居住者的健康。霉菌生长取决于三个因素：温度、湿度和营养物质。营养物质来源包括木头、硬纸板箱、顶棚瓷砖、石膏板上纸张、墙纸糊里的淀粉，甚至包括有机物质，例如存在于房间灰尘中的死皮细胞和宠物毛发皮屑。由于清除这些物质的来源不太现实，建筑业的重点就放在控制水分的进入、积累和排除上。[14]

为了防止水汽进入并停留在地基和房间内，人们采取了许多措施，并且已经成功减少了对霉菌的抱怨。这些措施包括密封门窗，安装防水地基、屋顶排水和周边排水系统以及设计特殊的梯度以加快排水。然而，房屋主人在距离地基 5ft(1.5m) 的范围内种植或者灌溉，就可能使这些措施失去作用，因而建筑商应该声明，房屋主人一旦在他们家的排水系统内作这些变动，就有破坏房子结构合理性的危险。为了保证购房者明白其责任，麦克斯坦公司通过房主手册和导引程序为购房者提供详尽的指导。

防止霉菌的过量生长也与如何处理房间内产生的湿气有关，包括淋浴、烹饪、洗衣服以及人们的呼吸和排汗等在内的多种活动都产生水汽。控制室内水汽来源的唯一方法是排净室内空气，并（通常）以干燥的室外空气来替换。在较老的节能较差的房子里，空气交换是空气无规则流通的结果；但在较新的房子内，住户采取机械通风措施来控制室内空气质量。尽管房产建筑业在机械通风与自然通风的优点对比上仍有争议，但房产建筑业和建筑科学界（包括美国能源部的美国建设计划和美国供暖、制冷和空调工程师阶层（American Society of Heating, Refrigeration and Air Conditioning Engineers，简称 ASHRAE）均强烈认可保持空气流通的必要性：空气流通可以提供一定量的室外空气，既能冲淡或去除室内污染物，又能为居住者带来舒适健康。

为提高室内空气质量，有一个方法是使用低挥发性有机化合物（volatile organic compounds，简称 VOC）油漆、黏合剂、清漆，并且保证焚烧用具（包括壁炉、炉膛和热水器）

哈-贝尔牧场(Har-Ber Meadows)，在阿肯色州(Arkansas)斯普林代尔(Springdale)的一个总面积为425acre(172hm²)的社区，是以鼓励步行活动而设计的，它包括单户型和多户型住房以及老年人住房。为了避免附近高速路影响发展，并为住宅区提供景观美化林木，在开始建设之前，开发商在该用地开辟了一个20acre(8hm²)的树木农场。

EDI

EDI

1998 年麦克斯坦公司建成光耀家园（Parade House），其特征是有一个功率为 1.2kW 的光电系统，可满足住房 25% ～ 30% 的用电量。大量的绿色系统为购房者提供了多种潜能：更清洁的能源、更低的费用、更少的垃圾以及停电时的后备电源。

完全密封。密封可使燃烧过程与室内环境隔离，防止燃烧副产物与室内空气混合。

## 物质资源的有效利用

美国 2000 年的人口普查数据表明，1950 年建造的住房面积通常大约为 1000ft$^2$(93m$^2$)。到 2000 年，此数据大约为 2265ft$^2$(210m$^2$)，在家庭成员数量稳定下降的同时增长了 100%还要多。从 1996 年起平均每年建造 150 万套住房，住房问题不仅是国家经济的关键因素，并且是对材料和资源的巨大消耗。美国国家住宅建筑商协会 2001 年 6 月的一项名为《住房：现实、形态和趋势》(Housing:Facts，Figures，and Trends）的研究列出了建造一所 2082ft$^2$（190m$^2$）的房子所需的原材料：

- 结构木材 13837ft$^3$（32.5m$^3$）。
- 盖板 11550ft$^2$（1070m$^2$）。
- 表面材料 3011ft$^2$（280m$^2$）。
- 绝缘材料 3061ft$^2$（285m$^2$）。
- 内部墙材料 5550ft$^2$（520m$^2$）。
- 内部顶棚材料 2117ft$^2$（200m$^2$）。
- 屋顶材料 2841ft$^2$（260m$^2$）。
- 地板材料 2082ft$^2$（190m$^2$）。
- 管道 226ft（69m）。
- 混凝土 16.92t（15.3t）。
- 窗子 18 扇。

正是由于房屋建造需要使用大量的原材料，所以绿色建筑计划和环境组织提倡使用可再循环、可重复使用和更耐用的建筑材料。

例如，木材是至今为止建造新房屋需求量最大的原材料。从总部位于蒙大拿（Montana）的丰资建筑技术中心（Center for Resourceful Building Technology）得知，建造一座普通的房子要用 400 多个板墙筋，这意味着住房建设每年需要多达 5 亿个板墙筋，这个数目无论是给森林还是给森林生态系统都将带来沉重的负担。[15] 虽然其他可替代性建筑材料，如建筑绝缘板、混凝土隔热板、钢材甚至稻草捆等在工业里均已得到应用，但大多数房屋（80% 以上）仍然是用木材建成。

木材认证项目的目的是吸引买主购买木质产品，这些产品来自可持续发展式管理的森林。森林管理委员会（Forest Stewardship Council，简称 FSC）和可持续森林创新学会（Sustainable Forestry Initiative）都是国际非营利组织，在美国众多的认证项目中占据重要地位。如果加工和出售木质产品的公司对社会和环境负责，这两个组织就会为森林产业、为公司提供“同意”的证明。这些措施已经影响到木材公司和木质产品的大供应商做生意的方式：美国最大的建筑公司中有两家已经同意不再购买濒危森林的木材，而且“家得宝”公司（Home Depot）目前只储存持有 FSC 执照砍伐的木材。

执照砍伐的木材面临着挑战，因为其价

格高，数量少，消费者对其了解较少；但另外一些策略也可以促进木材的有效利用，例如由板状芯片或再生木材组成的工程结构元件。这些产品通常是由那些长势很快的树种的木料制成，这些树种由林场集中种植。工程建筑产品使木材加工厂的每根原木都能得到充分利用，其不利因素是生产过程需要增加能耗，而且需要使用更多的黏合剂。传统上硬木的利用率每根约只有 50%，而工程木料的利用率高达 80%。另外，结构组成，如胶合横梁、顶梁、托梁、屋顶桁架和接合处的板墙筋更加持久耐用，不弯曲，不劈开，而不像实木标准锯材那样。当然，更环保的板材和工字形托梁所占的市场份额已经从 1978 年的 2%上升到 1999 年的 29.2%；在同一时期，用于地板框架的标准木材的使用率降低了 20%，部分原因是工业建材更耐用。[16] 尽管如此，美国仍是一个纯粹的木材进口商，根据其需求量的增长速度以及对海外木材市场的依赖程度，将来很可能面临严重的挑战和危机。

最优价工程（optimum value engineering，简称 OVE）指的是在住宅建设过程中有助于降低木材的使用数量的各种设计和建设技术。OVE 的提出者非常重视外形简单和体积最小化。OVE 的例子有：在中心部位以每 24in(61cm) 而不是每 16in(41cm) 的间距装钉板墙筋；门窗与板墙筋的间距对齐；在所有房间隔墙的接合处，用单盖木板和梯形承架给屋架找平；根据实际负载条件制作顶梁。正如其名字所示，OVE 需进行工程分析以确保满足结构承载负荷，确保其规格满足地方建筑条例。

如果不开发原始资源，而是从废水中采集原料用于制造业，对环境就非常有利。以铝生产为例，加工每吨原始材料需耗能 1500 亿～2200 亿 J（每公吨 1360 亿～ 2000 亿 J），而加工回收材料每吨需耗能 100 亿～ 150 亿 J（每公吨 100 亿～ 136 亿 J）。[17] 消费者也可从中获益。可再生装饰品（木质纤维、塑料食品袋和牛奶罐）为建筑商和购房者提供了一种免费的传统羊毛装饰的代替品。纤维素绝缘体（由回收的废报纸、废纸板和电脑打印纸制成）不仅密度比传统的绝缘体大，提高了大楼的能源利用率，而且密封性更好，既防风又更加舒适。再生的“充气饮料瓶”地毯，是通过回收苏打瓶子，将其成分聚酯树脂纺成纱制成，其耐腐蚀性能比许多其他类型的地毯纤维好得多，这一点已得到充分证明。

最后要说明的是，过去几年来市场上已经出现（或再次出现）许多有利于节约资源的地板建材，这些材料由可迅速更新的非木质材料或可再生的木质产品制成。例如竹子地板，由生长期不到 5 年的 40ft(12m) 高的竹子制成。人们用橡树的天然树皮制造软木，近几年来该产品的生产规模已经迅速扩大，因此软木板材的供应量大大增加。随着“解构”产业的发展，再生木质板材在生态市场的应用已经大大增加。

## 建筑垃圾管理

根据《住宅建设垃圾管理——建筑商指南》——一本 NAHB 的出版物所述，新房子建造过程中，每平方英尺产生 3.0 ～ 5.2lb（15 ～ 25.4kg/m²）垃圾，并且其中大约有 80%可以回收利用。建筑垃圾的主要组成是木头、石块、纸板和金属。建筑商和固体废物管理中心都可以减少垃圾的产量，从而节约大笔成本，例如减少包装（主要来自室内管线、设备与厨具商的纸板和塑料制品），更准确地估计木材的用量，能减少废物产生。骨架建造也能大量减少木材浪费。

建筑垃圾的有效管理需要有成套方案进行详细的计划和指示，还需要不断地努力开发新策略以实现回收目标。例如，回收箱的巧妙设置、分类和标号更有利于实际应用。也可以通过逐步变化来提高回收效果（如双面使用的复印纸），此渐变过程可以带来巨大的变化，并且可以加强整个组织内的信息流通。最重要的是，建筑垃圾政策不仅要得到高级管理层的支持，而且还要在组织的各个阶层得到实施。为了在各个领域产生影响并保证全部工作人员都各负其责，将该政策写进所有的合同书和转包商的培训也很关键。

一些创新型承包商已经开发出建筑垃圾处理管理策略，成功地降低了垃圾处理的经济成本和环境成本。位于阿尔伯克基的艺术家园利用两个研磨系统，在最短时间内将进行土地填埋的垃圾的体积减少了70%。一家景观美化公司每天将建筑垃圾铺在地上转变成覆盖物。这项操作也可以节省成本：不出一年就赚回了两台磨床的成本。

## 水体保护

即使没有严重的旱情，制定水体保护标准对新房屋的建造仍具有强大的环境经济优势。美国全国绿色建筑工程针对室内用水和户外景观美化提出了水体保护。

1992年颁布的能源政策法案包括水体

普雷亚维斯塔（Playa Vista）是在洛杉矶以前的休斯飞机厂址上的一个褐色地块二次开发重点项目。开发者重建湿地和沿海地区，并从飞机厂回收了大量原料。由于最大限度地利用了自然光线、空气流通和太阳能，这项建设可以有效地节约能源。

Abacoa是位于佛罗里达州丘辟特的总体规划社区，这个社区的灌溉只使用再生水。景观美化的原材料主要是需要灌溉量最少且抗旱的当地植被。

效率标准，规定所有新住房建筑中的管线的最大水量；规定洗手间每次冲洗最多用水1.6gal(6L)，淋浴喷头和水龙头的最大流量为每分钟2.5gal(9.5L)。有最低流速达每分钟1.5gal(5.7L)的淋浴喷头、双头冲洗洗手间（有两种冲洗功率供选择）、厨房通风设备以及浴室水龙头，可进一步降低流速。很多主要的绿色民用建筑商使用在美国能源指南中排名占前1/3的淋浴喷头和洗衣机，节约了大量水电。热水的回流装置也可以额外节约用水。时间证明节水管道装置能大量降低耗水量以及消费者和市政的用水花费，包括相关环境损害的费用与污水基础设施的建设和维修。

令人遗憾的是，大量节约室内用水通常很困难，因为室内用水取决于住宅使用者，除了可能通过价格体制鼓励节约用水，其购买决定与行为不易受外力影响。节约用水的最佳时机是明智并巧妙地安装环境美化设施。下列措施可以支持水体保护：

- 任何可能的情况下，用非饮用水灌溉风景绿化区。
- 种植耐旱或者适合生长的植物。

• 根据需水量将植物分类。

• 改善和覆盖土壤以保存水分。

• 需满足一定的用水预算时制定一个风景园林管理计划，确保景观的完整性。

• 设计出指导方针并与房主签订合同，限制草皮的灌溉面积，并鼓励采用节水的景观美化措施。

• 在典型的住宅周围进行环境美化，例如，采用花园示范节水绿化与高效的灌溉方法。

• 为业主委员会开展教育和培训。

## 结论

对开发商或建筑商来说，强烈的环境道德意识是确定品牌和创造价值的基础。同时，有利于环境保护的建筑措施本身并不足以促使消费者购买环保住房或在环保社区居住。消费者理应购买得物有所值，而且提倡环保也不一定要转化为实际行动。因此，建筑商和开发商应该依赖具体的有奖建筑措施，为房主提供大量切实的利益，包括降低燃料用量节约花费，拥有更健康、更舒适并且更坚固的房子，以及提高社区居民的健康。一家公司通过环保活动以及对高质量的工作、突出的顾客服务、完善的运行和社区管理的绝对承诺，可能与职员、消费者、分包商和地方机关发展持久的有利可图的关系。

本章的作者是克里斯廷 · 休费尔特（Kristin Shewfelt），麦克斯坦邻里环境规划项目负责人，科罗拉多州，博尔德。

### 注

1. U.S.Environmental Protection Agency,*Our Built and Natural Environments*,EPA Document 231-R-01-002(Washington, D.C.:EPA,January 2001).
2. William Fulton,Rolf Pendall,Mai Nguyen,and Alicia Harrison."Who Sprawls Most?How Growth Patterns Differ across the U.S.,"Brookings Institution Survey Series,July 2001 (http://www.brook.edu/es/urban/publications/fulton. pdf).
3. Natural Resources Conservation Service,U.S.Department of Agriculture.*Summary Report 1997 National Resources Inventory*(Washington,D.C:U.S.Department of Agriculture, revised December 2000).1.
4. Home Builders Association of Metropolitan Denver and Wirth Chair in Environmental and Community Development Policy,*Growth Management:Problems,Challenges,and Opportunities* (Denver:Home Builders Association of Metropolitan Denver,1999) .2-3.
5. For information on the work of the Colorado Natural Heritage Program,see http://www.cnhp.colostate.edu/index.html.
6. There are many examples,but see in particular the case study on the Garnet Oaks community,which consists of 80 single-family homesites on 58 acres(23 hectares) in Bethel Township,Delaware County,Pennsylvania,at http://www.natlands.org/planning/growgreen5.
7. EPA,*Our Built and Natural Environments.*
8. There is a growing body of literature on low-impact development strategies.See U.S. Environmental Protection Agency,*Low-Impact Development(LID): A Literature Review*,EPA Document 841-B-00-005(Washington,D.C.:EPA,October 2000).Additional information can be obtained at the following Web sites: http://www.lowimpactdevelopment.org;http://www.nrdc.org/water/pollution/storm/chap12.asp;and http://www.stormwatercenter.net.
9. For additional information on energy-efficient mortgages,see http://www.pueblo.gsa.gov/cic_text/housing/energy_mort/energy-mortgage.htm.
10. For further information on this program,see http://www.energystar.gov.
11. The Davis Energy Group(http://www.davisenergy.com),in California,is currently working on the Alternatives to Compressor Cooling Project,Davis's research has yielded both energy-efficient home designs and innovative ventilation cooling technologies.
12. Craig Cox,Executive Director,Colorado Coalition for New Energy Technologies;see http://www.newenergytechnologies.org.
13. For more information,see http://www.healthhouse.org.
14. Duncan Prahl,construction manager,Integrated Building

and Construction Solutions(IBACOS);see http://www.ibacos.com.For a more detailed analysis of strategies to manage mold and moisture,see Joseph Lstiburek,"Moisture Control for Buildings,"*ASHRAE Journal*(February 2002).

15. See Daniel Imhoff,*Building with Vision:Optimizing and Finding Alternatives to Wood* (White River Junction,Vt.: Watershed Media.2001).

16. National Association of Home Builders, *Housing Facts, Figures and Trends 2001*(Washington,D.C.:NAHB Public Affairs, June2001).45.

17. David Malin Roodman and Nicholas Lenssen, *A Building Revolution:How Ecology and Health Concerns Are Transforming Construction*,Worldwatch Institute Paper 124(Washington, D. C.Worldwatch Institute, March1995),27.

# 8 获取社区支持：一种战略措施

社区的反对是城市郊区工程开发商所面临的最艰难的挑战之一。如今，小区居民比以往有更多的机会参与当地土地利用政策的制定。灵活的工作日程安排和远程办公使得当地居民可以更加容易地参与会议和听取意见。像www.sparwl-busters.com和www.sprawlwatch.org这样的网站使活跃分子能够更方便地接触策略建议和技术导引。《直面沃尔玛》（Up against the WalMarts）和《故乡之优》（The Hometown Advantage）这样的著作为维持连锁店提供了详细的工作计划，而电子邮件为市民提供了简单而客观的方式，以"不要在我家后院"（NIMBY）的呼声压倒政府官员的决策。

在美国各地，寿命的延长、财富的增长、家庭规模的减小以及对新产品类型需求的增加，都给新住房建设带来越来越大的压力，尤

加利福尼亚住房资源短缺的主要原因之一就是NIMBY团体对开发的抵制。对位于拉斯维加斯西部的普雷亚维斯塔进行开发的开发商，在最终对土地进行一项3200套单元的开发以前，花了20多年时间谈判才使工程得到批准。

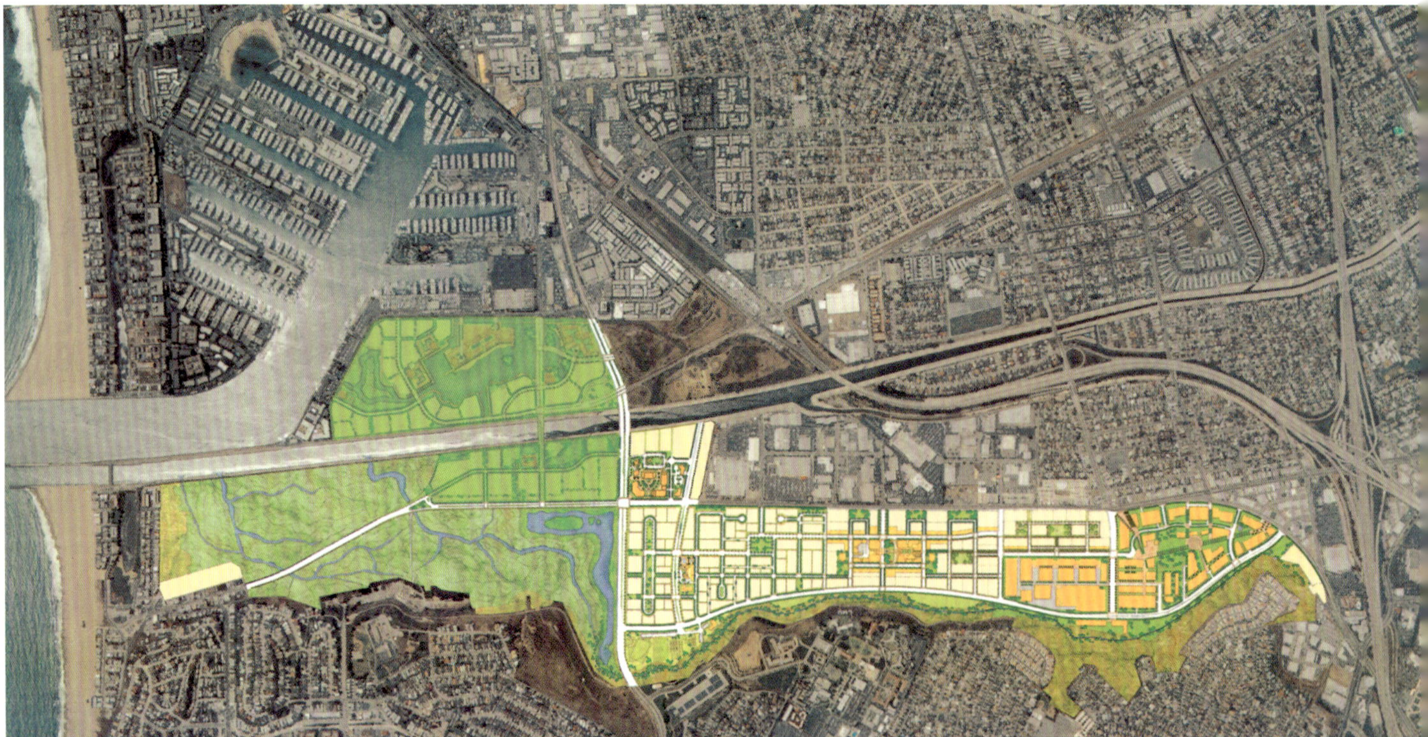

OMA DESIGN GROUP;COURTESY OF PLAYA CAPITAL COMPANY

其是在抢手的郊区。但已经在郊区居住的市民是因为喜欢这里所以才搬过来，他们并不希望改变现状。的确，当地居民时刻准备投入大量的时间和金钱来阻止任何在他们后院建设的郊区新工程。

本章将研究一些郊区开发所特有的社区关系问题，讨论何时应将土地利用议案公之于众，并概述超越社区程序的基本要素——设计此程序是为了将对郊区新开发的反对降至最低，以及动员公众以获取其支持。

## 社区关系问题

很多的社区反对是对保持现状的要求造成的。现有的居民对周围土地利用、对他们的生活质量、对他们的邻居感到满意，而新的开发会永远地改变这些因素，所以开发商应该做好准备，理解并减轻社区的焦虑。

### 现存效用

对郊区土地利用的争论经常是从土地当前是否正在利用或如何利用这个基本的问题开始。有些建筑商关注于起伏的山腰或杂乱的干草，并留心于首次开发的机会。然而居民认为开敞空间已经发挥积极效用：这块地是他们娱乐的地方，是他们遛狗的公园，是他们观赏风景的走廊。若认识不到这些现存效用的存在——即使其利用率很低，也会使开发商很难与居民在未来的土地利用上达成一致。

若土地现有利用程度很高，以至于是否保留其现有状态不再是一个问题时，情况又有所不同。在这种情况下，居民和开发商不再争论“留还是不留”（“土地是否应该保存其现有状态”），而是必须要探询一个更复杂的问题，即提议效用是否比现存效用更令人满意。

### 生活质量

市区居民有时渴求彻底改造其日益恶化的生活环境，而郊区居民往往不愿意作出改变。生活在议案内新规划区附近的人们经常是“生活方式的逃难者”，即从市中心搬过来的移民，他们认为郊区的生活质量比市内要好。然而确切来讲，郊区的生活质量到底由什么组成？是什么引导人们从市中心迁移到市郊边缘地带？

郊区购房者既在逃离认识到的市区问题又在奔向期待中的郊区优裕，了解到这一点很重要。差劲的学校、住房的高消费以及对城市犯罪的恐惧均促使市民搬离城市，另外伴随居民密度上升而带来交通、噪声、争停车位和其他的问题，对这些问题的不满也是其中的原因。诱使人们搬往郊区的不仅有承诺中的好学校、更便宜的住房和更好的治安，还有对郊区主观性更强的期望，包括更闲适的生活方式、更融洽的社区、更友善的街坊和一个乡土风味的甚至是田园式的生活环境。

然而，这种想象中如诗般的非市区生活与实际情况有巨大差别。尽管父母们相信，他们搬到一个都市化程度较小的社区后，孩子们就可以在后院养小鸡和山羊，但这只在理论上成立，实际情况是小鸡会很吵而山羊有臭味；换句话说，生活质量主要是感性的而非理性的问题。所以，对很多郊区居民来说，

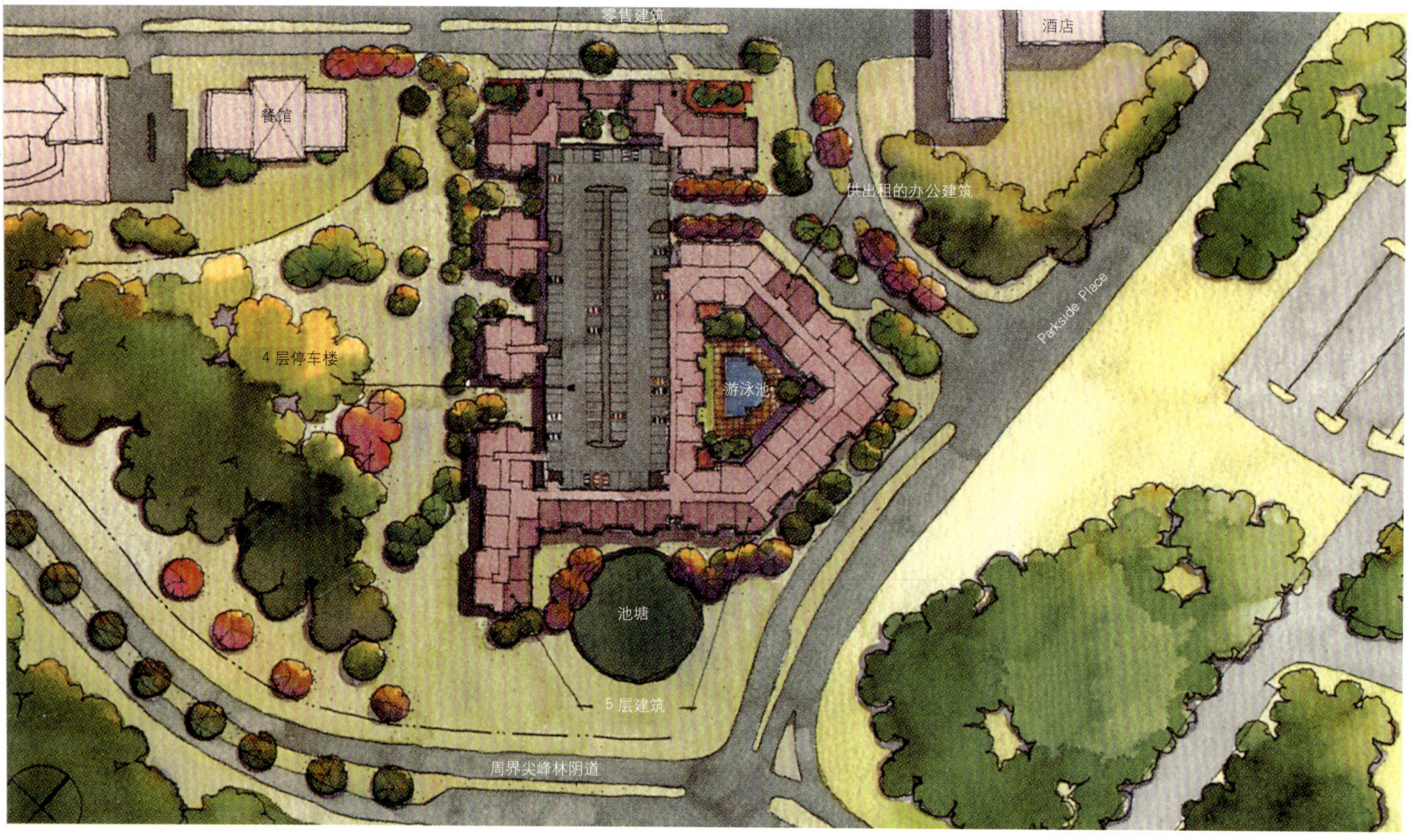


JAMES HARWICK + PARTNERS, INC.

位于亚特兰大的周界尖峰（Perimeter Summit）正在从办公用地转变为混合用途的开发，它包括一个酒店、350 万 $ft^2$（$325160m^2$）的办公用地和夏季别墅（400 套公寓）。一座新桥将此开发与周界购物中心（Perimeter Mall）连接起来，这实际上就为项目增加了零售店的内容。

JAMES HARWICK + PARTNERS, INC.

发项目有大约相同的房产单元数量”。如果工程分阶段进行，则将单元数量分解成以年为单位（如“平均每年 25 处新房产”）比以总数量描绘工程要好（如“20 年 500 处房产”）。

## 效用与选址

对市民反对开发提案原因的分析已孕育出了自有的词汇表，像“不要在我家后院”和“地区不必要的土地利用”（locally unwanted land use，简称 LULU）这样的术语经常交替使用。然而，以提案效用为中心的冲突与以效用选址为中心的冲突不同，认识到它们之间的区别会大有裨益。

真正的 NIMBY 争议几乎完全是关于坐落位置的，即居民认识到了目标使用的内在价值，但认为选址不合适。可能引发 NIMBY 抵制的郊区效用包括机场、加油站、面向低收入居民的房产、学校、教堂以及社会服务设施（如医院或吸毒康复中心）。

在 NIMBY 争议中，反对者可能会直接或间接地声称，某些特定特征会使得环境对工程带来的冲击异乎寻常地敏感。例如，对一项新零售店工程，反对者可能承认需要一家新杂货店，但坚持认为提议的选址不合适，因为里面有湿地。由于 NIMBY 活动经常会被认为是自私自利的，所以为了有意避免这一点，老练的反对者会借提案假定达不到基本开发目标而对其进行批评。例如，反对一项新区划的人会声称购房者不会对距地震断层如此近的住房感兴趣，或者称房价太高而使项目不会成功。

只要必要的土地利用选址适当，NIMBY 就能够得到认可，但没有人想要 LULU，无论是在什么地方。LULU 的反对者认为提案应该被否决，因为这些使用并不是真的需要。娱乐项目（如主题公园）和便利性效用（如可开车通过的餐馆）是陷入这种逻辑的典型 LULU 实例。LULU 的反对者还可能主张有更好的选择，如县里应实施一项预防犯罪工程而不是建造一座新监狱，或者应修整已有的竞技场而不是建造新的。面对这类反对的开发商需要多面作战：强调目标使用的必要性并保证工程能够满足，还要说明其他类型的使用不能像目标使用这么好地满足此必要性。

## 时机胜于努力

开发商应该在什么时机让居民知道为他们的后院设计了一项大型郊区工程？在设备到位以前？在事件上报纸的时候？还是在将公众意见列入议程并且发布公告以后？然而，一个更重要的决策问题是谁最先参与进来。开发商一般都最先接触在距项目地点最近处生活或工作的居民。然而令人遗憾的是，这些人不愿意承担负面影响，所以很可能会反对项目。作为第一批坐到谈判桌上的人，这些居民经常会把他们自己定为唯一的“真正”东家，并且将研讨限定在对负面影响的讨论和保持现状的必要性上。所以更好的起点是找到社区公认的领导者，让他们了解项目。

在遇到可能的反对者之前先发展起一些支持者，这对开发商来说是至关重要的。确切来说，开发商应在提案演变为引人注目的、严重分歧的问题前，先在会议桌上结成联盟。社区内到处都有将会从新项目开发中受益的人，开发商应该找到并培养他们，让他们参与到土地使用的讨论中来。鼓励这些支持者积极参与到权利行使过程中，就能引导其他人也来支持项目，最终发展起占绝对多数的居民，有兴趣与开发商合作。在反对者设定议程之前使支持者参与到项目之中还能够扩大市民研讨的范围，使之把对诸如经济稳定性、计税基数增长、创造工作机会以及建造经济适用房这些更大的问题的考虑包括进来。

## 避免反对

比成功处理反对意见更合人意的是完全避免它。进行准备工作的开发商有时会发现对项目的反对从不出现。提供详尽的信息、避免误解、尊重地对待社区，均可在获取居民支持而非反对之路上走得更远。

### 获取准确的事实

相当多对开发提案的反对是由于误解、信息缺乏或对项目冲击过分地恐惧。居民可能会说：″你的意思是你们在建造 40 套豪华住宅……我听说你们是在建造 400 套面向低收入人群的公寓！″ 误解可能出现的领域包括区划延续性和总体规划准则，财产价值、风景、交通和社区特征的作用效果，以及新工程中预期的居民或商业租赁者类型。

开发商通过提供提案清晰可信的数据，可以将由于信息缺乏所致的反对降至最低。高质量的公众信息材料不仅可以有效地培训居民，还有助于传达项目在精致性、活跃性和生活方式上的价值。然而，这些信息通常是从开发商传递到公众的——通过直接邮件、时事通讯、广告及只读的网页——尽管单向信息是社区关系中重要的一部分，开发商还必须保证居民有机会与他们互动，使居民的声音得到倾听。让居民感觉到他们对新开发的形成具有影响力，而不是只受到开发的冲击，这一点是很重要的。

尽管许多开发商认为与公众交流最有效的方式是举办大型社区集会，但无论是传递信息还是为社区回馈和互动提供一个适宜的交流场所，这都并不是最好的方法。数量众多的听众通常会带来大量问题，以致没有一个问题能够深入探讨。许多人，尤其是不习惯当众讲话的人，在众人面前表露他们的不解或疑惑时会感觉很不自在；那些实际上支持项目的居民也会压制自己的观点，因为害怕招致对项目持怀疑态度的与会人员的谴责。开发商若想既将大量信息传递给众人，又专注于居民的关注点，则最好举办小型的邀请会议、一系列集会或延续若干小时甚至若干天的户外活动。

应该认识到，公众信息并不是能够应对所有 NIMBY 反对的灵丹妙药，它只能够减少由于信息缺乏带来的反对。不考虑居民抵制原因的来源而简单地和盘托出数据，这样做既不得体又没有效率。此外，单向公众信息会冒令社区居民感觉像低人一等一样的风险。例如，开发商若邀请居民参加会议″以便告诉你们我们正在做什么″，这样会让人以为他（她）自觉有权利作出单边决定，并可在既成事实之后告知居民计划。鼓励居民参与会议更好的方法是告诉他们，想知道他们对项目目标有什么看法，并邀请他们参加会议以听取他们的意见。

### 挽救颜面

居民对计划中的项目的怨恨经常直指他们所感觉到的被无礼对待、被忽视或受到凌辱。在一项有关怨恨的研究中，64%的参与者表示他们之所以行为过激，是为了挽回受损的自我形象或修补其社会形象。尊重居民一般情况下很重要，但当讨论一项有争议的提案时，这一点则会″生死攸关″。

对居民的尊重可以用多种方式来表现。主要技巧包括：不要打断他人的讲话。目光适当的接触和身体向讲话者微倾都能表达出尊重的意思；而听人讲话时紧闭嘴唇则是表示否定的明显标志。当要发言时，开发商应提及居民的名字并且对每个人特定的关注点予以评述。

承认居民在规划过程中的合法角色也有助于缓和公众的怨恨。居民们需要感觉到他们被尊为东家、他们的关注点得到理解并且他们的意见的的确确影响了提案的进展。在打好社区领导层的基础后，大型社区集会或公众讨论会就应作为满足居民情感需求的时机，而不仅仅是为了满足他们的信息需求。

## 对与错

若提案中有在天然的、环境宜人的土地上实施深度开发的项目，某些市民就会认为这种情况是美好与邪恶的冲撞。对于传统的经济伦理学者来说，发展与变化是好事，附加的工作机会和税收也是好事，而任何对环境的冲击都只是物质利益追求过程中的附属品。与此相反，环境伦理学者认为对环境的保护优于任何其他公众利益，诸如开拓土地为人所用。即使没有真正意义上伦理冲突的存在，争论的各方也都尽力把他人描绘为道德堕落，从而证明自己的行为是正当的，因为若不这样，他们的行为就会被看作不正当甚至不合伦理。

在华盛顿贝尔维尤（Bellevue），阿瓦朗贝尔维尤（Avalon Bellevue）的开发商和市政人员组成一个团队，共同对许可项目进行开发。

那么如果有关土地利用的争论一开始就像美好与邪恶之战一样，开发商应该怎么办呢？或许价值观念的冲突根本就不存在——开发商会与居民共同承担保护环境的责任。如果是这种情况，开发商应该确认这一共同的观点，即保护环境是一个重要的目标。如果居民质疑开发商的可信度，就应向他们解释这样做的商业理由，例如"保留老橡树能够提升新住宅的价值"或"我们保护湿地是为了遵守联邦法规"。即使是真的为他人着想，这样的解释也更为可信。

当郊区项目中对立各方将冲突描述成"对与错"之战时，这场冲突经常会表现为（最坏情况下）"对与对之间的对决"。是的，对环境的保护是重要的，但相对于其他价值，例如财产所有权、公平、宽容或怜悯来说，这个原则价值几何呢？开发商不需要怀疑一个人的伦理是否合理，因为极少会发现反对者除了在某瞬间的关注点外还有其他的价值观，而这能够有助于开发商拓宽项目视野。

如果开发商与居民中反对者的观点有很大不同，那他（她）该怎么办呢？不同的价值观总是导致无法解决的争端吗？不，当然不是。开发商每天都在与持不同价值观的人打交道，一般的问题他们仍然能够解决。当土地利用争端看起来是起因于意识形态的冲突时，关键是使各方着重于他们共同的兴趣而非不同的信念上。

## 劝说与谈判

居民对获取他们当前并不享有的新利益有积极的兴趣，例如附加税收、新工作机遇、更多的住房、新公园以及改善的城市形象。支持郊区新社区提案的人之所以这么做，多数是因为他们对新的利益感到兴奋，这些新利益会随负责任的开发而来。与此相比，项目的反对者多数是由于对新项目没什么兴趣，希望保持现状。项目的反对者希望社区就像已有的那样，不愿意去忍受更拥挤的交通、受损的风景以及社区乡土特征的遗失。计划项目会与这些利害相冲突，对这一点的认识引发了众多的反对和争议。

这并不奇怪，一鸟在手胜于两鸟在林：人们更愿意保护他们已有的，而不愿为了某些未知的日后利益拿现在的生活质量去冒险。这就说明了为什么强调项目将保护现有的利益（"这项计划保证老库房不会被拆除"），比描绘工程将创建新的利益（"老库房将被改造成一个新的社区中心"）更为有用。

尽可能地提高远景利益的可信度与可靠性也很重要。例如，计划应该以这种方式来呈现，即对项目质量和与周围环境的协调性进行详细说明。另外，开发商不应只做出一些模糊的承诺（如承诺零售租赁商与社区内的工作培训及推荐代理人合作，尽可能地雇用本地居民），而应该保证租赁者在合约上有责任将雇用信息告知代理人。

利益冲突通常由某个政治团体来解决：在对立双方间进行裁决，并选出在政治上较能接受的一个。政治裁决通常被看作一场总和为零的游戏，因为一方胜利的唯一办法就是另一方失败。另外，由于在第一回合中失败的一方并不一定就此罢休，这种裁决对开发商就很危险，尤其是导致上诉、诉讼或对土地利用计划进行投票时。

土地利用争端中最成功的冲突解决策略是劝说与谈判。劝说包括提出一些论据以改变居民的信念、观点和意愿。开发商劝说居民，尽力使他们对整个开发更满意，或者让他们相信某项特别项目的开发是合乎人意的。一旦居民对某项目更满意，开发商接下来就会劝说他们采取与这些信念相一致的行动，如在公共场合证实他们对项目的满意或写一封支持信。

开发商经常着重于理性的劝说，提供一些事实与逻辑论据，希望居民予以品评并最终接

Coggins 广场公寓项目是一栋经济适用的住宅楼，毗邻普莱森特希尔海滨快速公交车站，其建筑用地原是一个地面停车场。

受。然而，面对可能的信息过量，许多居民主要信赖于次要的信号，着重于外在背景而不是发展商报告书中的内在内容。"发展商可爱吗？如果是，那么报告书应该是可信的。""如果项目发起人对此做出赔偿，那么这一定是一堆废物。""看起来每个人都讨厌这项计划，这一定是一个很差劲的项目。"

除了理性的和不着重点的劝说以外，项目的支持者和反对者都还采用感性的手段。例如，建筑商在项目的入口处种植红色、白色和蓝色的花，就是设法去激发居民的爱国热情，并将这种热情与项目联系在一起。反对者表示出怜悯（"这会杀死雏鸟的"）、畏惧（"我们将上诉"）和责怪（"你怎么可以对我们这么做？"）是为了劝服开发商改变计划；而对个人的攻击（"你说谎！"）是为了使开发商在大众心目中失去信誉。作为感情攻击的目标，建筑商应该注意不要对这些很明显的策略手段反应过激。

与劝说不一样，谈判并不是为了让居民相信开发项目与其个人兴趣相符合。谈判注重于各方交互的外在成果而非内部态度。当人们进行面对面的谈判时，每一方都在为自己争取最大的利益，即使这意味着另一方会有损失。以大家一致同意的方式来谈判，各方努力达成"双赢"的解决方案，这样就不会有人承受不合情理的损失。

折中是谈判最常见的结果之一，当不同利益各方对同一事物有不同的要求，并且各方都愿意放弃大致相同的期望值或做出相近的牺牲时，就会达成折中意见。例如，如果开发商要建1000套新住宅而居民坚持只能建200套，双方就应该取一中间值，建600套住宅。与数字有关的争议（如面积平方米数、公顷数、房产单元数、建筑高度等）最容易取中间值作为解决方案，这样就使得各方虽不十分满意也不会受到严重伤害。

Rivermark是加利福尼亚州圣克拉拉县的一个填充式开发项目，兼顾了市场性和经济适用性，其中有特色的建筑是一座图书馆。

DAHLIN GROUP

但并不是所有结果都能够由折中意见达成。如果争论的是一块地是否应保留为幽静的开敞空间，这时就没有中间值可取：这块地要么被开发，要么不被开发。另外，对尊严或公平性这种无形的问题，很难对其进行量化及折中。无法达成折中的冲突通常通过双方的让步来解决，开发商和居民在并非他们真正关心的问题上做出让步，以争取到对各自重要的利益。谈判过程中有三种类型的让步：

- 可以修改计划，以消除对居民利益真实的或感知到的威胁。例如，可以降低公寓建筑的高度，或以单户型住宅代替 Townhouse。

- 如果无法避免，也可以减轻负面影响。例如，如果一项新开发建设确实会影响附近的景色，可借助引人入胜的景观美化或路肩将影响降低到可接受的程度。就像项目修整一样，缓和措施主要也是为了维持现状。

- 如果修整或缓和均无法避免负面影响，开发商可提供其他利益作为补偿，如某些新特色、宜人的环境或工程很合人意以至可抵消负面影响。经常被开发商吹捧的利益包括公共户外空间、娱乐设施、工作机会以及像消防队或老年中心这样的社区机构。

让步会造成数百万美元的损失，所以不要为了搞好社区关系而做出重大让步，除非有明显的证据表明让步对项目的可接受性真正有影响。对公众看法的研究有助于评估不同让步对不同目标受众的价值，更重要的是，能够区分出哪些让步仅仅是时髦，哪些才是真正有说服力的。下面是一个简单化的实例，可以说明时髦的让步与有说服力的让步间的区别。在美国，几乎每个人都喜欢蓝色，但是将项目全涂上蓝色并不一定会提高居民对提案的支持度。与此类似，一个新转弯车道就能够解决新项目带来的预期的交通问题，恐怕只有很少一部分居民会相信这一点，但转弯车道对关键目标受众却是“尚方宝剑”，对像老年人、租赁者或高频选民（high-frequency voter）这样的受众的观点有巨大的影响。

## 获取支持

广义的社区关系计划涉及两个方面：一方面针对可能的反对者，另一方面针对支持者。每一个方面的受众都是由不同类型的人组成并且对不同的信息作出反应。仅劝阻反对者不要进行针对项目的活动可能已足够，但开发商通常还需要社区同盟者在公共场合表示对计划中的项目的支持。

### 辨别潜在的支持者

潜在的支持者有五种，任何发展支持者计划的第一步都是要确定哪些人能最有效地协助开发商。

- **直接受益者**，能立即从项目的开发中获取物质性利益，包括投资商、承建商、建筑工人等。

- **间接受益者**，当项目带来当地经济整体提升时可从中受益。例如，当地零售商可从新居民徒步活动的增多中受益；课税基础倡议者（如“公共图书馆之友”和当地消防员联盟）将从项目带来的税收增长中受益。

- **项目使用者**——无论是新住宅的潜在买主还是批发零售店的租赁者，他们都是可信度很高的见证人。

- **特别利益集团**，或者支持大多数类型的开发（如当地商业理事会或建筑商协会），或者支持计划中的某一特别部分（如儿童护理提议者或足球协会）。例如，宗教团体一般支持经济适用房和社会公正性计划，而野鸭基金会（Ducks Unlimited）的成员是湿地恢复项目的热心支持者。

- 最后，可取得那些**如果不帮忙就要承担人际关系后果的人**的支持，如发展商的朋友、雇员、亲戚、卖主和承包商，这些人在将来与发展商的关系取决于他们今天所给予的支持。

## 招募支持者

开发商在要求潜在的支持者同意一个难度较大的请求之前，如在公共听证会上证实其态度，应该首先提出一个难度较小的请求。如果居民同意了一些微小的、无关痛痒的请求（如在支持志愿书上签字），那么随后要求提高时，则在内部和外部均有压力来迫使其答应请求，因为若不这样会看起来前后矛盾，而这会让人很没有脸面。一旦支持者同意了最初的请求，她将把自己看作一个合作的、有帮助的并且顺从的人，并且会关心挂念工程并采取行动以给当地社区决策带来影响。

20 世纪 90 年代所进行的一项社会学调查给出了这种"得寸进尺"技巧一个极好的实例。社会学家挨家挨户地去请求房主们答应一个看起来很微不足道的请求：在他们窗前放置一张 3in(7.62cm) 见方的卡片，卡片上书"安全驾驶"。两周后，调查人员又来到这些人家中，看是否能得到允许在他们前院竖起一个又大又难看的布告栏，上书"小心驾驶"。在拒绝将小卡片放在窗前的人中，只有 17%同意这个请求；而在最初同意放置卡片的人中，竟有 76%同意将布告栏装设在草坪上。在开发过程中，很明显地可以看到，那些签署过志愿书、填写过保证卡，甚至参加过社区内咖啡聚会的人，比起从未做过这种初期承诺的人，更容易对支持项目做出保证。

## 为听证会作动员

当听证会邻近时，开发商必须求助于社区中以前曾表示过支持的居民。接近这些初期支持者的方式是提出一个可能被拒绝的请求，如"你能参加星期三的听证会并表明对项目的支持吗？"如果居民答应了这种请求，这样最好；如果被拒绝了，就应提出一个较小的请求，例如："你能打电话给市长并让他知道你支持项目吗？"通过降低期望值，开发商在支持者看来就是做出了很大的让步，这样就让支持者有了责任感，为了对让步作出回报从而答应第二个请求。换句话说，第二个请求比起第一个来显得很微不足道并且很合理，支持者不得不接受。

成功的公众听证会需要的并不仅是将支持者招进市政大厅中并让每个人出力。居民对发展计划的支持证言必须认真地加以协调，以确保反对项目的少数声音不会压倒支持力量。通过监控和操纵公众听证会程序中的各个方面，开发商就可以确定决策者能够完全肯定居民对项目的支持力度。为确保公众听证会程序能够达到最好的效果，可采取下述一系列措施：

- 弄清规则：开发商应该熟知调查团、理事会或委员会如何进行听证。他们是否是"叫唤牲畜"（cattle calls），即居民在走廊中等待大喇叭喊他们的名字？证人是否是按签名的次序进入？反对者证实其观点后，支持者是否还有机会表明自己的意见？听证会主席是轮流召集支持者与反对者还是以其他的次序？开发商应该在听证会召开以前与主席或合适的职员交谈，以了解程序如何进行。
- 签约确定支持者：如果允许开发商在听证会开始前递交发言人名单或签约确定支持者，他们就一定会这么做。然而，最好不要安排所有支持者一个接一个地发言，应该留一些人在听证会后期作证。这样既能驳斥遭到的攻击，又能保证反对项目的发言人始终能受到乐观信息的制衡。
- 占到好座位：支持者占据前排的座位，就可保证决策者能够看到他们并且能够觉察到他们对项目的支持程度。另外应该有一些支持者分散坐在听众席中，以监听反对的声音并且

COURTESY OF BILLINGSLEY COMPANY

奥斯汀农场园区(Parks of Austin Ranch)是位于达拉斯郊区的一个由多户式出租住宅构建的社区，开发商精心的规划和设计使该园区得以克服社区居民的抵制而建成。

可能对反对观点提不同意见。

• 确保视觉辅助工具可见：图表、投影屏及其他视觉辅助工具应在决策者和公众可见范围内。若在展示中将观众排斥在外，会令他们很不愉快，而决策者也会很严格地对待开发小组，以向观众证明没有人享有特权。使视觉辅助工具一直处于工作状态还有助于维持气氛，将观众注意力集中到事实而非情感上来。如果无法竖立黑板架或投影屏使市民和政客能够清楚看到，传单也是一种使观众跟上展示的适当途径。

• 提供论据：一份一整页纸的情况说明书或演讲重点列表能够帮助支持项目的发言人强调关键信息，以引起决策者的关注。

• 鼓励支持者看起来具有支持力：项目同盟者，包括发展商本组成员，可表现出对项目的热情，即使是在坐着不动时。应该鼓励支持者举手或系上纽扣以表明自己支持项目。

• 尽量最后发言：开发商应该是决策者在

投票之前听到的最后一个声音。通过在最后发言，开发商可以驳斥先前发言人的攻击，并可保证决策者在作出最后决定前再浏览一遍关键信息。在听证会的最后，项目发起人应该要求一小段驳斥时间或保留至少一位善于游说的支持者来总结关键点。

社区的反对是郊区开发商面临的最困难的挑战之一，但主动的、策略性的方法可使局面改观。认识到居民对目标开发真正的关注点，尊重决策过程中公众的角色，为目标项目从不同的定位动员公众的支持——通过采取这些措施，开发商就可以在郊区项目建设中有效地应对社区关系的挑战。

本章作者为旧金山GCA策略委员会主席德布拉·斯坦（Debra Stein）。

# 案例研究

# 温斯洛“马厩”

## 华盛顿州，班布里奇岛

温斯洛“马厩”位于华盛顿州班布里奇岛(Bainbridge Island)温斯洛市，占地面积1.5acre(0.6hm$^2$)，是一个小型的填充式住宅开发项目。这个以行人为本的社区包括22套单户住宅和双联住宅，有浓厚的城市化设计的风格，明显受到太平洋西北建筑风格的影响。此开发项目位于温斯洛大道（市区主街道）和去西雅图渡口的步行距离内。

班布里奇岛人口有2万，距西雅图有35min的船程。温斯洛市位于渡口的终点处，是一个有着友善的小都市气息的海滨社区。班布里奇岛正在迅速成为吸引人的“卧室社区”(bedroom community，简称卧城)，每年有350～500户新居民入住。岛屿为了满足居民迁入的需求，计划将新增长中的50%分配给温斯洛镇。然而，这些新居民的到来迅速抬高了社区的房价，单户住宅平均为43.5万美元，经济适用房价格也在市值以上。由于温斯洛的开发，在半退休时搬至这里的洛德·麦肯兹(Rod McKenzie)才得以在一块填充式用地上建设一项令人感兴趣的、小规模的项目，开发经济适用房。作为班布里奇岛上房价最低的住宅区，温斯洛“马厩”是对城镇一个很好的补充，并且满足了开发商继续其随意的生活方式的需求。

按照建筑师格雷戈·哈克沃思(Greg Hackworth)的说法，项目的目标是设计建筑风格完整的街区，使其具有社区的氛围。通向温斯洛市区的商店和服务机构的人行道也是开发计划完整性的一部分。

### 坐落位置及其周围环境

温斯洛“马厩”坐落于一块面积为1.5acre(0.6hm$^2$)的地块上，该地块上以前有两座小型

温斯洛“马厩”的22套住宅混合了单户住宅和双联住宅。住宅区包括一个中心庭院，庭院上有公共草地和一条内部行车道。业主委员会负责组织社区内的社交活动。

的单层双联办公建筑及围绕楼群的一条环路。此开发项目在温斯洛大道（市区主街道）及其专业办公楼、商店和餐馆的步行距离以内，另外步行去渡口码头只需10min。

这块用地的北边是低层办公建筑，南边是绿树环绕的单户住宅，东边是由小型住宅改造建成的办公楼，西边是复式公寓。通向渡口码头的小路沿西边与该地块并行，并且在东边和西边有保护完好的雪松林。

## 规划与设计

温斯洛“马厩”是温斯洛市此类开发中的第一个，开发商与市镇当局密切合作以确保工程与市区主规划相协调。22套住宅围绕中心绿地和内部小路建成一个环状，其中的4套还面朝怀亚特大街（Wyatt Avenue，这是一条公共街道）。中心绿地提供了开敞空间，业主委员会可用来组织集会。3层的住宅是单户住宅与双联住宅的混合体。温斯洛“马厩”的建筑密度为每英亩14套住房（每公顷35套），所以还算是比较开阔的。

街区设计以行人为本。为降低机动车辆对居民生活环境的影响，面朝怀亚特大街的住宅的车库被移到了房屋后部，并且修建了一条通往街区内部的人行道入口。面朝内部小路的车库小心地隐藏于挑檐或第二层走廊下，以减少其视觉影响。沿途街树成阴的人行道提供了舒适的场地，供人们沿着怀亚特大街散步。社区的入口有公共绿地和樱桃树，将闹区与宁静的内部庭院分割开来。社区信箱分布于入口的两侧，在有顶的过道下面。

面朝怀亚特大街的住宅的车库在房屋后部。街树加强了以人为本的环境。

屋前走廊和小前院着重于住房与街道的连接。在作为居民集会场地的公共庭院里，新植的树木终将成为一片绿阴。配电箱设置在社区的绿地中，温斯洛“马厩”业主委员会在它的周围用西洋杉作了一个围栏，围栏的上方开了窗格，另外还准备再加设一个露台。

有趣的建筑细节结合显眼的色彩充斥着整个温斯洛“马厩”。房屋屋顶都是有山墙的，在屋顶上开有天窗，并且每座房屋的都不一样，另外房屋的屋脊也是各不相同的，这一切都勾起了人们对当地传统建筑的回忆。具有手工制作风格的格子架整齐划一，窗户有各种各样的样式，这都为社区提供了生动的外观，并且使其与其他的房屋开发项目区别开来。麦肯兹认为这里的房屋具有洛杉矶的风格、班布里奇岛的魅力和斯堪的纳维亚（Scandinavian）的色调。麦肯兹因为他那具有鲜明色彩的房屋设计以及他对那些被他称为“灰色建筑师”的痛恨而闻名岛内。蓝色、黄色、绿色和棕色的水泥结构的边缘都用木材镶嵌，而房屋的正门则被漆成了与房屋颜色形成鲜明对比的皂蓝色、红色或蓝色。

单户住宅和双联住宅都拥有车库，这样的车库可以停1～2辆车，居住者还可以选择在

引人注目的建筑细节和显眼的色彩充斥着整个温斯洛“马厩”。建筑师认为这里的房屋具有洛杉矶的风格、班布里奇岛的魅力和斯堪的纳维亚的色调。

底层加设一个额外的房间，这样一个房间可以当作家庭办公室来使用，在温斯洛“马厩”的总平面规划中这些都是被大力提倡的。包括艺术家、建筑师和小企业主等在内的居住者都选择了这样一个带有家庭办公室的住宅。住宅的居住空间主要是在二楼，卧室设在三楼。住宅的特色是二楼的走廊和它的装饰，并且有些住宅在底层还另外加设了一个门廊。

## 经济适用房

城镇可以开发房屋密度较高的经济适用房项目，这作为1998年颁布的华盛顿地区的发展管理法案中的一部分已经施行，激励了开发商们争相在城镇开发类似的项目。法案规定，在任何一个建造的房屋超过8套的社区开发项目中，必须有10%的房屋作为经济适用房。麦肯兹是温斯洛地区第一个根据法案的要求在他所开发的社区项目中加入经济适用房的开发商。

那些收入只有开特散普县（Kitsap，班布里奇岛的所在地）中等收入水平的80%的居民才有资格购买这些经济适用房。可是，符合购买者标准的居民还是难以负担得起16万美元这样的价格，这使那些为低收入家庭准备的房子闲置了9个月。为了寻找合适的购买者，麦肯兹和当地政府商量后把购买者的标准改成了收入只有西雅图市中等收入水平的80%的居民。开发商还做了一个特别的广告来推销其经济适用房，在与65个人接洽后，开发商终于找到了合适的购买者。

这两套经济适用房单元都是三层双联住宅，它们坐落在社区的东边，与整个社区融为一体。对这两套房屋的购买者来说，当他们想转卖该房屋时，必须受到一定的限制——房屋只能转卖给那些符合购买经济适用房标准的购买者。开发商还声明，在购买了房屋的20年内，出售房屋时价格上涨不能超过《消费者价格指数》（Consumer Price Index）中的上涨幅度。

## 资金来源和市场营销

这个项目的资金来源于大陆银行（Continental Bank，即现在的Homestreet银行）所提供的常规建设贷款。房屋的价格范围平均为20万~22.5万美元。20套市场价的单元都在动工后的7个月内全价售出，买主甚至没有讨价还价。

当温斯洛“马厩”的房子还在搭建框架的时候，开发商就开始了它的市场营销宣传，他们在这个方面所做出的努力收到了很好的效果。房子卖得如此之快，开发商决定不造房屋模型。除了那两套经济适用房，所有其他的住宅都在项目动工后7个月内被卖了出去。

广告是温斯洛“马厩”项目能够在市场上如此成功的关键因素：超过80%的房屋购买者都是通过户外广告牌才知道这个项目的。即使销售中心只有在每个周末才工作，并且这个项目并不是在一个交通频繁的街区，但广告也还是把购买者带到了这里。

人们之间的口口相传和报纸的宣传为项目带来了很多的客户，所以已不再需要太多其他的广告了。在《信义房产》（Coldwell Banker）杂志上刊登的广告引起了西雅图当地居民和岛上游客的兴趣。在整个社区即将完工之际，开发商组织了一场地产经纪人的招待会，这使得房屋开发项目更为公众所熟悉。在《西雅图邮报》（Seattle Post-Intelligencer）上刊登的一篇文章介绍了项目的房屋密度和设计，这引起了人们更多的注意。虽然这篇文章没有直接提及这个项目，但是开发商有针对性的介绍文章还是给温斯洛“马厩”带来了利益。大多数的房屋购买者都是班布里奇岛内那些居无定所的年轻的自由职业者；还有一部分来自西雅图；而另外的则是来自其他的州。

在社区内部，车库面向院子，但它们在视觉上被最小化，隐藏在二楼的走廊的下面。

## 获得的经验

温斯洛“马厩”是一个小地方，在这里每一块地都必须被利用起来，所以开发商要好好地考虑一下如何保护居民们的隐私。同时，在这样一个比较紧促的环境里，要着重于建筑细节的设计。

对社区路边景致的布置也相当重要；如果从小区的街道上看到的景致不尽如人意，这个项目将不会成功。为了使四周的房屋都能够面向怀亚特大街，门廊的建筑风格定下了基调并且和街道分离开来。

在社区的入口处，在步行道两边的是社区的信箱。在这里，过路人可以看到一大片公共绿地，它是街道和内庭院的分隔带。

位置、了解市场和好的建设风格，对于整个项目成功与否至关重要。温斯洛“马厩”是一个很好的社区，它有良好的位置、合适的价格，并且符合市场的需要。

开发商提供了一个最基本的建筑，允许购房者在原来价位的基础上提高标准。超过60%的购房者在原价的基础上又花了3.5万～4万美元不等来提高他们房屋的标准。

在小城镇开发项目的开发商们，有责任为当地的居民提供高质量的房屋。在建造温斯洛“马厩”之前，麦肯兹听取了当地居民的需求，并且把这些需求与他的设计思想结合起来。

## 温斯洛"马厩"项目数据

### 土地使用信息

| | |
|---|---|
| 场地面积（acre/$hm^2$） | 1.5/0.6 |
| 住宅单元总数 | 22 |
| 住宅总密度（每英亩套数/每公顷套数） | 14/35 |

### 土地使用规划

| 用途 | 面积（$ft^2/m^2$） | 百分比（%） |
|---|---|---|
| 住宅 | 16932/1570 | 26 |
| 公路 | 16500/1530 | 26 |
| 公共空地 | 20000/1860 | 31 |
| 其他 | 11000/1020 | 17 |
| 合计 | 64432/5980 | 100 |

### 住宅信息

| 住宅类型 | 住宅面积（$ft^2/m^2$） | 住宅数量 | 售价（美元） |
|---|---|---|---|
| 三层独立式住宅 | 1336～1505/120～140 | 12 | 200000～225000 |
| 三层双联住宅 | 1590/150 | 8 | 220000 |
| 三层双联住宅（经济适用房） | 1090/100 | 2 | 160000 |

### 开发费用信息（美元）

**置地费和场地改善费用**

| | |
|---|---|
| 置地费 | 530000 |
| 场地改善 | 25000 |
| 挖方和平整 | 120000 |
| 给排水 | 22000 |
| 景观和灌溉 | 30000 |
| 合计 | 727000 |

**建设费用**

| | |
|---|---|
| 上部结构 | 1035000 |
| 暖通和空调 | 129000 |
| 电气 | 126000 |
| 管道和喷洒装置 | 129000 |
| 装修 | 400000 |
| 工人工资和日常维护 | 115000 |
| 合计 | 1934000 |

**软费用**（美元）

| | |
|---|---|
| 建筑设计和工程 | 95000 |
| 项目管理 | 70000 |
| 市场营销 | 30000 |
| 代理委托 | 420000 |
| 法律顾问和会计 | 15000 |
| 税收和保险 | 16000 |
| 建设期贷款利息 | 132000 |
| 许可证 | 200000 |
| 合计 | 978000 |

**总开发费用（美元）** 3639000

### 开发进度

| | |
|---|---|
| 购置场地 | 1997年4月 |
| 开始规划 | 1997年6月 |
| 开始施工 | 1998年4月 |
| 开始销售 | 1998年6月 |
| 首期完工 | 1998年12月 |
| 完成销售 | 1999年1月 |
| 项目完工 | 1999年7月 |

### 开发商

Rob McKenzie
McKenzie Holdings, LLC
427Lovell Avenue, S. W.
Bainbridge Island, Washington 98110
206-842-9415

### 建筑师和场地规划师

Hackworth Architecture
1927 Post Alley
Swattle, Washington 98101
206-443-1181

### 景观建筑师

Verdigris Landscape Design
1402 Third Street, Suite 800
Seattle, Washington 98101
206-842-9217

● 1—独立式住宅户型 1；● 2—独立式住宅户型 2；● 3—独立式住宅户型 3；
■ 1—双联住宅户型 1；■ 2—双联住宅户型 2。

## 总承包商

Fairbank Construction
127 Parfitt Way, S.W.
Bainbridge Island, Washington 98110
206-842-9217

## 销售商

Coldwell Banker/Marie Gallagher and Associates
337 High School Road
Bainbridge Island, Washington 98110
206-799-6851

# 圣克鲁斯家园

## 明尼苏达州，埃尔莫湖

美国全国性的与城市蔓延相关的最严重的问题之一是城市边缘大型住宅区的开发。在许多都市地区户外土地很少，投资商正在寻找乡村土地，把农田瓜分成 2 ～ 10acre(1 ～ $4hm^2$)的小块。虽然跳跃式发展是导致城市蔓延的主要原因之一，许多都市和城镇由于担心丧失乡村特点，不愿意在郊区采取密集型开发。位于明尼苏达州双子城（Twin Cities）东部郊区埃尔莫湖(Lake Elmo)的圣克鲁斯家园（the Fields of St.Croix）——一个由 113 套住宅单元组成的自然保护社区——为该难题提供了一个创造性的解决办法。

圣克鲁斯家园由罗伯特 · 恩斯特龙(Robert Engstrom）公司开发——明尼苏达州的首次此类组团开发——在保留该地区过去的田园特点的同时，考虑其未来的发展进行设计。此项开发已经实现了很多极富创造性的目标：保护该地区的生态和水文，保留临近一条交通频繁的高速路（第 5 号公路）的农田；保留一座具有历史性意义的粮仓；用建筑标准来创造场所和社区感，保留所有居民都可以使用和进行娱乐活动的公共开敞空间。

圣克鲁斯家园占地 1/3 ～1acre(0.13 ～ $0.4hm^2$)，其住宅位于两个区。大部分住房售价在 35 万美元与 55 万美元之间。一期工程自 1997 年开工以来已经全部进行了扩建。二期工程于 2000 年 9 月开工，销售速度更快，截至 2001 年 3 月，大部分住房已经销售，售价在 7.5 万美元与 12.5 万美元之间。三期工程与二期工程毗邻，将增加 14 套 Townhouse。一

圣克鲁斯家园是一个拥有 113 套住房，占地 241acre($98hm^2$) 的自然保护社区，坐落于明尼苏达州埃尔莫湖的草原和沼泽地中。

此项开发包括两个建筑群，其中第二个建筑群沿着格切尔湖南岸。湖岸保留着原始状态。

项与 Townhouse 相邻的建设农场建筑市场和商业区的提议被埃尔莫湖市居民否决了。

## 用地

该用地起伏不大，位于第 5 号公路沿线，在双子城邻近的地下铁道区和圣克鲁斯河附近独特的田园风格开发区之间。开发破土前，这个地方大部分还是农田和湖泊。今天大部分农田依旧，沿湖区也尚未开发。一个美国内战时期的粮仓也被保留着，现在已经重修建成一个社区活动中心。

项目的一期工程包括 45 套住房，坐落于山坡上，若隐若现，眺望着格切尔湖（Lake Goetschel）。该组团融入了"自然收获社区农业支持"（Natural Harvest Community Supported Agriculture，简称自然收获 CSA）的农作。位于湖面南侧的二期工程有 68 套住宅。组团概念使居民能够在小村庄式社区内住得很近，从而留下更多空间为所有居民开放和使用。圣克鲁斯家园提供开敞空间设施，如沿格切尔湖散步和娱乐的小路、足球场和禁猎区风景。开敞空间使居民不必拥有和维护大型私人土地就能享受到乡村风景。

## 规划和批准程序

埃尔莫湖城过去曾经反对郊区式开发，将住宅开发限制在每 10acre（4hm$^2$）土地只能有一个单元，预留了大约 2.5acre（1hm$^2$）土地。罗伯特·恩斯特龙——其公司在双子城已经进行了近 30 年的住宅开发——想采取另一种大型土地开发方式，可以不破坏农村土地，还可以看看郊区开发到底能是什么样子。恩斯特龙和其他住宅开发商要求区划改变；1996 年，在观念开放的城市理事会的支持下，埃尔莫湖城同意将组团式开发改成分区开发：这种变化使得可行性密度提高到每 20acre（8hm$^2$）9 套住房，还保留了过半土地作为开敞空间。恩斯特龙设置了一项开敞空间的土地保护权，并将其委托给明尼苏达土地信托（Minnesota Land Trust）——一家监督全州土地保护权的组织。

## 建筑与工程

圣克鲁斯家园很有意思的一方面是其建筑的完整性和内聚性。开发商故意避开如今新的

景观设计利用了当地草原的青草和野花。

详细划分的一贯做法——将各种不同的建筑风格融合在一起，产生了一种不协调的有些做作的外观。相反，开发商选择通过建筑措施营造出一种场所和社区感：换言之，让一些使美国城市看上去非常亲切的本质得以重现。

对于一期工程，开发商和杰克·布克塞尔建筑有限公司（J. Buxell Architecture, Ltd.）的杰克·布克塞尔（Jack Buxell）监督了总平面图的绘制、建筑控制程序的开发和建筑标准的制定。虽然所有的住宅都是为业主设计定做，但是要根据既定的指导方针建设（大约由15个不同的建筑商和许多建筑师一起建设）。由于在该地区的历史重要性，草原风格、工艺风格和平房成为主流。车库通常从住宅的尾部凹进或设置在侧面，提高了房屋的"路边感觉"。由于指导方针不同，圣克鲁斯家园的房子看上去比典型细分型的更亲切、更真实而且更吸引人。由于这种方法获得了成功，同样的方法在二期工程里也得到应用。

虽然圣克鲁斯家园的建筑完整性在确立开发项目的风格上已经取得巨大进步，在一期工程中重修的粮仓所作出的贡献的重要性不亚于此。这座粮仓位于一座小山上，可以俯瞰格切尔湖，这座美国内战时期的建筑物的南面和西面是一片宁静的风景。在见证了世世代代的耕作，甚至挺过了一场龙卷风之后，这座粮仓现在成为了一个社区活动中心，曾举办过许多典礼和盛事。这座粮仓在第一块地皮开始出售时由开发商修复，作为一个社区聚集场所而广受欢迎，成为土地和住房开发的一个主要卖点。

圣克鲁斯家园最有意思的一方面也许是雨水和污水处理系统。首先，狭窄的街道——铺设路面通常比传统规划小——有助于减少雨水流失。其次，一系列厕所、池塘、洼地和其他阻流设施可处理积水。其中许多设施上种植有当地草木，与开敞空间计划相结合，很有吸引力。

与大多数郊区开发相比，污水处理采用了一种更彻底、更新颖的处理方法。为了过滤污水，开发商建造了一个工程湿地，由四个单元组成。首先是密封的标准化粪池，它的作用是除去固体垃圾。在第一个单元——衬砌的湿地单元中——细菌将废物原料降解。许多当地的湿地植被使该系统与环境美化更好地结合。第三个和第四个单元没有衬砌，能使水渗透到土壤中。

污水通过重力自流到建造的湿地处理区，大多数城市地区也使用同样的方法收集污水。但是由于该系统有足够大的容积即刻处理所有污水，双子城没有一个社区将其污水送到城市污水处理厂，排入密西西比河。此外，圣克鲁斯家园使用的被动处理方法与传统方法相比更环保。

该污水处理系统是明尼苏达污染管制局（Minnesota Pollution Control Agency）批准的第一个此类系统，也是明尼苏达州超过 10 个此类处理系统的范例。这种污水处理系统在全美国范围内正越来越普及，尤其是在一些离大城市较远的度假胜地和其他一些组团式开发区。

圣克鲁斯家园的水土保护措施还包括种植当地青草——作为修复当地牧场的一种方法。每隔两年进行一次“牧场焚烧”来维护牧场，清除老化的非本土青草和草种，并使当地的蓝砂岩牧草自己播种。

土地保护权是用地 144acre（58$hm^2$）开敞空间的一部分，使相当大一块开敞空间免受开发的威胁。开发商们通常留出一块开敞空间作为娱乐场地，随后就会进行开发或出售以求最大

一些住宅面对着公共草地，在那里，业主委员会维持着一个插枝花园（cutting garden）。这种建筑反映了当地的传统风格：草原风格、工艺风格和平房。

利润。将土地保护权委托给明尼苏达土地信托就排除了这种可能。

农场保护也是圣克鲁斯家园的一个主要卖点。大约 12acre（5hm$^2$）土地由“自然收获社区农业支持”——一种农业合作方式——种植和维护。大众成员每年也可以以 330 美元的价格购买一股，就能每周挑选食物。这种农业方式还鼓励股东们协助种植和收割。收获的产品包括新鲜水果和蔬菜、鲜鸡蛋，以及特殊的罐装产品，例如果酱和蜂蜜。用于产蛋的小鸡很受当地孩子们的欢迎。合作经营是使社区居民与其土地联系起来的一种有效方法。

开发商重建了一个美国内战时期的粮仓，该粮仓现在成为一个社区活动中心。

## 市场销售与融资

圣克鲁斯家园作为明尼苏达州第一个环保社区投入市场，是占地面积大、难以吸引人的大块土地开发的另一种选择。罗伯特 · 恩斯特龙公司将其房地产投入市场，而且由于具备强大的经济实力，该项目的吸引力及其开发商的好名望，已经不需要太多的自我推销了。罗伯特 · 恩斯特龙公司支付了所有的开发费用，包括重修粮仓的 25 万美元。

## 获得的经验

也许该项目的最大意义在于它已经成为明尼苏达州几个类似组团式开发的典范。圣克鲁斯家园结合了保持农田、永久地保护开敞空间、

一些住宅使人联想起当地的农舍。

社区的入口用当地丰富多彩的植被装饰得很雅致。

高质量建筑与污水的就地处理，形成了一种大块土地开发和用地规划的健康选择，代表了当今许多郊区和农村的开发方式。

埃尔莫湖城坚决保持其田园风格。组团式开发项目——例如，圣克鲁斯家园——真正的长期利益在于它们需要较短的铺设街道和更少的污水管线，而这意味着随着时间的流逝会有大量的沉积物。埃尔莫湖城现在鼓励这种开发方式，而且自圣克鲁斯家园首开先例以来，已经另外批准了大约 10 个项目。

由于在自然保护的投入以及对市郊和农村开发的促进作用，圣克鲁斯家园已经受到多种奖励。1998 年，由于圣克鲁斯家园开发项目中有大量自然保护特色和节能住宅的建筑设计，美国国家住宅建筑商协会（National Association of Home Builders）授予其美国最佳居住奖（Best in American Living Award）。这项开发还赢得明尼苏达州第五届环境创新奖——土地利用和社区开发奖。该奖项奖励创新、合作、领先和卓越环境。最后，重建的粮仓被授予 1998 年里弗斯敦修复协会改装再利用奖项（Adaptive Reuse Award of the Rivertown Restoration Society）。

乍一看，每 20acre（$8hm^2$）9 个住房单元可能不见得是聪慧式的开发，但事实上它的确是：有人可能将其看作一种“郊区的聪慧式开发”——一种标准建筑物无计划延伸的更环保的选择。考虑到这么多城镇和郊区城市只允许大地块开发，一种有自己的污水处理系统的住宅群开发保留着原有的农田，并且预留开敞空间，看上去很时髦。

## 圣克鲁斯家园项目数据

### 土地使用信息

| | |
|---|---|
| 场地面积（acre/hm²） | 241/98 |
| 开敞空间（acre/hm²） | 144/58（总场地面积的60%） |
| 住宅单元总数 | 99 个独立式单户住宅，14 座 Townhouse |
| 平均净密度（每英亩或每公顷套数，不包括开敞空间） | 1.14/2.8 |

### 土地使用规划

| | |
|---|---|
| 占地面积（acre/hm²） | 0.35～1.0/0.14～0.4 |
| 占地百分比（%） | 40 |

### 开发进度

| | |
|---|---|
| 购置场地，一期工程 | 1995 年 |
| 购置场地，二期工程 | 1997 年 |
| 开始规划 | 1996 年 |
| 开始批量销售和施工 | 1997 年 |
| 估计竣工时间 | 2003 年 |

### 开发商

Robert Engstrom Companies
4801 West 81st Street
Bloomington, Minnesota 55437
952-893-1001
www.engstromco.com

### 土地管理员

Minnesota Land Trust
2356 University Avenue West, Suite 400
St. Paul, Minnesota 55114
651-647-9590
www.mnland.org

### 建筑师

J. Buxell Architecture, Ltd.
129 North Second Street, Suite 101
Minneapolis, Minnesota 55401
612-338-3773

Design Forum Inc.
4801 West 81st Street
Bloomington, Minnesota 55398
952-831-5926

### 主要建筑商

Senn & Youngdahl, Inc.
4606 Stihwator Boulevard
Stillwater, Minnesota 55082
651-351-1450

Landmark Homes
4732 Larkspur Lane North
Lake Elmo, Minnesota 55042
651-439-4995

Huntington Homes, Ltd.
9805 Cimarron Trail
Minnetonka, Minnesota 55305
952-546-1102

平面规划图中包括受保护的农田、草原、果园和池塘。为了保护天然的池畔，住宅用地选在远离池塘的地方。

# 索诺马维尔诺

## 华盛顿州，波泰尔

索诺马维尔诺（Sonoma Villero）是华盛顿州波泰尔市（Bothell）一个有240套单元的开发项目，包括Townhouse和公寓，它是位于西雅图北部12mile(19km)处的一个"卧室社区"，在华盛顿大学波泰尔校区附近。该地区相当闻名，不仅因为具有令人流连的湖光山色、适于户外运动休闲，而且附近入驻着许多大公司，例如微软公司、埃迪·鲍尔（Eddie Bauer）和AT&T Wireless公司，此外还邻近多家地区购物娱乐区。索诺马维尔诺的住宅单元是针对首次购房者和上了年纪的活跃的成年人设计的住户自有公寓，为了避开附近同类开发的竞争，项目开始是采用出租的方式，后来当市场不那么饱和时，公寓才转变为住户自有。

Townhouse 的前入口通常是种有植物和树木的缓冲带，各栋住宅由公共通道连接。

## 用地

由于难以将地块集中开发，其他多家大型开发公司放弃了这块用地。但第160号大街合伙公司（160th Street Association，LLC）——索诺马维尔诺的开发商们，意识到这是一个机会并相信值得为之付出努力。负责人集中5处地产组成了一块11acre（4.5$hm^2$）的土地——位于州际公路405号以东的一块树木茂盛的斜坡地上。

这块用地位于柯克兰城（Kirkland）附近的金县（King County），北部与波泰尔市接壤。东部与一个住户自有公寓的社区相接——这个社区在密度和面积上都与索诺马维尔诺相似。北部是单户住宅，南面是州际公路405号入口处。虽然可能有人认为该项目位于州际公路附近是一个缺点，但索诺马维尔诺的一些居民将此看作一个优点。

## 开发过程

决定建设索诺马维尔诺时，需要考虑几个因素。西雅图北部州际公路405号沿线的房地产开发已经开始呈增长趋势：华盛顿大学的一个新校区刚在波泰尔市开办，而且微软公司也于最近在附近的雷德蒙德（Redmond）开设了新的总部。这个地区会迅速变成西雅图高科技区的一部分，这一点对年轻夫妻很有吸引力。

虽然这块用地在城市边缘，而且当地规划者也赞成索诺马维尔诺的开发，但一个由单户住宅组成的边界社区的业主委员会再三反对这个项目，声称新的居民会使道路过度拥挤，并加重服务设施的负担。批准在索诺马维尔诺所在这条街对面开发一座有209套单元的新的住户自有公寓这一做法，更加重了社区的反对态度。同时，开发商也看出了一种潜在的市场冲突——沿着街道两侧，两个相似的社区正同时建造，并将同时销售——于是寻找不同于索诺马维尔诺的开发方式。虽然索诺马维尔诺当初计划是要建成住户自有公寓，但开发商决定以Townhouse和公寓的出租社区的方法营造另一种生境。这些单元最初将供出租之用，日后一旦市场开放再进行销售。

附近的业主委员会不能阻止索诺马维尔诺前进的脚步时，就开始要求减少单元数量，增加索诺马维尔诺与相邻的单户住宅之间的缓冲地带以及保护业主委员会所认为的“重要树木”。开发商不但能够满足单户住宅社区的各种需求，而且通过增加少许退让，将一些建筑调换位置，并且在两个开发项目之间种植了更多树木而不减少索诺马维尔诺的单元数量，这些改变不仅安抚了邻居们的情绪，还提升了社区的美观和价值。开发商一开始就意识到了业主委员会的反对，因此在开发初期对社区进行了认真的规划和设计，成功地平息了邻里社区的反对情绪。

## 设计和施工

坡地的存在为房屋的分层次建设提供了条件，并且营造了一个类似于欧洲农庄的社区氛围。沿着道路而建的房屋随着斜坡的走向逐渐降低。为了分散住宅的密度，Townhouse和公寓作为一个整体被建在了一起，成为一个个独立的邻里，这样住宅密度就降低到了每英亩20套（每公顷49套）。在这些邻里之间，2～7个单元聚集在一起，这样就减少了它们的占地面积。15 个不同的住宅平面设计方案使每个家庭都可以拥有自己的个性化设计。带一个卧室的公寓坐落于带两个卧室的 Townhouse 的后面。一片树木繁茂的绿化带围绕着索诺马维尔诺，特别栽种的树使得风景更加迷人。

该项目所开发的住宅最初仅用于出租，但后来开发商准备把它开发成一个住户自有公寓，这需要增加投资。例如，由于社区邻近州际公路，最受人们关注的就是噪声的控制问题了，为此开发团队特地邀请了一位噪声控制工程师以解决这个问题。根据这位工程师所提出的建议，建设者用铸铁管代替了 PVC 管路，并且在地板下铺设了一层额外的衬垫。所有面向州际公路的建筑都装有加倍厚度的隔声推拉式玻璃门、双层窗户以及 2in×6in(5.08cm×15.24cm) 的框架式墙壁，这种墙壁比 2in×4in(5.08cm×10.16cm) 的框架式墙壁有更好的隔声效果。另外，所有的天窗、通风孔和一些能被噪声穿透的孔道都背向高速公路。

住宅内部的墙面漆和其他细节都是经过精心挑选的——例如，厨房的壁橱、很高的顶棚和起居室中的壁灯——还有一些额外的特别之处，例如：化妆室、书房、门厅、早餐厅、中间摆放餐桌的厨房和楼上浴室的天窗。住宅内

这个在索诺马维尔诺内的会所对于租用者来说是必不可少的，同时也被用作住户自有公寓的销售部。这个会所特别设计了一个游泳池、一个 spa、一个体育馆和一个装备齐全的商务会议中心。

坡面作为一种设计资源而得到开发。住宅沿着街道逐级降低，坡面上的社区被粗凿过的石墙围了起来。各种颜色的树脂瓦被用于装饰房屋的外部，白色而整洁的外部装饰使得整个设计浑然一体。

部的设施还包括燃气壁炉和宽带网接入口。住宅的外部用树脂制的瓦覆盖，这种树脂瓦变化多样，色调柔和——白色而整洁的外部设计风格贯穿了整个住宅的设计。根据开发商的要求，建筑的细部要求涉及了住宅的方方面面，所有的居住者都将会有一个 360° 的视觉享受。

为了使小区的环境更加优美宜人，树木和经过粗凿的石墙代替水泥墙被用来围绕坡地。运动场被安置在建筑之间，并且被大树的树阴所笼罩。索诺马维尔诺的会所对于租用者来说是必不可少的，同时也被当作住户自有公寓的销售部在使用。这个会所特别设计了一个游泳池、一个 spa、一个体育馆和一个装备齐全的商务会议中心。在整个社区的开发过程中始终都是采用同一类石头和木制品，这些木制品都被漆成了樱桃色。

## 审批

索诺马维尔诺的审批对它的开发商来说是一个挑战。除了附近的单户住宅社区的业主委员会给它所带来的冲击之外，管理周围地区的行政官员也对整个项目提出了异议，他们认为地方公路难以再容纳新增车辆，而开发索诺马维尔诺势必使来往车辆数量增多。

该等待审批的社区项目位于金县一个未被开发过的地区，与波泰尔市相邻。金县和波泰尔市都不愿意为社区项目提供下水管网、自来水和公路等公共设施。在东北大道 160 号处的州际公路的交叉路段归州府所有，但是所有其他的公路都属于地方公路并由地方管理，这使得整个事件更加复杂。要让州和地方政府共同商榷这些事情相当困难，但是项目的开发团队连同相关的部门、人员一起增建了连接地方公路

这个社区共有 109 套三层楼的 Townhouse，每套住宅都带有一个可以容纳两辆汽车的车库。这种车库有两种形式：一种是可以并排地停放两辆汽车，另一种是一前一后地停放两辆汽车。绿树成阴的绿化带环绕着索诺马维尔诺，高大的树木使得社区的环境更加优美。

的通往索诺马维尔诺的转弯车道，并且改变了社区的入口位置，使之更好地符合了该县的公路视距标准。另外还开发了一个交通管理项目，它鼓励索诺马维尔诺的居民将汽车停入附近的停车场，而改骑自行车去上班——他们的工作地点位于不远的贝尔维尤、雷德蒙德和西雅图。

由于这个开发项目位于一个环境脆弱的流域的上游，这就需要留出一片土地来对社区排出的污水进行生物过滤。在社区的东部，毗邻州际公路的地方有一片狭长的土地，这就是预留的排水区。这一小片土地归当地的一个教堂所有，州际公路从这片土地和教堂的中间穿过。开发商和教堂达成了一项土地使用协议，将这片土地用于排出水的生物过滤。

## 融资、市场推广和管理

马克-哈里-库尔特·普瑞德（Marc, Harry, and Curt Pryde）公司已经在西雅图地区开发和经营居住与商用房产近 50 年了。为了开发索诺马维尔诺，他们成立了第 160 号大街合伙公司。普瑞德公司是一家精心经营的私人企业，它成立于 1957 年，参与了索诺马维尔诺新社区项目的各个方面，包括开发、建设管理和房产的销售。项目的资金来源于美国银行，一部分是短期建筑贷款，另一部分是常规贷款。

西雅图地区2000年春季的市场需求是低价的供出售的住宅，如果租户不再续约，开发商就以住户自有公寓的形式选择一些住宅类型出售。这是一个渐进的过程，可以保证住户自有公寓的供需平衡。将供出租的住宅改成住户自有公寓并不困难，只需将原来供出租的住宅在出售之前重新粉刷一遍并更换地毯就可以了。

大部分供出售的住宅的价位都低于20万美元，这个价位对于初次购房者来说都是可以承受的。一室一厅从12万美元起价，两室一厅从18万美元起价，而三室一厅的房屋从20万美元起价。在社区绿化带边上的住宅要另加1.5万～2万美元才可购买到，因为那里可以将郁郁葱葱的绿树缓冲带的美景尽收眼底。所有的Townhouse都设有车库，从而大大减少了停靠在社区街道上的汽车的数量，这一设计为居民提供了他们所渴望的便利。

索诺马维尔诺的市场营销策略包括发放宣传小册子、在报纸上刊登广告和在互联网上作宣传。营销的宣传重点放在了建筑的价值、康乐设施和合理的价格上。住户自有公寓的销售定位在首次买房的消费者和那些对房屋的价值有兴趣的人士。单身的职业男女、新婚夫妇和三口之家一般比较喜欢Townhouse，而守空巢者一般都更倾向于购买公寓。

起初，开发商预期那些现有的租住者将成为该社区住宅的主要购买者，因为住宅的租金几乎与购买房屋所要缴纳的首付和利息之和差不多。然而，大多数的租住者并没有在索诺马维尔诺购买房屋，因为他们难以支付得起预付定金，并且相对于购房来说，他们更喜欢租房的生活方式。

## 获得的经验

如果开发商在开发之前就预料到在审批过程中会遇到的挑战和困难，他们也许会谨慎地考虑一下工程竣工的时间进度，并按照新的时间进度来安排营销和市场推广。

开发商仔细地考虑了他们的设计方案和楼层的样式，在一个出租社区获得了“用于销售”的经验，这使得整个项目最终为购买者所接受。然而，因为最终是要将供出租的社区改造成住户自有公寓的社区，这使得开发商很难对房屋的内部设施作出一个最佳的布置。虽然像噪声控制等这一类工作是不用再改变的，但有些内部装饰和设施，例如，车库中为清洗机和干燥机所设的管道，都没有在施工过程中包括进去，但住宅出售时这些设施都是必要的。另外，如果索诺马维尔诺一开始就是一个严格意义上的供销售的社区，那么开发商将有必要使他们设计的住宅密度更小。（然而，高密度的房屋使人们更容易负担得起。）

团队工作对克服某些困难是必不可少的。通过大家紧密的合作，团队中的成员可以在项目前期就预料到问题并且想办法来解决。在项目进展过程中的各个方面，都有特别的顾问参与其中以解决一些特殊的问题。

## 索诺马维尔诺项目数据

### 土地使用信息

| | |
|---|---|
| 场地面积（acre/hm²） | 11/4.5 |
| 住宅单元总数 | 240 |
| 住宅总密度（每英亩套数/每公顷套数） | 21.8/53.8 |
| 停车位比率（每套住宅单元比率） | 2.6 |

### 土地使用规划

| 用途 | 面积（acre/hm²） | 百分比（%） |
|---|---|---|
| 联栋多户住宅 | 3.7/1.5 | 33.5 |
| 道路和停车区 | 2.9/1.2 | 26.5 |
| 公共开敞空间 | 4.2/1.7 | 38.0 |
| 社区建筑 | 0.1/0.04 | 1.0 |
| 游泳池及配套设施 | 0.1/0.04 | 1.0 |

### 住宅信息

| 住宅类型 | 住宅面积（ft²/m²） | 住宅数量 | 售价（美元） |
|---|---|---|---|
| 公寓 | 700 ~ 1050/70 ~ 100 | 60 | 120000 ~ 170000 |
| Townhouse | 1150 ~ 1550/110 ~ 140 | 180 | 180000 ~ 220000 |

### 开发费用信息（美元）

**置地费和场地改善费用**

| | |
|---|---|
| 置地费 | 3500000 |
| 挖方和平整 | 2000000 |
| 给排水 | 600000 |
| 铺路、路缘、人行道 | 300000 |
| 景观和灌溉 | 500000 |
| 土地使用权 | 200000 |
| 工人工资和日常维护 | 2000000 |
| 合计 | 9100000 |

### 建设费用

| | |
|---|---|
| 上部结构（包括暖通） | 20000000 |
| 电气 | 600000 |
| 管道和喷洒装置 | 600000 |
| 标牌和其他 | 600000 |
| 合计 | 21800000 |

### 软费用（美元）

| | |
|---|---|
| 建筑设计和工程 | 350000 |
| 项目管理 | 250000 |
| 市场营销 | 500000 |
| 税收和保险 | 200000 |
| 许可证和相关费用 | 700000 |
| 合计 | 2000000 |

**总开发费用（美元）** 32900000

### 开发进度

| | |
|---|---|
| 开始规划 | 1995 年 1 月 |
| 购置场地 | 1996 年 1 月 |
| 开始施工 | 1997 年 4 月 |
| 首期出租 | 1998 年 9 月 |
| 项目完工 | 1999 年 4 月 |
| 开始销售 | 2000 年 7 月 |
| 首次收盘 | 2000 年 8 月 |

### 开发商

160th Street Association, LLC
50 116th Avenue S.E., Suite 200
Bellevue, Washington 98004
425-451-4700
www.sonomavillero.com

### 建筑师和场地规划者

Kohler Associates, Architects and Planners, PS
200 N.E.Pacific Street, Suite 103
Seattle, Washington 98105
206-675-9100
www.kohlerassociates.com

### 景观建筑师

Thomas Rengstorf Associates
911 Western Avenue, Suite 444
Seattle, Washington 98104
206-682-7562

场地平面图。

**土木工程师**

Group Four, Inc.

16030 Juanita Woodinville Way

Bothell, Washington 98011

206-362-4244

**结构工程师**

Anderson-Peyton

31620 23rd Avenue South, Suite 321

Federal Way, Washington 98003

206-941-9929

www.anderson-peyton.com

# Farrcroft

## 弗吉尼亚州，费尔法克斯市

LESSARD ARCHITECTURAL GROUP

**Farrcroft 是一个占地 70acre(28hm²) 的填充式开发项目。它与周围的城镇紧紧地相连，并且提供了一种建立在可步行性和社会联系基础上的生活方式。**

Farrcroft 是一个 70acre (28hm²) 的住宅社区，位于距华盛顿 18mile (29km) 的弗吉尼亚州费尔法克斯市的填充式用地上。它是弗吉尼亚州市场地区北部运用稍加修改过的新的城市规划理念进行的第一批开发项目之一；这种理念的体现包括侧面和后面的小巷以及直接面对街道的住宅。从 Farrcroft 所在的位置可以步行到达费尔法克斯老城——一个可以追溯到 18 世纪 90 年代的历史城镇——的商店、饭店和服务部门。由单户和联立式住宅组成的社区以池塘、袖珍公园、小路和社区大楼为特色。

开发 Farrcroft 的贝希尔 - 埃奇摩尔联营机构 (Basheer & Edgemoore Communities) 是由一家名为迪亚娜 · 考克斯 · 贝希尔联营机构 (Diane Cox Basheer Communities) 的开发商和当地一家名为埃奇摩尔地产公司 (Edgemoore Homes) 的住宅建筑商联合组建的。这家公司在弗吉尼亚州北部郊区进行住宅社区的土地征用、开发、施工和销售等。

### 用地和历史

Farrcroft 建在了法尔 - 拉特克利夫 (Farr-Ratcliffe) 家族的历史上有名的地产上面。这块地是英国女皇在 1797 年授给萨米埃尔 · 法尔 (Samuel Farr) 的，在美国内战期间被用作战士们的露营场所。Ballynahown 是由威尔逊 · 法尔 (Wilson Farr) 所建造的巨大的庄园住宅，当贝希尔 - 埃奇摩尔联营机构 1995 年征用这块土地时，其四周被树林和奶牛场所环绕。经开发商重建之后，Ballynahown 已经成为了社区的焦点，并用于公共和私人活动。

Farrcroft 的东部是老李公路 (Old Lee Highway)，它一直延伸到费尔法克斯老城和费尔法克斯 / 维也纳地铁站。其西部是传统的 20 世纪 50 年代的一部分。北边有一座小学和多个足球场，主街道 (Main Street)——费尔法克斯城市商业中心——与南边的开发项目接壤，不到 1mile (1.6km) 远的乔治 - 梅森大学 (George Mason University) 提供教育、文化和其他设施。

### 开发过程和规划

费尔法克斯市的《20/20 前景规划》(20/20 VisionPlan) 指定 Farr 这块土地为潜在的传统邻

里开发用地，它是城镇中所剩下的最后一块大的未开发的土地。这种指定为一种新型概念提供了一个机会，它将增强城镇的中心地位并且在城市的限制下，吸引新的和高消费阶层的住宅建设。直到 Farrcroft 开发的时候，大部分城市住房的存量房都是由小的、价格适中的和第二次世界大战以后的住宅组成，而城市希望通过增加针对更大市场的住宅，来扩大对潜在的居住群的吸引力。

贝希尔-埃奇摩尔联营机构采用《20/20 前景规划》作为指南来建立经修正的城市邻里，借用了一些适合于这个项目的新城市主义的特殊元素，例如，后部的小巷和车库以及混合的住房类型。其中的一个目的是去吸引社会各阶

**通向社区两个入口之一的精雕细琢的桥梁营造了一种到家的感觉，并为整个开发确定了基调。项目外围的人行道采用砖作铺装，延续了 Farrcroft 的设计主题。**

HUGH BROADUS

**联立式庭院的设计具有庄园风格，有一个主户，在两翼各有一户。**

层的人士。项目的住宅建在狭长的场地上，有着面向街道的窄开间（与传统的郊区的情况相反，那里的开间很宽）。经修订的新的城市元素很适合建筑场地的填充式区域并可以使开发商弥补该城市的美国早期的特征，延伸现存的街道网格。Farrcroft 被设计为广受欢迎的社区，提供了一种步行就可到达的生活方式。

ParkerRodriguez 公司——一家土地规划公司，非常熟悉新城市主义的概念，因为它曾经规划过两个非常著名的城市社区：马里兰的肯特兰以及佛罗里达州的庆典新城。ParkerRodriguez 使用了 Farrcroft 的历史和周边环境作为设计主题的基础和早期的概念蓝图。草图被制成了幻灯片展现给社区团体，并且也被用于说明书中以详细说明建设用地的历史和开发商对项目的观点。

尽管城市当局已经认可了这个项目，但周围的居民希望在城市的中心地区保留开敞空间，并且觉得如果房地产终究要被开发的话，房屋也应该具有这块地上原本主要计划的传统的郊区风格。每英亩 7 个单元（每公顷 17 个单元）——相对于最初的每英亩 2 个单元（每公顷 5 个单元）的规划密度——也遭到了抱怨。贝希尔 - 埃奇摩尔联营机构的主要合作者与来自 50 个城市团体的 5000 位市民举行了会议，讨论 Farrcroft 的概念，对社区成员进行传统邻里设计的教育，并且倾听附近居民的观点。为了对会议上所提出的意见作出反应，在两年半寻求最终区划方案的时间内，开发商提出了 15 种不同的土地规划版本，直到在 1997 年夏天才最后拍板。

一段时间后，当地居民越来越适应新的土地计划，甚至于对某些所提出的产品类型开始表示出感兴趣了。例如，Farrcroft 计划吸引了许多希望留在费尔法克斯但想要小一些的需维护的空间的守空巢者。开发商提供了联立式的有村庄风格的住宅，它能为业主提供他们所需要的空间大小，其中庭院的空间变小了。在与城市官员和当地市民进行讨论后，开发商作出了很多让步，使项目更容易被接受，包括给予相邻的退让和建立自然保护缓冲带。

交通对于当地居民和城市当局来说都是一个重要的事情。Farrcroft 的入口位于主街道和老李公路——都是极其繁忙的道路——附近的居民都担心由开发导致的附属交通设施可能会加重已经存在的严重的交通问题。主街道与南部社区相接壤，是华盛顿首都环城公路（Washington Capital Beltway）和周围的郊区社区之间东西向连接的枢纽。往返上下班的人，特别是那些去乔治-梅森大学的，也使用老李公路。为了减轻潜在的交通问题，开发商作了很多道路改进，并在 Farrcroft 两个入口安装了新的交通灯。

由于项目的网格街道布局，市政当局主要考虑的是乔治-梅森大学学生将使用邻里作为进入校园的近路。为了防止出现这种情况，土地规划者规划了一些纵横交错的街道，使直接开车经过邻里非常困难。开发商在邻里的主要内部道路中安装了隐藏在砖块圆柱里的交通杆。这些交通杆在早上和晚上的交通高峰期是关闭的，Farrcroft 居民能通过电力操作它们（通过与车库门操作器相似的遥控设备）。

## 设计

Farrcroft 的庭院、村庄和庄园经开发，集中在相似产品类型的邻里。自然土地特性和袖珍公园为不同的建筑群提供了过渡。

开发商为每种产品类型提供了 5 种楼层平面。联立式的庭院的设计具有庄园风格，有一个主户，两翼各有一户。每户大约有 $2700ft^2$ ($250m^2$)。庭院住宅是最受欢迎的产品类型，很快就销售一空。村庄式的住宅，即建筑面积达 $3200ft^2$ ($300m^2$) 的单户住宅，建在狭长的地块上。庭院住宅和村庄式的住宅都提供了后部车库，可以通过小巷进入，并都有独具特色的围墙和网格门包围的私人后院。庄园住宅是项目中最主要的产品类型，是传统的独立式住宅，面积从 $3200 \sim 4000ft^2$ ($300 \sim 370m^2$) 不等，被建在 0.25acre ($0.1hm^2$) 的用地上。

所有的住宅都有 4 个卧室和 3 间半浴室。它们的一层和二层的层高有 9ft (2.7m)。两层的门厅覆盖在入口上，外立面采用联邦式、乔治亚式、英国式或南部的风格。居民可以从一系列的建筑特色的册页中作业选择和更新，包括日光浴室、凸窗、高级厨房和浴室以及一个在地下室的成品娱乐房间，此外还可选择小吧台、浴室和家庭办公室或手工作坊。

开发商会小心地保留一些建筑用地中的古树和历史性的特征，并用它们来定义建筑群。村庄式住宅沿着环绕橡木公园 (Oak Hill Park) 的椭圆形车道而建。公园里许多超过

HUGH BROADUS

袖珍公园遍布整个社区，提供不同住宅类型之间的过渡。

住宅以乔治亚式、联邦式、南部风格的和英国式的正立面为特征。砖铺的人行道把住宅和社区康乐设施以及费尔法克斯市连接起来。

LESSARD ARCHITECTURAL GROUP

## Farrcroft 项目数据

### 土地使用信息

| | |
|---|---|
| 场地面积（acre/$hm^2$） | 70/28 |
| 住宅单元总数（已规划/已完成） | 270/188 |
| 住宅总密度（每英亩套数/每公顷套数） | 4/10 |
| 平均净密度（每英亩套数/每公顷套数） | 7/17 |

### 土地使用规划

**第一部分**

| | |
|---|---|
| 独立式住宅 | 42 |
| 联立式住宅单元 | 37 |
| 道路（直线 ft/m） | 2040/620 |
| 开敞空间（acre/$hm^2$） | 9.9/4 |

**第二部分**

| | |
|---|---|
| 独立式住宅 | 45 |
| 联立式住宅单元 | 37 |
| 道路（直线 ft/m） | 1980/600 |
| 开敞空间（acre/$hm^2$） | 4.38/1.8 |

**第三部分**

| | |
|---|---|
| 独立式住宅 | 54 |
| 联立式住宅单元 | 22 |
| 道路（直线 ft/m） | 1040/320 |
| 开敞空间（acre/$hm^2$） | 9.6/3.8 |

**第四部分**

| | |
|---|---|
| 独立式住宅 | 37 |
| 联立式住宅单元 | 12 |
| 道路（直线 ft/m） | 1723/525 |
| 开敞空间（acre/$hm^2$） | 1.31/0.53 |

### 住宅信息

| 住宅类型 | 占地面积（$ft^2/m^2$） | 住宅面积（$ft^2/m^2$） | 住宅数量 | 最终底价（美元） |
|---|---|---|---|---|
| 庭院式 | 3200～3500/300～325 | 2642～2790/250～260 | 92 | 401900～426900 |
| 乡村式 | 5000～7000/470～650 | 3145～3300/290～310 | 111 | 549000～565000 |
| 庄园式 | 10000/930 | 3183～3943/300～370 | 67 | 584000～627500 |

### 开发费用信息（美元）

**场地改善费用**

| | |
|---|---|
| 建筑场地以外的改良和使用 | 1750000 |
| 调查和工程 | 480000 |
| 土方（工程） | 2150000 |
| 下水道和供水 | 1435000 |
| 排水装置 | 1550000 |
| 铺路、路缘、人行道 | 1910000 |
| 景观 | 875000 |
| 康乐设施的提供 | 3400000 |
| 杂项 | 500000 |
| 合计 | 14050000 |

**工程和设计费用**

| | |
|---|---|
| 早期研究，分区 | 6700000 |
| 沼泽地 | 185000 |
| 外部设计 | 180000 |
| 内部设计 | 575000 |
| 建筑费用 | 300000 |
| 其他费用，许可证 | 560000 |
| 合计 | 2470000 |

**房屋建筑成本**

| | |
|---|---|
| 间接房屋建筑成本 | 3.7% |

| 庭院住宅 | 每平方英尺/每平方米成本（美元） |
|---|---|
| 内部单元 | 62/667 |
| 外围单元 | 66/710 |

| 村庄式单户住宅 | |
|---|---|
| 前车库 | 61/656 |
| 后车库 | 60/645 |

| 庄园式单户住宅 | |
|---|---|
| 所有类型 | 61/656 |

### 开发进度

| | |
|---|---|
| 购置场地 | 1997 年 10 月 |
| 开始施工 | 1998 年 4 月 |
| 开始销售 | 1998 年 3 月 |
| 首次收盘 | 1999 年 1 月 |
| 一期完工 | 2000 年 1 月 |
| 项目完工 | 2002 年 12 月 |

### 开发商

Basheer&Edgemoore Communities
2071 Chain Bridge Road, Fifth Floor
Vienna, Virginia 22182
703-749-0140
www.basheerandedgemoore.com

### 场地规划师

ParkerRodriguez, Inc.
101 North Union Street, Suite 320
Alexandria, Virginia 22314
703-548-5010

### 建筑师

Lessard Architectural Group
8603 Westwood Center Drive, Suite 400
Vienna, Virginia 22182
703-760-9334

Burke Smith Architects
3609 Chain Bridge Road, Suite D
Fairfax, Virginia 22030
703-352-0116

### 工程设计和总平面规划

Dewberry and Davis
8401 Arlington Boulevard
Fairfax, Virginia 22031
703-849-0100
www.dewberry.com

车道和人行道的交接点——两者都处于开发项目之内，周围社区之外——是土地规划的一个重要特征。为了阻止外人穿越社区作为捷径，该社区的街道被设计成蜿蜒曲折的形状，并且车流和人流高峰期可以被关闭。只要有可能，自然特征都被保留下来了。

# 橘子洲
## 乔治亚州，切罗基县

一天早上，昌基·维纳布尔（Chaunkee Venable）——农场主、音乐家、亚特兰大本地人和开发商——从一个梦中清醒了。在梦中，他看到了一个森林中的社区。更准确地说，是一个森林保护区中的社区——公路和其他开发区没有打乱或隔开这个保护区中的社区。在这种保护区或称“集中绿化带”中，人们能自由行走而无需横穿马路，当在一个不受打扰的森林里随意漫步时，时常有野生动物在人们居住地附近出没。在维纳布尔的梦中，社区的所有居民走出他们的房屋就能直接进入这个“100acre（40hm$^2$）的公共后院”。身为农场主

橘子洲利用了它的自然特征。这幅俯视图显示了该开发项目是如何在森林茂密的栖息地中蜿蜒穿梭，而不会在没有必要的情况下打扰了这片栖息地。大片的相连的自然土地对于野生生物的保护是至关重要的。

的维纳布尔驾驶拖拉机花了5年时间仔细调查了在河流和树林周围的地产和手工蜡纸绘制的土地——对于土地和房地产中优雅的分水岭地区给予了极大的关注。

10年以后，结果就是橘子洲（Orange Shoals）的开发，橘子洲是乔治亚州切罗基县（Cherokee County）销售得最好的社区，是亚特兰大城市地区五个销售得最好的社区之一：在市场中已取得成功的生态责任的典范。它以一种在传统的分段项目开发中很少见的，也是几乎不可能的方式进行开发。项目以仍旧保存在房地产开发地块中的自然特征来命名，并且该特征对于开发商、居民和住宅建设者来说仍然是价值的源泉。

一处石景标志着进入橘子洲内一个邻里的入口。

## 背景

距离亚特兰大市中心25mile(40km)，橘子洲位于迈向地区发展的有利的区域中。它的南部，格威内特县（Gwinnett County）正在扩建，切罗基县处于新开发区北部的边缘，这个开发区正在从格威内特县蔓延开来。在切罗基县南部的橘子洲，处于亚特兰大发展的最前沿。

橘子洲是一个对环境很敏感的社区，在远郊地区保持着独一无二的地位——作为由土地经济所驱动的中低成本开发中的一个可持续发展的增值的社区。在边缘地区开发项目绝非无利可图。与那些传统的娱乐设施可能包括高尔夫球场、俱乐部会所和乡村俱乐部设施不同，橘子洲提供了一种不同的附加价值：首先是可持续发展的，其次是环保的，并且是低成本的。由于橘子洲被定位于现有的资源，所以它有可能避免增加制造价值的高成本。橘子洲社区是提高并利用现有的“区域”，并不是建立一个区域。

在亚特兰大地区，由于交通和空气质量恶化，生活质量对消费者来说变得越来越重要了，也正在对房地产市场产生越来越大的推动力：能让人们回归大自然的那些场所能够要求更高的利润，带来更高的入住率。由开发商和建造者委托的一项调查显示，由于娱乐和审美的原因，越来越多的消费者希望在他们的社区中拥有绿色空间。当绿色空间以自然保护区的形式存在时，它就产生了附加价值：野生动物和自然资源的保护就像保护干净的空气和水一样。在橘子洲，开敞空间达到了更高的层次：不是建立一个集中的娱乐设施让有限的住户家庭受益（作为额外的费用的回报），开发商制定了一个计划，即康乐设施——开敞空间——被每一寸土地共享。

在橘子洲的核心区是一个集中绿化带。维纳布尔认为他首先要做的事情是保护土地，社区的设计就是以这个目标为基础的。他要做的第二件事情是建立一个居民喜欢居住的社区（维纳布尔本人便住在橘子洲）。

许多社区的设计要么是为了使利益最大化（大多数土地可能是这样的），要么是为了使入住率最大化（设计作为销售工具），橘子洲的设计是为了保护野生动物的生活习性、特殊的地形和易受破坏的水域。它的设计也尽可能地减少坡度等级和环境的影响。因为绿化带是完整的一块，任何的动物都可以在栖息地的任何一个角落自由行走而不用横穿公路。土地规划、经整合的绿化带和街道都环绕着11个天然泉水区来设计，那是维纳布尔不希望牺牲的。维纳布尔将清泉看作“生态环境的生命血液”，他认为如果将房地产卖给了传统的开发商，那么泉涌就将会被铺以硬质铺装。橘子洲的头等大事与自然栖息地的多样性有关，还与人类的生活区域与动植物种群的一体化有关。尽管维纳布尔的观念和设计肯定会成功地吸引居住者，但市场营销对于橘子洲的设计几乎没有什么影响。

为了永久保护橘子洲作为一个保护区和栖息地，维纳布尔得到了乔治亚州野生动植物联盟（Georgia Wildlife Federation）和奥杜邦协会的帮助，使橘子洲成为乔治亚州第一个被认可成为野生动物栖息地的社区。此开发项目也获得了来自美国国家野生动物联合会（National Wildlife Federation）作为野生动物栖息的认可。

几英里长的小路将绿化带变成了供居民娱乐休闲的场所。

## 工程

400acre（160hm²）的用地被规划用于扩建阶段的317个独立式单户住宅。总建筑密度是每英亩0.8个房间（每公顷2个）。大约占25%的用地，也就是100acre（40hm²）建设用地被指定为受保护的森林，其中包括了小径、喷泉、小溪、鸟食容器、蝙蝠房和蝴蝶花园（有40多种植物可以吸引蝴蝶），还有鱼群。娱乐设施包括有一个50ft（15m）的水滑梯的游泳池、游乐园和一个灯光网球场。项目中的每户房间都从自然保护区中获益，所有的居民都能方便地进入100acre（40hm²）的公共后院。由于保护区在相邻的住宅之间起到一种缓冲的作用，所以这种设计也为人们提供隐私保护。结果，在这个迅速成为郊区的地方里的开发感觉是生活在农村的低密度的区域。

橘子洲的住宅于1996年以15万美元开始销售，但自从一期完工后，价格就涨到了25万美元，最后一直上升到45万美元。最小的土地面积大约是0.6acre（0.2hm²），最大的达到1.5acre（0.6hm²）。该房地产可开发区域的密度是每英亩1.2个单元（每公顷3个单元）。

项目中住宅的面积范围为2500～4000ft²（230～370m²）。在写这篇文章时，几乎所有的地产都卖完了，平均每年销售45%。在持续热销的时候，开发商和住宅建造商适当减少了存货量以减缓销售速度。

在项目开始阶段，购房者可以在大量的小住宅建筑公司中进行选择。2001年，凯丰置业有限公司（Haven Properties）——一家承接定做任务的房屋建筑公司，购买了全部剩余住宅地块。公司利用住宅地块的自然美景建造了带有巨大的前后走廊的殖民地建筑风格和工艺风格的住宅。

项目用地位于阿巴拉契亚山（Appalachian Mountains）的丘陵地带，在维纳布尔于1989年征集的土地上。多年来，维纳布尔为其他开发商征集土地，但是当看到一个又一个的农场转变雷同的、高密度的、为销售而建的社区时——这些社区建在平坦的土地上并被作为高档消费和乡村俱乐部场所来销售——他的心情产生了一些变化。按维纳布尔的说法，很多在切罗基县已卖掉土地的农民，对于他们搬离乡村后开发商在他们的土地上所做的一切感到很耻辱。

树林中设置了一个乡村风格的运动场，为运动和社交活动提供了一个场所。

## 集中的绿化带

绿色空间是一种开敞空间，通常是一个公园或是野生动物避难所。绿化带是这些空间（通常是线性的）的网络，通常是沿着河流走廊或山脊来设计的，正好可以铺设天然气管道的线路，或输电线的附属建筑物。它能提供许多好处——包括动物栖息地、雨水过滤——还为人

土地规划和集中的绿化带设计是为了保护流经该房产项目的 11 处天然泉水区。

们提供了锻炼、社会交流活动的机会，人们可以平和地观摩大自然和季节的更替循环。

不像传统社区的绿色空间——在开发过程中，它们分散在不同的区域——橘子洲的集中绿化带是一个连续的区域，其中散布着一块块小的开发用地。由于直接面对自然保护区，除了潜在的附加价格以外，保护区也作为一个缓冲地带，为社区提供了隐私空间——一个特别有价值的设置。由森林所产生的大气环境是橘子洲大量的乡村美感的一部分，它使橘子洲区别于切罗基县其他的社区。当开发商决心让它们具有郊区的特性时，它们就迅速失去了乡村的特点。

橘子洲的这种独一无二的设计特征已经转变为几乎同样独一无二并且是成功的市场定位，吸引着各种年龄段、家庭类型、生活地位和背景的买主。购买者的主体是家庭，他们很多都是被树木繁茂的绿化带提供给孩子们安全的承诺以及提供与外面的世界相隔离的娱乐场所吸引来的。但因为橘子洲所提供的生活风格的独特性，很多退休人员也在社区中买房。

## 娱乐设施

橘子洲有数英里的小路和一个带有5ft（15m）水滑梯的游泳池。维纳布尔认为将游泳池设置在入口的旁边和山的顶峰，居民将享有很多隐私空间，可以避开那些开车进入社区的潜在购房者。他还认为，如果将社区设计为供市场销售而不是供居住，就应该将游泳池设置在山脚下，使之在入口处就能看得见。在游泳池周围的陆地风景也保持着乡村的美感：允许树林超出通常界线进入用篱笆围住的区域，这样，游泳池周围的混凝土无论如何也不会延伸入栅栏里面去。维纳布尔认为，这种方法增加了私密感并且利用了这种诱人的自然缓冲地带。铺砌的游泳池防滑面板只有一边是直的——并且，与游泳池一样，部分是圆形的，它创造了一种旧式的开凿游泳池的感觉而不是现代的初级奥林匹克游泳池。除了个别住宅里的例外，社区避免了用台梯连接不同高差，全部是坐轮椅可进入的，包括销售办公区、游泳池、水滑梯和凉亭。

除了100acre（40hm$^2$）的保护区以外，150acre（60hm$^2$）的森林也被"加"到了绿化带中——买主选择在他们整个院落既不种植草木也不改良草种。包括他们私有的保护区，整个绿化带面积达到了300acre（120hm$^2$），即占社区整个面积的75%。整个绿化带的小路，都没有做铺装，而是由居民自发踩出来的，并由他们的足迹进行自然维护。沿着小路的植物都是住家所营救下来的品种。除了减少景观布置的成本以外，这一"本土植物营救计划"体现了橘子洲的植物保护理论：尽管没有哪一方受另一方恩惠，社区的开发也并没有以本土植物的生命为代价。一些非本土植物被引入并被摆在了不同开发群（邻里）入口处，以区别不同的邻里，提升社区的形象。

橘子洲的许多住宅都建在沿着沙洲的树木繁茂且坡度平缓的山坡上。

## 结论

橘子洲富有创造性的集中绿化带设计——注重动物栖息地、生态过程和土地的特别属性——使它在市场中取得了成功。社区发展的方式也很基本，既包括传统意义上的，也包括更深层次上的"从根本做起"。考虑到了土地是建设环境的基础，从自然中来到回归自然的设计从核心上说是很基本的。橘子洲的成功显示了开发一种既有利于生态又有利于市场效益的社区的可能性。

## 橘子洲项目数据

### 土地使用信息

| | |
|---|---|
| 场地面积（acre/hm²） | 400/160 |
| 住宅总密度（每英亩套数/每公顷套数） | 0.8/2 |
| 平均净密度（每英亩套数/每公顷套数） | 1.1/2.7 |

### 土地使用规划

| | |
|---|---|
| 独立式住宅（acre/hm²） | 200/80 |
| 公共开敞空间（acre/hm²） | 100/40 |

### 住宅信息

| | |
|---|---|
| 土地面积（acre/hm²） | 06～1.5/0.2～0.6 |
| 住宅单元面积（ft²/m²） | 2500～4000/230～370 |
| 住宅单元总数（规划的/已售出的） | 317/306 |
| 最终售价范围 | 240000～450000 |

### 开发费用信息

| | （百万美元） |
|---|---|
| 置地费 | 3.8 |
| 场地改善 | 2.4 |
| 软费用 | 1.3 |
| 总开发费用 | 7.5 |

### 开发进度

| | |
|---|---|
| 购置场地 | 1989年 |
| 开始规划 | 1994年 |
| 开始施工 | 1995年 |
| 开始销售 | 1996年 |
| 首次收盘 | 1996年 |
| 一期完工 | 1997年 |
| 项目完工 | 2003年 |

### 前期开发商

Global Development
Canton, Georgia 30115

### 土地规划师

Bilson & Associates
40 Powder Springs Street
Marietta, Georgia 30060
770-419-0006
www.bilsonassociates.com

### 建造商和开发商

Haven Properties, Inc.
11660 Alpharetta Highway, Suite 265
Roswell, Georgia 30076
770-752-0920
www.havenproperties.com

一期工程场地平面图。

# 奥斯汀农场园区

## 得克萨斯州，科勒尼

租赁中心。

奥斯汀农场园区（The Parks of Austin Ranch）是第一个完全供出租的、给多户家庭使用的、根据总体规划设计的社区。它是奥斯汀农场开发项目的居住部分，距达拉斯城镇中心往北20mile（32km）。奥斯汀农场由RTKL事务所（RTKL Associates）作的总体规划，包括1900acre（770hm$^2$）的起伏的景观，也提供办公、居住和零售的功能。开发项目的东部占地300acre（120hm$^2$），目前正处于施工的第二阶段，提供经过深思熟虑设计而成的市场价位的Loft、Townhouse、花园公寓还有便利店。一些年轻的专业人士喜欢延长房屋的所有权，所有的建筑单元都是用于出租，就是为了适应这一增长的市场而建造的。

开发商露西·比林斯利（Lucy Billingsley）想根据新的城市规划原则创造一种单一的社区。她将某种康乐设施和个人的灵感渗透到了项目中。比林斯利与一个专业的设计团队合作，创造了一种社区，它不仅具有当代特色且适合步行者，而且与自然环境融合在一起。当项目完工后，将由5000个住宅单元组成，并且使用了很多不同的一、二、三居室楼层平面图，将来的承租人能在网上看到这些平面图（时常会改变更新）。一期工程已经完工，包括548个单元，租金为735～1435美元。康乐设施包括游泳池、健身中心、公共旅馆、高速通信路由和骑自行车远足的小路。该园区位于多家美国著名的大公司的总部和高速公路的附近，古木、天然湖泊和原始的风景形成了缓冲。该园区项目赢得了很多荣誉，包括一期工程所获得的美国国家住宅建筑商协会授予的“行业支柱”奖（Pillars of the Industry）。

租赁中心的内部光线充足。华贵的木质地板和上好的家具奠定了基调。

## 用地

奥斯汀农场位于北达拉斯的非典型的地形上。代替平坦的褐色景观的是由百年橡树点缀的绿色山坡和在分离围栏附近吃草的奶牛。洛斯罗布尔斯（Los Robles）自然保护区和阿伯希尔斯（Arbor Hills）自然保护区处于用地的南部，刘易斯维尔湖（Lake Lewisville）位于西北部。与这些天然资源形成对比的是，典型的低密度郊区办公园区和质优价高的封闭的社区设计构成达拉斯北收费公路（Dallas North Tollway）和121号国家公路附近的基本形态。普莱诺（Plano）的富裕的城市形成了北部和东部的边界。尽管建筑场地涉及了四个不同的大城市，奥斯汀农场最终被科勒尼市（Colony）给吞并了。

附近的许多公司总部和办公园区都雇用了奥斯汀农场园区的承租人，但奥斯汀农场将最终包括大约3900万$ft^2$（3623220$m^2$）的办公区，它将为许多居民提供本建筑区的工作岗位。联邦住房贷款抵押公司的HomeSteps资产管理服务部门（Freddie Mac's HomeSteps Asset Services）是项目的第一个商业承租人。正在扩建的工业和居住空间大约分别是700万和2300万$ft^2$（650320$m^2$和2136770$m^2$）。

## 开发

由亨利和露西·比林斯利在1978年建立的比林斯利公司参与了一系列的房地产活动，包括项目开发、地产管理和未开发土地的征用。直到比林斯利公司开始开发奥斯汀农场园区，工业与办公区开发已经成为公司主要业务。该公司用了超过15年的时间将奥斯汀农场零散的建筑用地整合到一起。公司很清楚，建筑用地拥有美丽的自然景观，必须为它设计一个特殊的项目。露西·比林斯利预想了一种思想很超前的多用途的社区，它能提供最新的技术，也能表现出对自然环境和步行者的尊重。

占地1900acre（770$hm^2$）的早期农场由起伏的山脉和大量的古树组成。这些景观使人们想起得克萨斯州奥斯汀周围的比林斯利地区——因而，据以取名为奥斯汀农场。比林斯利也认为奥斯汀是得克萨斯州的中心，并希望该社区反映得州人民对州首府精神的喜爱。按照比林斯利的说法，奥斯汀农场代表着"你希望自己来自的那个得克萨斯州"。

因为附近许多公司雇用了些年轻的专业人员，所以对于出租房屋有潜在的需求。现有的花园公寓大部分已经陈旧了，并且几乎没有康乐设施。Addison Circle 项目（一个潜在的竞争者，在奥斯汀农场的南部 10min 的路程）由很多供出租的高密度房屋组成，但比林斯利想知道的是一个花园公寓项目（建筑密度稍微低一些）是否能被重新装配，并且重新装配后在财务上仍是可行的。比林斯利从未开发给多户家庭使用的项目，但她认为，在新的城市规划原则基础上，不同类型的公寓社区是可以成功在这块土地上开发出来的。

比林斯利聚集了一支有丰富经验的专业队伍，设计了一个园区开发平面，它包括供出租的居住单元、便利店设施和许多康乐设施，其设计风格在供出租的房地产中很少见。她保证了新的城市规划基本原则已被应用于项目中：社区是适合步行者的，考虑到了未开发的土地，不用围栏将它与周围的社区隔离开，包括了一个城镇中心并吸引着来自各领域的人。开发团队将它定位于中等密度（大约每英亩 30 个居住单元——每公顷 74 个），这样能使建筑成本降低，因而租金也会相应地更加合理。

奥斯汀农场园区是这块土地上第一个重大的开发项目，它的成功提高了奥斯汀农场剩余部分的价值。园区总共有 8 期工程，它的第一期已经完工。两层和三层的 Townhouse 和 Loft，以及零售单元正处于第二期的建设中。第三期工程由 457 个单元组成——包括别墅、Townhouse、老奶奶套间和 Loft。它们都以彼得 · 卡索普所设计的城市居住模型为特征。一个镇中心计划在第四期建设，那时人口数量已达到足需提供服务的水平。其他的零售和居住功能将在接下来的几期中进行建设。

## 规划和设计

为了帮助实现自己对园区的设想，比林斯利与新城市主义的领军人物彼得 · 卡索普进行合作。两人一致认为他们需要该园区来挑战郊区的通过总体规划设计的社区的常规模式——目前它不仅在北达拉斯州而且在整个美国扩散。卡索普为一个 300acre（120hm$^2$）的土地制定了总体规划，创建了一个以行人为尺度的社区：居民不用开车出门就能满足基本消费需求和社交要求。

比林斯利、卡索普和比林斯利的开发总裁露西洛 · 佩娜（Lucilo Pena）向前又进了一步，决定尽可能地保留一些古树和自然景观，这一决定是一种挑战但增加了一种无法估量的视觉吸引力。例如，学者公园（Scholar's Park）是一个绿色的世界，设计者在其中保留了自然产生的狭道。光纤电缆模拟着草地的起伏，照亮了泻入 koi 小池塘的流水。长椅、街灯和镶嵌刻了一些妙趣横生的和令人鼓舞的语录的花岗岩板的人行道形成了公园的外部边界，并且为附近单元的阳台提供了令人赏心悦目的景观。几乎开发项目的所有单元都有绿色的景观或水文要素。

与大部分的被停车场包围的花园公寓不同的是，奥斯汀农场园区的建筑沿着人行道排成一列，并且大多数的停车位都设在能直接通向住宅的车库里。该设计在形式上是百分之百的都市风格。

奥斯汀农场园区的建筑风格多变。被称为“缪斯”的住宅区是以伦敦 19 世纪的缪斯为模型来构建的。每一座 Townhouse 都有一个私人的底楼入口。一座来自阿姆斯特丹的街钟一枝独秀地矗立在广场里。

通过有目的地缺少围墙，大大增强了园区的街景和漫步情趣。比林斯利和她的团队希望鼓励一种视觉连续性以及社区的联系，或者按照比林斯利的话说，“建立没有综合体的公寓综合体。”园区的入口是很平缓且受人欢迎的；并且不像很多周围的住宅开发项目，建筑用地并没有被很高的石墙围起来或用锻造金属圈起来。相反，树木、露出地面的岩层和旷野提供了一个天然的边界，使园区与它的竞争对手区分开来。

公共艺术也是一个很重要的特征。比林斯利选择各种各样的艺术家创作的作品，将它们安装在园区的各个场所。从阿姆斯特丹购进的独立式街钟矗立在一期项目的一个广场中；一个与原物一样大小的棋盘将在二期工程中建造；在园区的中心，有 3 个由康涅狄格的艺术家彼得 · 巴斯比（Peter Busby）设计的大型的钢网马，吸引了过路人驻足观看。

项目的公共内部空间和模型单元是依据比林斯利的个人风格进行装修的。比林斯利和佩娜并没有用大批量生产的日常家具来装饰接待中心，而是选择了温暖的土色的建筑材料（它们能够反映得克萨斯的文化），并将它们与比林斯利在欧洲和近东旅游时买回的独特的物品混合在一起。比林斯利对细节的关注立即就吸引了到访者，而独特的设备为宽敞的且灯火通明的内部空间又增加了空间感。

建筑外部利用了传统的西南部的色彩和材料，例如石头和砖块。为了避免死板的雷同，不同的建筑师团队将分别设计每一期项目。卡

游泳池看起来似乎是被泻进瀑布里。

索普设计了由 6 个模块组成的模板，在二期开发中，该模板将以不同的方式执行，并为出租单元提供 25 ～ 30 种不同的楼层平面。使用这一系列的要素，比林斯利和她的团队开始在独特的背景下创建一种功能性的花园公寓。

园区宽阔的人行道和狭窄的街道成功地容纳了步行者，尽管完成这个目标很困难。开发团队坚持不懈地与城市建筑工程师合作来修改原有的开发法规和标准。由于建筑用地位于郊区，法规对街道宽度、建筑缩进和路缘切口的要求远远大于开发者和设计者所设想的。项目的全部计划遭到周围社区居民的怀疑，他们担心这种大型的出租项目会有损房地产价值，这也使得这场斗争更加艰苦。在全美国，很多开发商也会遇到类似的问题，特别是当分区制和建筑法规落后于新的设计潮流，周围的邻居惧怕由开发活动带来的变化的时候。在被科勒尼兼并以后，奥斯汀农场园区获得了所有的批准，甚至一些曾经半信半疑的区域也开始要求比林斯利考虑在他们的社区中开发项目。

比林斯利建造了 4 条车道的公路和地下通道作为对科勒尼公共基础设施的贡献。公司还将大量的公共用地捐献给城市并在奥斯汀农场园区的邻近地区建立了私人自然保护区。

## 融资、市场营销和管理

贷方最初对开发项目创新性的方面是很慎

重的，但是比林斯利能说服他们，让他们相信她的观点是正确的。开发团队认为如果项目不仅能满足市场的需求，而且超过了期望值，那么它将是成功的。项目被划分为几期。第一期经证明是完全成功的：在完工后的 2 个月内，99% 的单元已被出租，它目前保持着 96% 的入住率。比林斯利公司为了奥斯汀农场园区项目不得不做些相对小的市场推广，同时发现大部分的承租人是通过口头传递或报纸上的文章听说这一项目的。申请过程和一年的租期都是标准化的，如果花一定费用还允许养宠物。比林斯利公司管理着这一地产项目——尽管监督一个有许多康乐设施的供多户家庭使用的联合住宅是一个具有挑战性的任务，公司随着项目的进展也一直在学习。每个单元都装有高速因特网接口，所以居民能通过奥斯汀农场网站与管理办公室和管理员相互交流合作。

## 获得的经验

整个过程对比林斯利来说是一个学习的经历，因为她之前从未开发过供多户家庭使用的居住项目。因为这种经历对她是第一次，所以她向行业的领军人物讨教，聚集了一支经验丰富的开发队伍。她和她的团队在租赁市场中发现了一种需求并寻求填补这一市场空缺——但是，因为他们认为市场研究仅仅反映了什么是已有的，并没有反映出能满足客户什么样的需求，因此他选择超越最容易完成的部分。他们没有挖掘并覆盖自然景观，没有维持现状，他们建立了一个随着岁月的流逝而增值的和在激烈的竞争立于不败之地的场所。

在这个地区大部分更新的出租项目将以更高的密度建设，因此每英亩要求更高的回报。奥斯汀农场园区是一个试验项目，用于决定中等密度的花园公寓产品类型是否在不同的背景中能够建立且财务上是可行的。

比林斯利坚持她所希望完成的这个项目。在开发活动的规则中争取变化是一项挑战，就好像要克服来自周边社区的阻力一样。最终，项目获得了批准，从曾经的怀疑者那里赢得了大量的赞美和积极评价。

当设计供多用户家庭使用的项目时，预先考虑他们的需求和尊重当地居民是重要的。设计者很慎重，例如，不会把游泳池设计在供出租的公办室旁边，这样居民能获得很好的休息而免于来来往往的行人的打扰。此外，每个公寓都有一个诱人的景观：没有任何一个人不得不看到砖墙或垃圾桶。尽管很困难且花费很高，比林斯利推荐尽可能多地保留自然植被。视觉和环境的效益是无法估量的。

原创的艺术作品增强了公园群的空间感。

## 奥斯汀农场园区一期工程项目数据

### 土地使用信息

| | |
|---|---|
| 场地面积（acre/hm²） | 24.4/9.9 |
| 完成百分比 | 100 |
| 住宅单元总数 | 548 |
| 楼层／面积比率 | 0.68 |
| 停车位个数 | 980 |
| 停车比率（每单元比率） | 1.8 |

### 土地使用规划

| 用途 | 面积（acre/hm²） | 百分比（%） |
|---|---|---|
| 建筑物 | 2.1/0.85 | 8.6 |
| 街道和地面停车场 | 7.7/3.2 | 31.5 |
| 景观设置和开敞空间 | 14.6/5.9 | 59.8 |
| 合计 | 24.4/9.9 | 100.0 |

### 总建筑面积

| 用途 | 面积（ft²/m²） |
|---|---|
| 住宅 | 714630/66390 |
| 其他 | 8710/810 |
| 合计 | 723340/67200 |

### 住宅信息

| 住宅类型 | 住宅面积（ft²/m²） | 住宅数量（完工的／供出租的） | 每月租金（美元） |
|---|---|---|---|
| 一室一卫 | 607～1045/60～100 | 333/319 | 735/1040 |
| 两室两卫 | 1082～1177/100～110 | 191/178 | 1345 |
| 三室两卫 | 1348/130 | 24/21 | 1305～1435 |
| 合计 | | 548/518 | |

### 开发费用信息

| 置地费和场地改善费用 | （美元） |
|---|---|
| 置地费 | 5206000 |
| 挖方和平整 | 519998 |
| 给排水 | 591983 |
| 铺路、路缘、人行道 | 1080425 |
| 景观和灌溉 | 923040 |
| 街区景观 | 54400 |
| 合计 | 8375846 |

| | |
|---|---|
| 建设费用（美元） | 28297303 |

| 软费用 | （美元） |
|---|---|
| 建筑设计和工程 | 575992 |
| 市场营销 | 51000 |
| 法律顾问和会计 | 65000 |
| 税收和保险 | 18166 |
| 权利书状费 | 114524 |
| 建筑利息费用 | 2672700 |
| 合计 | 3497382 |

| | |
|---|---|
| 总开发费用（美元） | 40170531 |

### 开发进度

| | |
|---|---|
| 购置场地 | 1984年10月 |
| 开始施工 | 1999年5月 |
| 开始销售和出租 | 2000年1月 |
| 一期完工 | 2001年6月 |
| 项目完工 | 二期部分完工 |

### 开发商

Billingsley Company

4100 International Parkway，Suite 1100

Carrollton，Texas 75007

972-820-2244

www.billingsleyco.com

### 建筑师

BGO Architects

4245 North Central Expressway，Suite 300

Dallas，Texas 75205

214-520-8878

www.BGOarchitects.com

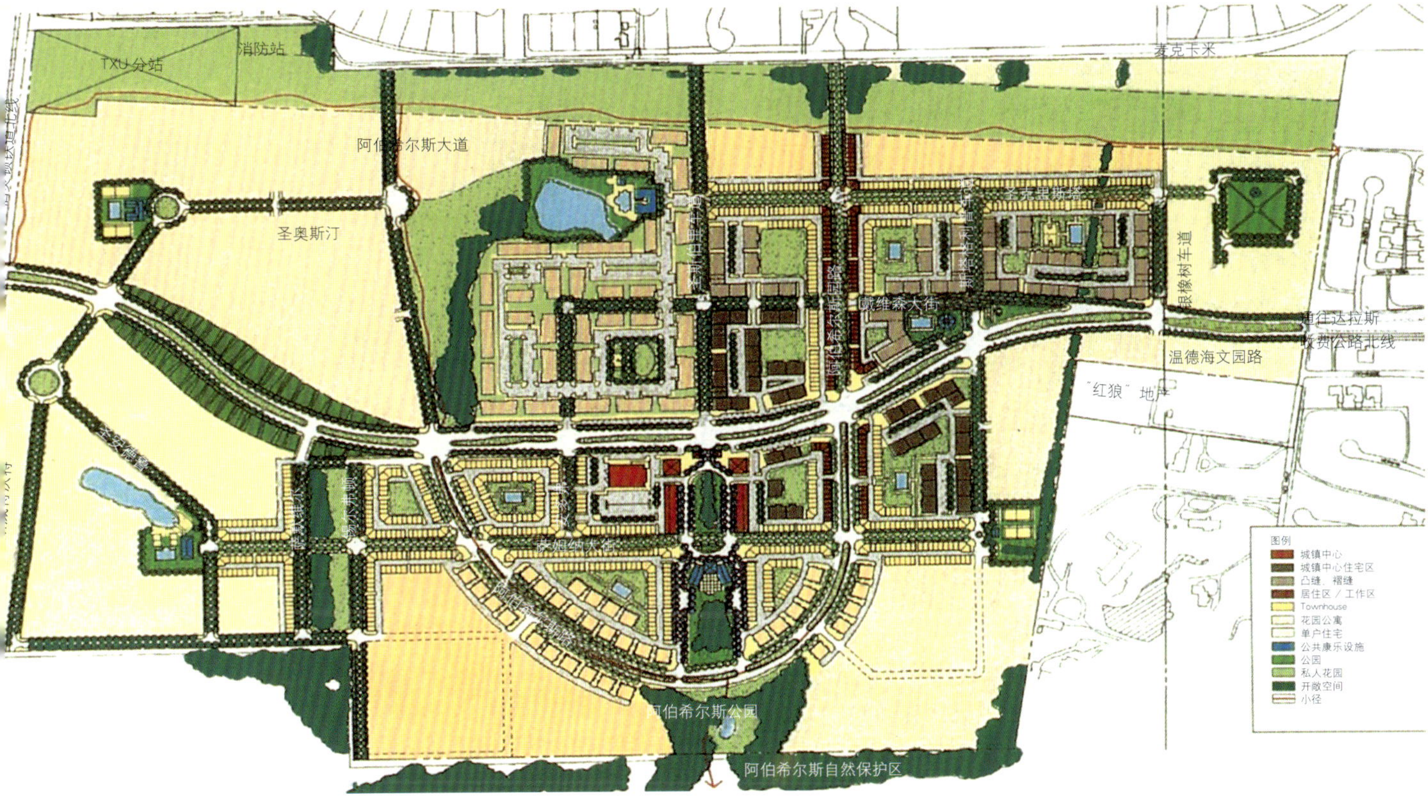


场地平面图。

## 规划师

Calthorpe Associates
739 Allston Way
Berkeley, California 94710
510-548-6800
www.calthorpe.com

## 景观建筑师

Mesa Design Group
3100 Mckinnon Avenue, Suite 905
Dallas, Texas 75202
214-871-0568
www.mesadesigngroup.com

# Belle Creek

## 科罗拉多州，科默斯市

Belle Creek 是位于科罗拉多州科默斯市(Commerce City)、有着超过 900 套住房，占地 171acre (69hm$^2$) 的开发项目，位于丹佛城镇中心的东北 8mile (13km)，西邻丹佛国际机场(Denver International Airport，简称 DIA) 的郊区。建筑用地周围主要是农场和工业区。它曾经是服务于斯泰普尔顿机场 (Stapletor Airport) 工业走廊的一部分，最初规划为工业用途。但是当丹佛市主要机场从斯泰普尔顿搬到了新址后，东北部的走廊区域迅速修改了整体规划，增添了新的住宅、办公和零售区域。

作为这场运动的领导者，科默斯市已采

Belle Creek 的开发商正在缔造一个传统的城镇，通过在以行人为本的街道网格中创造住宅类型的混合的方式来实现。经济适用房是其中的一种类型，散布在整个社区中。

MICHAEL PECK

取了一系列步骤为具有历史意义的城市工业特征增加了新的面积。例如，该城市已经积极地着手建立“新土地”计划以提高新开发项目的质量，并且在城市和新机场间建设了新的供水和排水设施。城市的领导鼓励建设与已有的公路系统连接的环形公路。已有的公路系统连接着丹佛国际机场邻近的市区中的就业中心区和美国 36 号公路沿线的博尔德走廊（Boulder Corridor）。城市当局已经着手建立一个以新城市主义为基础的协调一致的计划和设计方案，它是在 Belle Creek 的开发商的帮助下完成了整个计划。Belle Creek 是在新的标准下获得批准的第一个开发项目。

Belle Creek 的住宅由单户住宅、Townhouse 和各种级别的出租公寓组成。很多单户住宅在车库的上方有可选择的小屋，尚未完工的商业中心在零售区的上方将建有市场价格的商住两用单元。项目的关键点是一个面对着城镇绿色植被的“家庭中心”，它包括幼儿学习中心、学校和其他的社区娱乐设施。便利店、办公区和袖珍公园布满了整个社区。

## 目的与目标

Belle Creek 开发商的目标是建立一个以步行为生活方式的、由各种收入人群组成的社区。51% 的住宅被设计为能让家庭收入为当地中等收入水平的 80% 的家庭负担得起。多种多样的住宅的类型和价格允许居民在不离开社区和中断社会关系的情况下搬上或搬下来调整住房。

社区的理念定位于为居民提供一个更好地管理他们所生活的住房和处理邻里关系的设施、途径和额外的空间。这种观念的着眼点是

立面

主街平面

低街平面

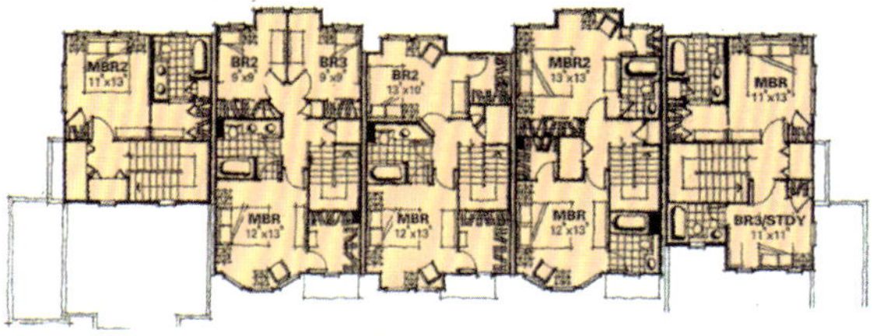
上层平面

**整个开发项目的 Townhouse 住宅群包括完整的双车位车库，可以直接通过住宅背面的小巷进入。**

通过养育儿童在家庭之间和家庭内部形成的那些相互关系——因此，家庭是重点。

除了要为土地支付合理的市场价格以外，开发商同意将下面的协议作为土地买卖合同的一部分。

- 平面图的设计应使各种收入水平的买主

MICHAEL PECK

每一种住宅类型都有几种户型可供选择。设计的灵感来自当地传统的建筑：工艺风格的、四方形风格的、小村舍风格的和维多利亚式的。大部分住宅以房前的走廊为特色。

和承租人分散在整个社区。

• 应包括具有高质量的幼儿护理设施的家庭看护中心。

• 开发商应该提供奖励，以吸引社区小学的入驻。

• 用地平面图的规划应包括袖珍公园和为步行者设计的环形路。

• 开发商应以供销售的住宅的 10% 建立预付定金支持计划，以及购房者教育和咨询方案。

• 公共交通应包括在社区中。

社区的关键是占地 22817ft$^2$（2120m$^2$）的家庭中心，这些设施由 Belle Creek 和科默斯市的居民所共有。它为各种各样的幼儿学习设施、计算机中心、体育馆、健身房、会议室和多功能厅提供了足够的房屋。于 2003 年 9 月投入使用的、为八年级以内的儿童设立的幼儿园租赁学校也将把这里的设施作为校园的附属设施。一些康乐设施将尽早地到位以利首批入住的居民的使用。

## 背景

Belle Creek 这一项目是由山姆 · 加里、吉恩 · 迈尔斯和落基山住房互助会（Sam Gary，Gene Myers，and Rocky Mountain Mutual Housing）合作开发的。山姆 · 加里是加里 - 威廉斯能源与山峰基金会（Gary-Williams Energy and the Piton Foundation）的成员，是使家庭从贫穷和依赖过渡到自力更生的这种社区的开拓者和长期的倡导者。Belle Creek 的目标主要以加里的社区服务的直接经验和经济适用房为基础。它们也从他曾就职于企业基金会、斯泰普尔顿再开发基金会和沃伦村镇基金会(Enterprise Foundation, the Stapleton Redevelopment Foundation, and the Warren Village Foundation)的经历中吸收了些经验。

吉恩·迈尔斯是Greentree Homes and New Town Builders的成员——一个产品、顾客和能抓住市场机会的住宅开发商——十分精通住宅建筑和土地开发流程，与加里的社区有同样的理念。迈尔斯对社区规划的美学也有着特殊的兴趣。

落基山住房互助会加入了团队，负责管理出租公寓和家庭中心；该互助会是一个在中低收入家庭住房供应方面业绩不俗的非营利组织。除了提供经济适用房以外，还向居民提供自给自足所需要的方法，包括工作培训、日托、协助促进所有权的实现和资金管理方面的教育。管理者委员会半数以上成员由居民组成并参与管理决策。

### 规划与设计：并不是另外1000个浅褐色的箱子

开发商最初是以传统的郊区土地规划启动这个项目，但他们很快意识到他们需要比传统的郊区土地规划更高的产出密度，才能使开发的资金运作成为可行的。新的城市规划方案在原来的基础上增加了140个单元，使开发商不仅能实现更高的建筑密度，而且还可以建立一种强调社区感的设计方案。高的建筑密度也是实现家庭中心的需要，家庭中心是社区理念中至关重要的一点。

在详细的混合用途的土地规划中，每座房屋、每块土地和每个街区紧密地整合在城镇中

## 新城市主义开发与传统开发的成本对比

Belle Creek开发商建立了一个成本仿真系统，以对比新城市主义开发计划与传统的郊区规划的成本。尽管新城市主义开发规划的总成本是比较高的，但这一规划可以带来更多的土地面积，从而可以降低每块土地的成本，使整个计划的成本效率更高。

| | 新城市主义开发① | | 传统郊区开发② | |
|---|---|---|---|---|
| 成本项目 | 总成本（美元） | 每块土地成本（美元） | 总成本（美元） | 每块土地成本（美元） |
| 费用 | 16606 | 78 | 16606 | 95 |
| 专业费用 | 629793 | 2971 | 556015 | 3177 |
| 土方 | 466826 | 2202 | 460802 | 2633 |
| 卫生装置 | 472971 | 2231 | 393516 | 2249 |
| 排水设备 | 398338 | 1879 | 398338 | 2276 |
| 供水，灌溉 | 1028930 | 4853 | 1003430 | 5734 |
| 街道，小巷 | 1302365 | 6143 | 1139240 | 6510 |
| 私人设施 | 1033980 | 4877 | 1021030 | 5834 |
| 景观 | 598103 | 2821 | 598103 | 3418 |
| 应急设施 | 171203 | 808 | 141400 | 808 |
| 税收，保险 | 54003 | 255 | 54003 | 309 |
| 管理费用 | 300000 | 1415 | 300000 | 1714 |
| 利率，贷款费用 | 431020 | 2033 | 418089 | 2389 |
| 合计 | 6904138 | 32567 | 6500572 | 37146 |

① 开发212套单元：183套单户住宅和29套Townhouse。
② 开发175套单元：146套单户住宅和29套Townhouse。

城镇广场是Belle Creek日常生活的焦点。居住区面朝广场的三面（如上图），社区中心则朝向广场的第四面（如右页图）。

心和广场、家庭中心和周围的公园以及12个邻里袖珍公园中。出租公寓分布在整个社区的小型建筑中。大部分住宅都分布在家庭中心0.25mile（0.4km）的范围内，以适于步行的人行道和街道网格连接在一起。街景经仔细规划使每个拐角处都具有一种有趣的景观。由于景观美化对于吸引人的街区景观是非常重要的，因此规划慎重地设计了街道树木和其他景观。这种方法能使施工者在更多的可负担的产品上更少地使用昂贵的外部装饰材料，而不用损失高水平的整体设计标准。路边植物带在主路上，宽达10ft（3m），在辅助性街道上宽达5ft（1.5m）。

正像开发商由于一些实际原因提出了新的城市景观计划一样，传统的建筑风格也是基于成本作出的决定：建造传统住房效率是很高的。最初的建筑设计，包括小村舍风格的、维多利亚式的、工艺风格的和四方形风格的。它们是以在丹佛市的华盛顿公园所发现的20世纪早期的流行主题为基础的。

开发产品包括以下各种：

- 304套出租公寓。
- 108套Townhouse。
- 515套单户住宅。
- 在车库上面可以通过走廊进入的50套车房。
- 5000ft$^2$（460m$^2$）的商业中心和办公区。
- 22817ft$^2$（2120m$^2$）的家庭中心。
- 共用一个教堂和超过30万ft$^2$（27870m$^2$）便利设施的6个开发区域。

尽管5000ft$^2$（460m$^2$）的社区商业性开发位于城镇中心，但大部分还处于Belle Creek的边缘（第85号高速公路与第104号大道的交汇处），在那里可得到更多的援助。主要的零售用地——大约9.5acre（3.8hm$^2$）的可开发用地——将包括加油站、药店和其他一些服务。所有的地块，小的不到1acre（0.4hm$^2$），大的超过3acre（1.2hm$^2$），都要进入市场进行销售。在写这篇文章时，有两地块已经签订了合同——一个是教堂，一个是加油站。最终，开发商设想将独立的便利店和服务设施与一个1.2万ft$^2$（1120m$^2$）的商业中心整合在一起。

城镇中心的零售部分在开发项目的中心，是一个临街的三层建筑，毗邻城镇广场。零售单元可转变成住宅单元，前提是零售在这个位置不成功。

在公园，不同的住宅类型聚集在一起。例如，城镇广场面对三种不同的建筑类型：出租公寓、Townhouse和单户住宅各占一面（家庭中心位于第四面）。房屋价格跨度很大，有月租起价是346美元的出租公寓，也有售价是30万美元的单户住宅。单户住宅的面积从1200～2600ft$^2$不等（111～242m$^2$），并且都包括足够的地下室。销售的努力着力于出售整个社区胜于出售一个

MICHAEL PECK

个的住宅，并且高价位住宅的所有者并不拒绝与低价位住宅毗邻。这种努力强调这样一种事实：真正的城镇是收益与房屋类型的混合。

Belle Creek 在开发中牢记着持续发展。两套供水系统提供了用于农业灌溉的非饮用水。开敞空间占据了社区土地总面积的 30%。房屋将按照"绿色建造计划"(Built Green)节能标准来建造。科罗拉罗"绿色建造计划"(Built Green Colorado)——美国最大的绿色建筑计划，是一个自愿发起的计划，鼓励房屋建造者使用新技术来提高能源效率，保护自然资源，减少污染。为了进行质量控制，"绿色建造计划"对房屋进行随机测试。美国联邦国民抵押协会和其他贷方都接受"绿色建造计划"作为他们的房屋风格（节能抵押贷款）的建筑标准。在为买主提供住房贷款时，他们也意识到了这种房屋较低的维护成本。

## 开发和市场推广

项目的分区制方案耗时 7 个月才获批准，最终分区规划的批准又花了 4 个月。授权是相对容易获得的，部分原因是所有市民都很喜欢房屋的混合用途和家庭中心，他们也很高兴能有机会用新的城市建设标准开发项目。另外还因为整个开发项目设计优良，并不会引起周围人士的反对。当地的社会组织与开发商会面，对目前的产品是很满意的。主要的问题是项目是否会降低周围房地产的价值。但是，既然 Belle Creek 大部分的房屋定价高于这一地区现有房屋的价格，这将不会成为一个问题。经过两年多的研究和规划，Belle Creek 在 2000 年夏天正式破土了。截至该书出版时，项目正处于四期开发的第二期，大部分单户住宅和 Townhouse 已完工。家庭中心已对公众开放，多户住宅单元的 150 套已经在 2002 年底开始出租。

一个业主委员会已经成立，主要帮助控制建筑进程。公共区域是开放的，由 Belle Creek 市政区（一个政府实体）进行维护。市政区为家庭中心的提供成本资金，中心的运营成本由市政区、城市和承租学校分担。根据与市政区的合同，落基山住房互助会将负责管理家庭中心。

房屋在 2000 年开始销售，但是入口处一点标志都没有。媒体的宣传和人们的口头传播已经使广告宣传不再必要。承租学校一旦启用，开发商将期望它成为主要的卖点。客户的需要已经超过了产品所能满足的：在销售的第一年，有 300 多个有资格的购房者登记购房。这一销售取得巨大成功的项目与在贸易区的传统社区形成了鲜明的对比。在相同的阶段，它们的销售是很缓慢的。然而在整个 2002 年期间，销售市场很疲软的情况下，该项目的销售开始下滑，特别是 Townhouse，开发商这才发起了广告运动。

## 资金运作

因为开发商希望Belle Creek能成为一个典范，所以市场价格和市场回报率都是很重要的。到目前为止，Belle Creek实现了社区的目标，并未超出预算。

Belle Creek是公私合作的典范。一个政府批准的市政改进地区为公共基础设施提供了部分资金，在合作的前五年，将每年提供15万美元用于运营家庭中心。在没有市政资金支持的情况下，开发商将不能进行债券发行。

幼儿学习中心的设备免费提供给运营者。在入托的问题上，Belle Creek的居民将享有优先权和价格上的折扣。开发商愿意为承租学校免费提供土地和承担费用，并为家庭中心的公共体育馆负担部分的扩充费用。另外，开发商愿意为与学校建设地点有同等价值的学校提供资金（如果不能提供学校的建设用地）。

Key Bank为房屋建设提供债务融资并通过Key社区开发集团（Key Community Development Corporation）与Bank One's社区开发集团（Bank One's Community Development Corporation）共同组建土地开发实体。该地区赚取平均收入的80%或更低的家庭，将租用51%以上的出租住宅。另外，用于销售的166套房屋将定价于中等收入水平80%及以下的家庭，如果有需要的话，开发商将以更低的价格帮助购房者。

## 获得的经验

为了确保合作，开发商必须与公用设施公司在排水和设备更新问题上合作，除了Belle Creek，其他开发商并没预见到在小巷中安装这些设备是很困难的。

开发商着急的是独立式车库——新城市主义规划共同的问题——卖不出去，购房者都可以选择，大约50%的买主选择独立式车库。原因之一是可选的附属单元（老奶奶套间）仅在独立式车库上方才提供。在选择独立式车库的买主中，有一半选择购买附属单元。有些买主把它们作为出租财产，这将帮他们获得抵押资格。

尽管市场调查表明高价位房屋的需求量是很低的，但这些房屋销售得还是很快，如果还有更多这样的房屋也会被卖掉。高端房屋比例的增加对于达到销售底线和对社区多种收入来

位于背面的小巷服务于该房产项目的大部分。因为停车场是在背面，人行道不会被车道和路边小径所切断；后者会阻碍行人，并将行人与街景分割开来。

MICHAEL PECK

MICHAEL PECK

一排单户住宅面朝多个袖珍公园中的一个。

源都是更有利的。

有些土地太浅，以致将房屋安排得离街道太近。65ft(20m)深的土地适于农舍，85ft(26m)深的土地用于单户住宅，更浅或更深的土地——大约95ft(29m)——可用于改进街区景观。

因为没有什么选择权，低收入家庭可能会比高收入家庭更高地评价社区。因此，对定位于中低收入家庭的项目来说，提供促进社区关系的软硬件基础设施更重要。开发商对Belle Creek是极其满意的，但是他们希望在下一个项目中通过把焦点集中于城镇中心，以使门槛提高一些。他们要建立一个功能全面的城镇中心——有足够办公区域，从而为当地居民提供一个就业区，并提供完善的"生活、工作、娱乐、学习"的社区。

任何的项目都有其独特的环境，但Belle Creek有许多可重复使用的元素。这类项目的成功需要创造性、市政当局的合作以及具有开放思维的设计者。经济适用房的市场是很广阔的，但目前服务不是很好。Belle Creek这个项目证明了市场已经为这种各个层次收入者组成的社区作好了准备。Belle Creek表明开发商提供经济适用房仍然是有利可图的。增加密度，仔细控制成本，与当地政府、非营利组织合作都有利于达到他们的底线。

Belle Creek项目的参与者有强烈的自豪感。在城镇广场的开发中，一个建筑公司的老板看到城镇广场初具规模时，非常高兴，并想知道最终孩童是否能在规划的喷泉里玩耍，当他了解到这就是设计意图的时候，他承诺承喷泉的全部成本。

## Belle Creek 项目数据

### 土地使用信息

| | |
|---|---|
| 场地面积（acre/$hm^2$） | 171/69 |
| 完成百分比（%） | 61 |
| 楼层/面积比率 | 0.5 |

### 土地使用规划

| | 面积（acre/$hm^2$） | 百分比（%） |
|---|---|---|
| 建筑物 | 96.1/38.8 | 56 |
| 街道和地面停车场 | 35.9/14.5 | 21 |
| 景观和开敞空间 | 39.3/15.9 | 23 |
| 合计 | 171.3/69.2 | 100 |

### 住宅信息

**单户住宅**

| 住宅类型 | 住宅面积（$ft^2/m^2$） | 住宅数量（规划的/已售出的） | 最初底价（美元） |
|---|---|---|---|
| Midtown Collection | 1222～1525/114～142 | 255/76 | 178000～201000 |
| Wellshire Collection | 1576～2031/146～189 | 214/78 | 219900～233500 |
| Platte Park Collection | 1833～2600/170～242 | 46/14 | 246500～265900 |
| 合计 | | 515/168 | |

**多户住宅**

| 住宅类型 | 住宅面积（$ft^2/m^2$） | 住宅数量（规划的/已出租的） | 月租金（美元） |
|---|---|---|---|
| 1室/1卫 | 522/48 | 78/0 | 346～675 |
| 2室/1卫 | 786/73 | 174/0 | 409～860 |
| 3室/2卫 | 1010/94 | 51/0 | 473～1019 |
| 合计 | | 303/0 | |

**Townhouse**

| 住宅类型 | 住宅面积（$ft^2/m^2$） | 住宅数量（规划的/已售出的） | 最初底价（美元） |
|---|---|---|---|
| Hilltop Collection | 1215～1747/113～162 | 108/27 | 163900～188500 |

### 总建筑面积

| 用途 | 现有面积（$ft^2/m^2$） | 规划面积（$ft^2/m^2$） |
|---|---|---|
| 零售和办公 | 0 | 70000/6504 |
| 家庭中心 | 22817/2120 | 22817/2120 |
| 合计 | 22817/2120 | 92817/8624 |

### 开发费用信息

| | （美元） |
|---|---|
| **置地费和场地改善费用** | |
| 置地费 | 3209046 |
| 挖方和平整 | 1136697 |
| 给排水 | 7078253 |
| 铺路、路缘、人行道 | 4159999 |
| 景观和灌溉 | 2077443 |
| 工人工资和日常维护 | 2679856 |
| 其他（私人设备） | 2907680 |
| 合计 | 23248974 |
| **建设费用** | |
| 零售和办公（完成承梁垫石和建筑的估计成本） | 9000000 |
| 住宅 | 85981640 |
| 家庭中心 | 3500000 |
| 合计 | 98481640 |
| **项目软费用** | |
| 建筑设计和工程 | 1363503 |
| 项目管理 | 1522849 |
| 法律顾问和会计 | 218901 |
| 税收和保险 | 308618 |
| 建设期贷款利息 | 9646931 |
| 其他（土地开发贷款费用） | 1033166 |
| New Town Builders 的软费用 | 8255000 |
| 合计 | 22348968 |
| **项目开发总费用** | 144079582 |

### 开发进度

| | |
|---|---|
| 开始规划 | 1998年6月 |
| 购置场地 | 2000年10月 |
| 开始施工 | 2000年12月 |
| 开始销售和出租 | 2000年秋 |
| 一期完工 | 2002年6月 |
| 预计完工 | 2003年6月 |

### 开发商

Belle Creek, LLC
1805 Shea Center Drive, Suite 250
Highlands Ranch, Colorado 80129
303-707-4400
www.greentreehomes.com

### 公寓开发商

Rocky Mountain Mutual Housing
1550 Park Avenue, Suite 200
Denver, Colorado 80218
303-863-8651
www.rmmha.org

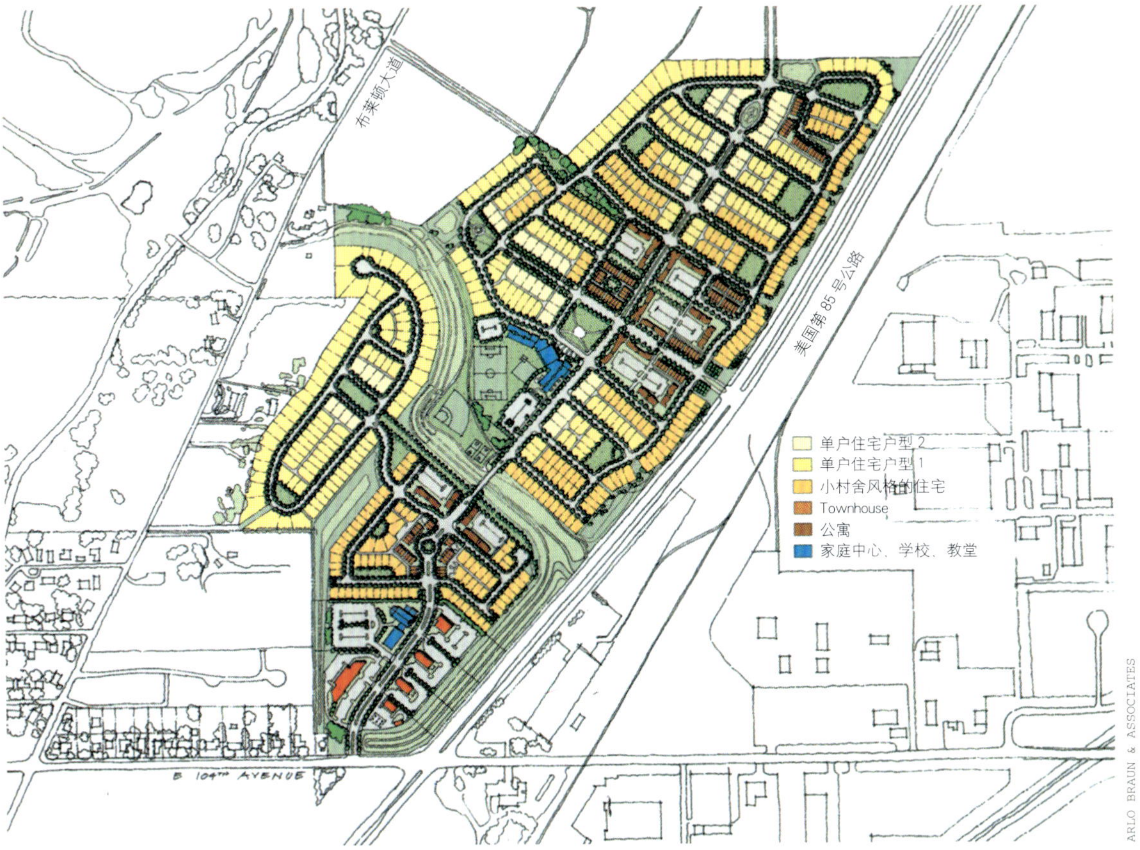


开发商需要一个有效的计划，创造出足够的密度使项目在财政上行得通。最后拍板的计划不仅做到了这一点，而且做得还要好。它是经过一个解析的过程制定的：一个具有吸引力的适宜居住的社区破土而出了。

**建筑师和总规划师**

Arlo Braun and Associates
1058 Deaware Street
Denver, Colorado 80204
303-623-0701
www.arlobraun.com

**建筑师（公寓和家庭中心）**

Humphries-Poli Architects, PC
1215 Elati Street
Denver, Colorado 80204
3003-607-0040
www.hparch.com

**景观建筑师**

Nuszer Kopatz Urban Design Associates
1117 Cherokee Srteet
Denver, Colorado 80204
303-534-3881
www.nuszer-kopatz.com

**项目工程师和土地测量员**

Carroll & Lange, Inc.
165 Sonuth Union Boulevard, Suite 156
Lakewood, Colorado 80228
303-980-0200
www.carroll-lange.com

**土木工程师**

ICON Engineering, Inc.
8100 South Akron Street
Englewood, Colorado 80112
303-221-0802
www.iconeng.com

**开发顾问**

Inverness Properties, LLC
2 Inverness Drive East, Suite 200
Englewood, Colorado 80112
303-799-9500

# 南部村庄

## 北卡罗来纳州，查珀尔希尔市

南部村庄位于查珀尔希尔市中心与北卡罗来纳州大学的南面。这个项目不仅包括用于出租与出售的住宅，而且包括零售、办公以及娱乐用途的住宅；此外还包括一家日托中心、一所小学以及大量的开敞空间。

南部村庄（Southern Village）是一个 312acre（126hm$^2$）的开发项目，位于查珀尔希尔市（Chapel Hill）中心以南大约 2mile（3km）、北卡罗来纳州大学（University of North Carolina，简称 UNC）以南 1mile（1.6km）的地方。这个开发项目主要是以住宅为主，同时也包括一个村庄中心。围绕绿化用地进行设计——为社区居民提供合乎规格的开敞空间——村庄中心提供商业用途的混合。南部村庄现有的规划修建的部分包括：1135 套居住单元（单户住宅、Townhouse、住户自有公寓以及出租公寓）；14.5 万 ft$^2$（13470m$^2$）的办公空间；7 万 ft$^2$（6500m$^2$）的零售、餐饮以及娱乐用途的空间，其中包括一家 4 个屏幕的电影院。非商业性质的设施完善了这个村庄中心：玛丽·斯克罗格斯小学（Mary Scroggs Elementary School）——两层砖结构、根据传统的旧式校舍设计；查珀尔希尔日托中心；联邦基督卫理公会派大教堂（Christ United Methodist Church）。

项目大约30%的面积由开敞空间组成，大多数开敞空间是为了娱乐活动进行设计的。纵横交错的道路系统遍布整个南部村庄，供步行者与骑自行车的人使用。计划修建的10ft（3m）宽的林阴道将延伸至北部，并且将与人行道连接起来，这条人行道通向查珀尔希尔市中心与北卡罗来纳州大学。

开发商修建了阿伦公园（Arlen Park）以保护建筑用地上的树木。公园面积为2acre（0.8$hm^2$），这里提供林阴道、野餐桌子以及石头墙围绕的小型历史公墓。这些林阴道在整个阿伦公园纵横交错，与南部村庄更大型的道路系统连接起来。开敞空间得到更进一步的组织，形成一系列小型公园，遍布整个开发项目。几个公园装备了运动场设施，而其他公园提供了安静的娱乐与休闲活动场所。

400个车位的换乘停车场，由查珀尔希尔运输部门调度，它位于社区的南部地区，紧邻村庄中心。由南北向的快速公共汽车线路在工作日里为该地区的人们服务，在北卡罗来纳州大学有特殊活动时由Tarheel快速巴士提供服务。这个换乘停车场紧邻美国15-501州际公路，并且作为社区剩余部分的缓冲地带。

南部村庄的游泳与网球俱乐部是其一大特色，这个俱乐部包括一个游泳池、一个台球室以及六个网球场。居民是否加入俱乐部成为会员全凭个人意愿。俱乐部的英式足球场与篮球及排球场向南部村庄的所有居民开放。

## 用地与历史背景

南部村庄位于美国15-501州际公路以西，奥兰治县Culbreth路与Culbreth中学以南，地形多变，占地大约312acre（126$hm^2$）。这个用地的各个地块在20世纪70年代首先得到整合，当时，修建一个混合用途的项目Lake Tree的提案遭到了查珀尔希尔市民的强烈反对。在20世纪80年代，查珀尔希尔市批准了一个名为Woodlake的细分规划，但是开发商的财政困难导致他们与这个批准的规划失之交臂，最终没能修建这个项目。

**南部村庄住宅设计的一系列风格，是从周围的老居民点的住宅那里得到的启发。**

直到20世纪90年代早期，才有了关于这个场地更进一步的设计，当时查珀尔希尔市全面修订了它的计划，目的是为了包括小面积的规划。小面积的规划是为了向没有开发的都市服务地区提供更详细的土地使用计划，同时确保与公共设施协调。1992年6月，市议会采纳了用于南部地区的规划方案，南部村庄建筑用地的利用就包含在其中。设计师考虑了3个可能的开发假设：传统式、组团式以及村庄式。查珀尔希尔市认为每英亩1个单元（每公顷3个单元）的传统细分方法对于这个建筑用地来说是不合适的开发类型。社区的领导人、城镇规划成员以及选举委员会也同意这样的说法，即避免无计划的开发是关键，无计划的开发将浪费原有的开敞空间，并且为了保留开敞空间以及最小化开发所带来的冲

为了使社区迷人有趣并扩大住宅市场，该项目采用了多种多样的建筑风格与建筑材料。

击，城镇与乡村之间要有更明显的分界线。村庄式——现已成为查珀尔希尔市中心地区与其他混合用途的传统开发项目的模型，特别适合包围南部村庄的这块地区。

城镇发展了用于村庄地区的有条件地使用分区过程，目的是为了使其符合村庄式要求的总体设计指导方针。城镇的全面规划修改后不久，布赖恩房地产有限公司（Bryan Properties, Inc.）的D.R.布赖恩，购买了未分区的南部村庄用地，并且同城镇一起合作，努力实现都市村庄概念。

依照城镇的小面积规划，土地的开发需要一系列的分区制许可证。第一套分区许可证，由总体规划、分区以及这个场地东部的特殊用途许可组成，在1993年7月开发商得到授权，并且事实上没有遭到反对。第二套分区许可证——用于建筑用地的西部地区——经证明会更花费时间，并且富有争议，因为在这个场地东部有项目正在建设，并且新项目与原有住宅在地点上很接近。第二套分区许可证直到1996年才获得。

## 开发、规划以及设计

南部村庄的开发是查珀尔希尔市与开发商之间合作的结果。在购买了这块地以后，布赖恩参观了美国国内几处新城市主义的开发区，有时是在城镇规划指导人的陪同下一起参观。在这个研究的过程中，工作组洞察了使新城市主义邻里发挥功能的设计元素。这些参观考察增强了用于南部地区的查珀尔希尔小面积规划的指导方针的价值——包括适于步行、混合用途的社区的开发，使这个社区与街道系统互相连接，容易到达公共汽车站，具有面向居民点开放的公共场所以及小的居住基地面积。

为了提供更好的建成以后的社区的外观，某些细分规划首先要建设道路系统，然后才鼓励住宅建造商展开修建，然而，南部村庄开发规划的重点则集中在同一时间开发住房和同一街道上的基础设施。这个方案强调了街道景观的重要性，从而在各个建筑阶段中创造出场所感。

南部村庄中，单户住宅通过采用不同建筑艺术风格进行设计，这些风格都符合新城市主义设计原理：住宅靠近人行道；住宅间离得较近；通过后院的小路到达车库；阳台或者走廊面对着街道；提供公共区域与私人住宅之间的过渡。公寓与住户自有公寓有一种都市的形态，提供路面停车场与建筑后部的停车位。社区得到了适当的景观美化，并且包含了一系列的公园与开敞空间。各种各样的树木沿着街道两边栽种，各个社区栽植的树木各不相同，这为社区各个部分提供了更多的个性。

综合在新城市主义开发中的设计要素，常常会与辖区长期建立的工程规则冲突。南部村庄也有这个问题。狭窄的街道会对行人与骑自行车的人有利，同时也能创造更亲密的空间，但是它们向规定路面拐弯的半径与弯曲率的规章制度提出了挑战。通往大约90%家庭的小路也与城镇工程和公共建设标准相冲突。在这些问题上的谈判导致了妥协，其中之一是：在社区的工程初期，使街道比开发商的期望值更宽。在小路问题上，对南部村庄的规划需要小路的宽度达到12ft（3.6m），但是工程的标准宽度需要达到20ft(6m)。尽管开发商最终获胜，但是城镇要求必须保持小路为私人拥有——这就意味着它们不符合一般的垃圾清理条件，所以居民不得不将垃圾扔到他们房屋前面的垃圾箱。现在，居民与私人的垃圾清理公司签署了合同，该公司愿意从屋后的小路回收垃圾。

南部村庄的规划围绕着村庄中心，这个村庄中心容纳了社区的办公空间与零售空间。开发的第一张许可证授予了社区中的商店，这家商店确立了项目混合用途的性质。为了满足潜在的购房者的期望，南部村庄的开发从战略上进行分期修建：首先修建零售与办公空间，然后修建多户住宅的部分。

与其他混合用途的社区一样，南部村庄在早期也努力维持居住与零售空间的适当的比例。把零售用途吸引到一个仍在建设中、缺乏居民支持的开发项目中来是很困难的。最初，开发商资助社区中的商店的租金，目的是为了使经营者具有偿付能力，直到社区变得更稳定。因为在社区中加入混合用途将有相应的价值，这样的实践实际上已经证明了成本效益。

南部村庄的办公建筑现在已经全部出租，它是为配合一楼的零售用途而建造的，并且开发商已经开始运作以吸引与办公相关的零售用

宽阔的植树带为树木提供了空间，这些树木最终将成为为街道与人行道提供树阴的凉篷。

## 南部村庄项目数据

### 土地使用规划

| 用途 | 面积（acre/hm²） | 百分比（%） |
|---|---|---|
| 建筑物 | 78/32 | 25 |
| 街道、地面停车场 | 78/32 | 25 |
| 开敞空间 | 156/63 | 50 |
| 土地总面积 | 312/127 | 100 |

### 住宅信息

| 住宅类型 | 住宅面积（ft²/m²） | 住宅数量（已售出的或已出租的） | 最初的销售价格/租金（美元） |
|---|---|---|---|
| 公寓 | 800～1225/74～114 | 250 | 865～1375/月 |
| 住户自有公寓 | 800～1400/70～130 | 225 | 77900～175000 |
| Townhouse | 1100～2320/100～220 | 135 | 155000～290000 |
| 单户住宅 | 1600～4000/150～370 | 525 | 195000～700000 |
| 合计 | | 1135 | |

### 非住宅建筑总面积

| 用途 | 现有面积（ft²/m²） | 计划面积（ft²/m²） | 总面积（ft²/m²） |
|---|---|---|---|
| 办公 | 95000/8830 | 50000/4650 | 145000/13480 |
| 商用 | 30000/2790 | 40000/3720 | 70000/6510 |
| 学校 | 90000/8360 | | 90000/8360 |
| 教堂 | 25000/2320 | | 25000/2320 |
| 日托中心 | 6000/560 | | 6000/560 |
| 合计 | 246000/22860 | 90000/8370 | 336000/31230 |

### 开发费用信息

| | （百万美元） |
|---|---|
| 置地费 | 3.5 |
| 场地改善 | 25.0 |
| 合计 | 28.5 |

### 开发进度

| | |
|---|---|
| 购置场地 | 1992年12月 |
| 开始规划 | 1992年12月 |
| 第一次审批 | 1993年7月 |
| 开始施工 | 1994年3月 |
| 开始销售/出租 | 1994年8月 |
| 一期完工 | 1994年8月 |
| 项目完工 | 2002年1月 |

### 开发商

Bryan Properties, Inc.
P.O. Box 728
Holly Springs, North Carolina 27540
919-552-4547

### 场地规划师

Stimmel & Associates
305 West Fourth Street, Suite 1A
Winston-Salem, North Carolina 27101
910-723-1067

Tony M. Tate Landscapa Architecture
1912 East NC 54, Suite 202
Durham, North Carolina 27713
919-484-8880

### 工程师与建筑顾问

Blackmon Engineering
505 Benson Road
Garner, North Carolina 27529
919-772-8205

### 建筑师

Cline Davis Architects, PA
125 North Harrington Street
Raleigh, North Carolina 27603
919-833-6413

Looney Ricks Kiss Architects, Inc.
175 Toyota, Plaza, Suite 600
Memphis, Tennessee 38103
901-521-1440
www.lrk.com

Murphy Garnow Design Group, Inc.
1140-300 Kildaire Farm Road
Cary, North Carolina 27511
919-481-9115

Omega Design Architecture, PC.
1015 Aviation Parkway
Morrisville, North Carolina 27560
919-388-2500

南部村庄的场地平面图说明了与它相连的街道、村庄中心以及成为一个整体的开敞空间的情况。

# Bahcesehir

## 土耳其，Bahcesehir

位于土耳其伊斯坦布尔郊区的小山上，Bahcesehir 最终将成为一个拥有 10 万居民的社区。二期工程以公园与其他公共设施为特点，也以住宅类型的混合为特点，目的是支持零售与商业用途的开发。

使大城市郊区与拥有最好的城市邻里和康乐设施的卫星城市一起协调发展，是一个世纪以来的梦想。在距土耳其伊斯坦布尔 40mile（64km）一个绿色山谷的贫瘠斜坡上，这个梦想似乎，至少一部分，接近成真了。

Bahcesehir 到完工时将成为一个拥有 10 万居民的城市。它通过东方快车铁路线和通往西欧的主要高速公路与伊斯坦布尔接连。Bahcesehir 由一家政府拥有的银行 Emlak Bankasi 开发，从一期工程，即山谷西面的 3500 套公寓开始，大多数公寓得到统一建设，高层公寓大楼依照早期靠近伊斯坦布尔、安卡拉（Ankara）以及伊兹密尔（Izmir）的发展中心的 Emlak Bankasi 卫星城市的风格进行建设。与之相比，Bahcesehir 当前的阶段——正在建设的山谷东部地区，是 170acre（68hm$^2$）、2300 套单元的混合，这种混合使人回忆起古老的城市秩序，其中有为整个城市服务的火车站、商店、事业机构以及公用场地的广场；每个区都有自己的商店与学校；适于步行、混合用途、低层与多层的城市邻里为各种收入水平的人们提供了各种各样的住宅类型。

开发商承诺节约土地与资源，并为整个地区的开发建立起构架，并且用多样化的邻里代替无定形的单一用途的少数民族聚居区——开创这样一个新城市主义社区，与美国新城市主义项目有许多共同之处。实际上，Bahcesehir（该名称用于计划的城市与它当前的阶段）在许多方面与名气更大的美国的项目相比，还要更先进。

狭窄、树木夹道的街道为邻里提供框架结构。住宅是联立式别墅和独立式别墅与多层及高层多户单元楼的混合。

## 场地设计与开发

Bahcesehir 是对城市无序蔓延发展的全面替代。然而，在现代的土耳其，城市的无序蔓延发展有着自己的规律。伊斯坦布尔的市区与郊区在 1950 年仅有 100 万人口，1990 年人口就增加到了 700 万，目前早已经过了 1200 万大关。大多数的新居民是乡下的移民，他们占据着一度开放的土地，居住于非法建造的住宅 gecekondus 中——照字面意思就是“一夜间”移民——因为他们破坏了植被，并且缺乏水土流失、侵蚀以及污染的控制，也缺乏卫生设施，这对于环境与公共卫生都有害。另外，富裕的购房者占用了更多的乡下地方：对于美国式单户住宅家庭的汽车销售和许可，每隔几年就会成倍增长。

总部在马里兰的托尔蒂 · 加拉斯及其合伙人事务所——Bahcesehir 的主要建筑师与规划师，承认为中层阶级开发的卫星城市几乎不能控制这种移民方式的发展；开发最多能节约它自己的开放空间，并缓解交通运输与城市陈旧的经济适用房的某些压力。人们真正的希望是，如果 Bahcesehir 运作起来，那么它将为混合收入的全新城镇的产生提供强有力的选择模式；在这些全新的城镇中，居民可以工作、游玩、做礼拜、上学、购物，乘坐城际公共交通工具，而且从家到做这些事情的地方都在步行范围内。

托尔蒂 · 加拉斯及其合伙人事务所的主管通贾 · 厄斯克尔（Tunca Iskir）这样解释道：隐藏在 Bahcesehir 背后的理念是，城镇的形态应该支持所有市民的生活，也支持个人的生活——一种在伊斯坦布尔附近以及遍布整个地中海历史上的城镇与城市中很容易看见的概念。实际上，研究附近实例的一手资料启发了大多数在某些会议中提议的早期设计理念，当地的居民与土耳其及美国的建筑师、规划师以及开发商参加了这些会议。在早期规划阶段，一件重要的事情是 14 个人参加的设计专家研讨会议——有关研究、咨询、制图以及设计模型的为期两周的应急学术研究计划，目的是给出项目基本的雏形。

如同在传统的城镇中一样，Bahcesehir 当前阶段的规划展示了规模与用途的层次。狭窄的街道与紧凑的广场和公园整合了邻里。邻里与邻里之间在社区的焦点地带相连，例如学校

6～12层的多层住户自有公寓建筑的倾斜屋顶与建筑细部，确保了在视觉上与低密度建筑联系起来。

或清真寺，使各个区域成形。每个区域只需5min步行路程的地方是中心的、阶梯状的公园与河道，这条河道呈瀑布状地从面向城镇广场的陡峭山坡落下。这里的城市中心——有火车站、办公室、商店、剧院以及咖啡厅——依次通往当地的"蒂沃利公园"（Tivoli Gardens）的园林与湖边，与大Bahcesehir市共享的植被茂盛的小山谷。不同规模的交通形式遍布整个城市，既有狭窄的小路也有供高速行驶的铁路与公路；此外遍布整个城市的还有各种不同规模与样式的建筑，既包括街边小店上的小型公寓，又包括豪华的别墅与少数高层建筑。

每种规模的建筑以这样一种方式进行布置：界定街道、广场以及其他公共与私人的户外空间，给出每个场所显著的特性。正如城镇的官方描述的那样，"知道每栋建筑在哪里并且可能产生什么样的活动，是公众与私人生活的先决条件。"换句话说，Bahcesehir希望能提供一种场所感。

与某些新城市主义规划的过程形成鲜明反差的是，设计者的最终成果不是一个分区代码或一本样板手册，Bahcesehir的开发商与最初的方案设计团队——托尔蒂·加拉斯及其合伙人事务所与当地INAS的相关建筑师厄内尔·厄兹亚尔（Oner Ozyar）签订了合同，使他们始终参与整个详细设计开发阶段——并且，与土耳其的工程和建筑专家合作，目的是管理快捷的施工文档阶段。这个方案允许场地规划、景观设计以及建筑设计作为单独的过程进行。"我们试图在每个项目中将城市设计与建筑学融合在一起，"厄斯克尔这样说道，"但是在这个项目中它特别重要，是因为该项目地形。"

由于大多数Bahcesehir占用的土地有18%的平均坡度，它使街道顺着山坡等高线布置成为可能，并且还可以在街道间布置混凝土框架结构的"山上"与"山下"建筑——这些建筑还发挥了挡土墙的作用。利用阶梯状建筑来约束山坡所造成的成本由几处附加因素抵消，包括开放的视野与截然不同的单元类型，它借鉴了传统、凉风习习的土耳其山野别墅的具有吸引力并且实用的形式。

## 住宅设计

对于富裕的购房者来说，Bahcesehir提供几种别墅的户型方案：坡上与坡下、独立式与联立式、分层（单独从上层或者下层的街道进入）。大多数别墅有与街道入口同一标高的后花园，并且还有地下停车场。在别处，面向单户家庭的联排住宅背靠着用来保留最陡的坡度的三层楼高的围墙。伊斯坦布尔的托普卡普宫（Topkapi Palace）旁边类似的"墙屋"提供了这种原型灵感——这是土耳其与美国建筑师并肩工作交流文化见地的多个实例中的一个。

多层（6～12层）的住户自有公寓建筑与别墅两侧相协调，并且共享它们的道路定线策略与建筑细节。因为它们的规模和统一的高度，这些建筑被用于整个规划，以塑造周围林阴大道与主要街道。某些公寓组团的设计也是为了包围私人的庭院——这些庭院中的花园与游泳池、在庭院下面的停车场使它们得以完整。

这个设计平面也包括四栋混凝土结构、高层的住户自有板楼建筑。两栋小型的塔楼构成了中央公园小瀑布的顶端，并且在靠近山脊的地方，一对34层的建筑构成了城镇的中心轴线，并且创建了伊斯坦布尔象征性的入口——在天气晴朗的时候，从城市东边都可以看见。

建筑的多样性形成了项目多种多样、涵盖面很广的楼层平面，从650ft²（60m²）节能公寓到豪华的5800ft²（540m²）的别墅，所有的建筑都有现代的设备与内部完备的装修，以及像游泳池与街道内侧和外部停车场那样的生活福利设施。某些公寓大楼还引入了“智慧的”系统控制。

然而，这里的建筑的基本建筑风格中，有很多回归到19世纪伊斯坦布尔邻里。房间趋向于分离存在，对称设置且按照传统的分配比例，通向一个阳台或露台有很多划分的高窗窗扇。建筑外部混凝土结构的别墅与多层建筑，使用石头与瓷砖进行装修，并结合了一些园墙与街树来设计老式的、适合步行的街道与邻里公园的边缘。

新与旧准确到位的混合，一方面来自当地社会习俗、适当规模与特征的概念，以及对气候的适应；另一方面来自美国建筑师有关历史风格的经验——这些经实践考验的经验可以作为一种工具，以联系人们与周围环境，在不同的收入水平、功能以及建筑类型之间的顺利过渡。这也是对当地市场研究的直接反应，当地的市场研究表明：传统的生活方式与建筑风格深深地吸引了现代的购房者。

当地的特定项目的市场研究对于土耳其来说相对较新。在专家研讨会期间以及整个项目设计过程中，项目工作小组研究了几个时代以来附近修建的社区，并且与潜在业主进行交谈(Bahcesehir在欧洲国家是很典型的，它完全由供出售的市场价格的居住单元构成，大约80%的单元将为业主拥有)。在这个过程期间，当地开发商与美国及土耳其的设计师不仅向买房者学习，他们也相互学习，最终项目大多数的预先构想都被改变了。

在地理条件的相似性上，最具市场可比性的是Bahcesehir一期工程开发的3500套单元——常规意义上现代的横亘在山谷中典型的高层建筑群与别墅。这里的经验指向：对更深的场所感的需求；邻里与城镇更牢固的结构；较少数大型的高层建筑。然而，建筑师指出：本期的密度与一期工程是一样的，这多亏有一个市场可行且经得起考验的模型——欧洲社区中经典的6层楼高的建筑，例如在罗马与巴黎。

新的一期工程有少数的高层建筑，并且这些建筑也考虑到那些值得关注的城市模型，例如20世纪20年代的曼哈顿公寓大楼与更近代的巴特里帕克城（Battery Park City）。在纽约市的流行趋势中，塑造这些建筑的目的是为了界定街道，并且用作地平线上的方向指示，而没有占主导的小规模相邻建筑。

## 社区康乐设施

在考虑公共场所的设计时，Bahcesehir对地形学的反应与人们熟悉的对新城市主义模型的

在Bahcesehir的所有住宅都将根据市场利率出售。估计20%的单元由投资商作为出租资产购买。

反应截然不同。放射状的街道在其他地方可能引领行人直接到达火车站或者城镇广场，在这里，陡峭的坡度与土地、树木、河床以及乡间小路都会使这些街道偏转方向。由此，到达这里的城镇中心或者从城镇中心出来的道路多变并且沿途风景秀美，常常直接穿过居民点的广场或者顺着中央公园的河道。然而在大多数历史上著名的伊斯兰教城市中，细部丰富的地区与居民点都有一种特别的场所感——令人感到舒服地失去方向感。

"我们希望每个地区都有自己独立的、颇具特色的开敞空间，每个空间大概与其他相同，但是又有一些差别，"托尔蒂·加拉斯及其合伙人事务所的设计负责人罗布·古德伊尔（Rob Goodill）这样说道，"它们的形状起初可能看起来互相矛盾，但是当行走在这个地方时，你会意识到它们是对土地清楚直接的反应。"

规划将面向社区的机构，分布在当地开敞空间附近用作居民点的支点或者焦点处——一种新城市主义的识别标志，它与当地的传统非常吻合，其中包括一所中学、一所小学、几家社区幼儿园以及两座清真寺。在整个设计中，小型的街边商店点缀着这些居民区。

对于主要的城镇广场，设计小组再次参考了地中海地区的历史，与著名的意大利广场的形状和比例进行了比较，例如位于锡耶纳（Siena）、佛罗伦萨（Florence）以及威尼斯的那些广场。当Bahcesehir将拥有其他大型公共空间时，最主要的一个为了连续不断的街道生活而设计；大多数的街道生活通过火车站、邮局以及地方性的建筑产生，并且通过可以停放220辆车的车库与横跨山谷到达绿色"蒂沃利公园"及游乐场、湖泊、Bahcesehir市区的桥梁得到加强。大约10.8万$ft^2$（1万$m^2$）的商业空间——包括办公室、商店、餐馆以及六屏幕的电影院——将围绕在大广场周围。越过用作地界标的钟塔、有拱廊的咖啡厅以及一座大型的中央喷泉，居民将发现其他值得探索的地方：成阶梯状的花园，有距离很近的人造小树林；绿树成阴的凉廊俯瞰湖岸的英式足球场。

## 市场营销

许多一期工程的居民已经看到湖对岸的开发，并且决定用他们的单元房交换一栋全新的别墅。然而，尽管需求量很大，并且从邻近的俄国可以获得劳动力，写这篇文章的时候，金融与政治危机——政府开发商也身陷其中，已经使建设与销售停止了。然而，即使在正常情况下，融资与开发也以有规律的速度进行下去；当前阶段的第一批供应将发售大约600套单元。尽管没有设置严格的时间表，厄斯克尔预测Bahcesehir的市区与郊区需要花20年才能修建完成。

## 获得的经验

厄斯克尔这样说道："Bahcesehir表现的是，对于美国式的郊区无序蔓延来说，新城市主义不仅仅是一颗神奇的子弹。""它实际上是关于某些更深的处处影响人们的价值。价值就像某人一生都生活在充满各式各样人的城镇中的能力一样……大与小的地点的选择以及到处走动的不同路线……有一种知道自己身在何方的感觉，你有清楚的公与私的概念……当看到各种经济水平的住房与公寓时。"他还补充道，"有一种误解……发展中的世界仍然根植于优美的村庄与传统的城市，在那里，人们整天都坐在咖啡厅里。事实是，发展与全球化正打破整个世界旧的都市结构部分，并使得城市的蔓延比美国任何事情都更糟糕。"

全新的开发根据Bahcesehir的指导方针进行设计，它们能真正具有价值，成为将现代的中产阶级回归与自己传统相联系的办法——在土耳其、美国或任何地方。此外，没有解决伊斯坦布尔人口与住房问题的即时补助方法。与早期英国与美国的新城镇一样，Bahcesehir相对较小并且占主要地位的是中层阶级，特别是当将它与范围广泛的公共住宅区计划相比较时——这些计划依照第二次世界大战中大多数的开发进行规划。

以佛罗伦萨和其他意大利城市的广场为模型，大城镇广场将成为 Bahcesehir 的商业与市政中心。

但是 Bahcesehir 的规划不仅仅是一次学术研究。作为卫星城计划最大的并且位于最中心的项目，媒体与公众对它给予了密切的关注。Bahcesehir 将成为实现某个理想的第一批大型项目之一；这种理想就是：适于步行的社区足够大，从而支持它自己的就业与社区生活，这也为主要城市带来了最快捷的交通。

Bahcesehir 住宅类型的广泛选择也是值得关注的。独特的单一街区的过渡——从豪华的别墅到小型的多层公寓与高层的节能公寓——预示着比大多数郊区的开发更进一步。尽管以当地的传统为基础，这些设计仍暗示着未来的城市的居住区将怎样颠覆现代人的单一用途的分区方法，从而允许不同年龄与收入水平的人共享一个单独的社区。

尤其重要的是，Bahcesehir 提供了在城镇建筑中国际合作的实例。土耳其与美国专业人员在整个过程中都合作完成任务——从第一个概念到最近的建设文档资料。并且，通过市场研究与设计的专家研讨会议，更多的人都参与了设计。

在 2000 年度美国建筑师协会大会上，协会颁发给 Bahcesehir 与托尔蒂 · 加拉斯及其合伙人事务所一个都市设计的美国全国性的荣誉称号。美国建筑师协会授权陪审团这样描述 Bahcesehir："在大多数人接受美国模型的时代，这个项目提供了更具可持续性的模型。它证明了在全球的各大城市，发展的压力能被塑造成美丽、富有活力的城镇。"

一旦通过卫星城控制发展的想法不再时新，生活在卫星城常常看上去更像一种义务，而不是一种选择。Bahcesehir 的塑造者希望在创造真正城市邻里的问题上作出更好的承诺，离世界中心仅需要 40min，以至于全球性的都市化可能某天会走上不同的更好的发展方向。

## Bahcesehir 二期工程项目数据

### 土地使用信息

| | |
|---|---|
| 场地面积（acre/hm²） | 170/68 |
| 住宅单元总数（规划的/完工的） | 2320/1000 |
| 住宅总密度（每英亩套数/每公顷套数） | 14/35 |
| 平均净密度（每英亩套数/每公顷套数） | 19/47 |

### 住宅信息

| 住宅类型 | 占地面积（ft²/m²） | 住宅平均面积（ft²/m²） | 住宅数量（规划的/建成的） | 当前售价（美元） |
|---|---|---|---|---|
| 别墅 | 8600/800 | 4400/409 | 160/80 | 990000 |
| 联立式别墅 | 4300/400 | 3300/307 | 460/220 | 660000 |
| 多户住宅 | 不适用 | 2200/204 | 1700/800 | 385000 |

### 土地使用规划

| | 面积（acre/hm²） | 百分比（%） |
|---|---|---|
| 别墅 | 32/13 | 19 |
| 联立式别墅 | 46/19 | 27 |
| 多户住宅 | 56/23 | 33 |
| 公路 | 16/6 | 9 |
| 公共开敞空间 | 20/8 | 12 |
| 合计 | 170/69 | 100 |

### 开发费用信息（截至本书出版时）

| | （百万美元） |
|---|---|
| 建设费用 | 235 |
| 建筑设计和工程 | 6 |
| 项目管理 | 10 |
| 合计 | 251 |

### 开发进度

| | |
|---|---|
| 购置场地 | 1986 年 |
| 开始规划 | 1995 年 |
| 开始施工 | 1998 年 |
| 开始销售 | 1999 年 |

### 开发商

Emlak Bankasi
Buyukdere Cad. No.43-45
80670 Levent
Istanbul
orgmd@emlakbank.com.tr

### 建筑师与场地规划师

Torti Gallas and Partners
1300 Spring Street
Silver Spring, Maryland 20910
301-588-4800
www.tortigallas.com

### 建筑师

Oner Ozyar
INAS Construction, Contracting, and Trade, Inc.
Cemil Topuzlu Cad. Tibas BL.
E2
Dalyan-Kadikoy 81030
Istanbul, Turkey

### 总承包商

Nurol
Insaat VE Ticaret A.S.
Arjantin Caddesi No.7
06700 Gaziosmanpasa
Ankara, Turkey

Mesa Housing Industries, Inc.
Abidin Daver Sokak No.12A-B
06650 Cankaya
Ankara, Turkey

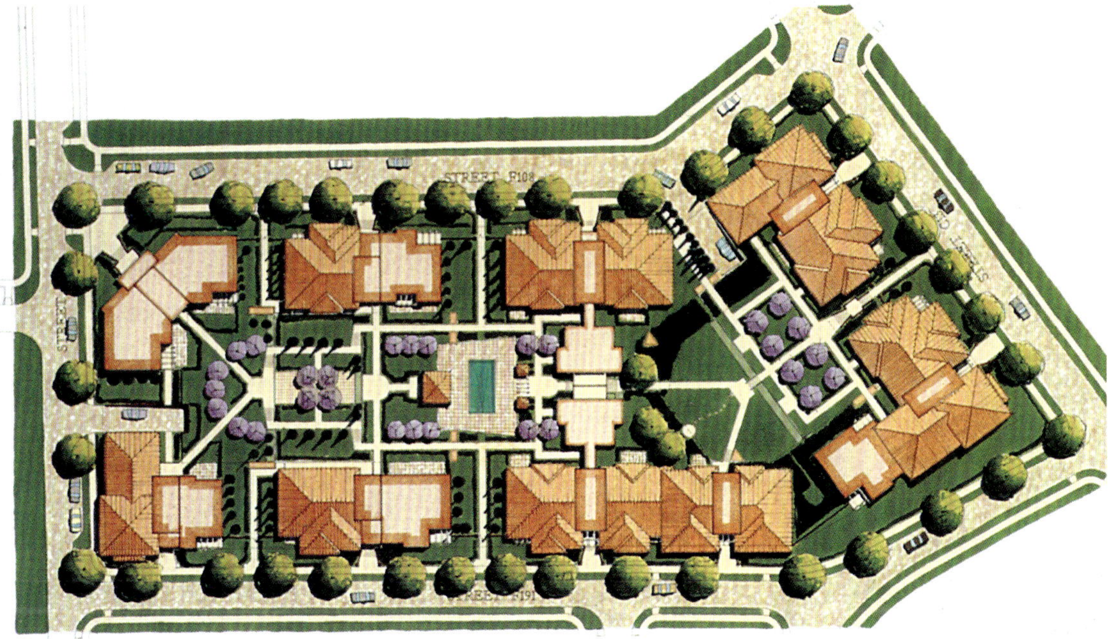

一个邻里的场地平面图表明了建筑是怎样包围广场与其他公共空间的。

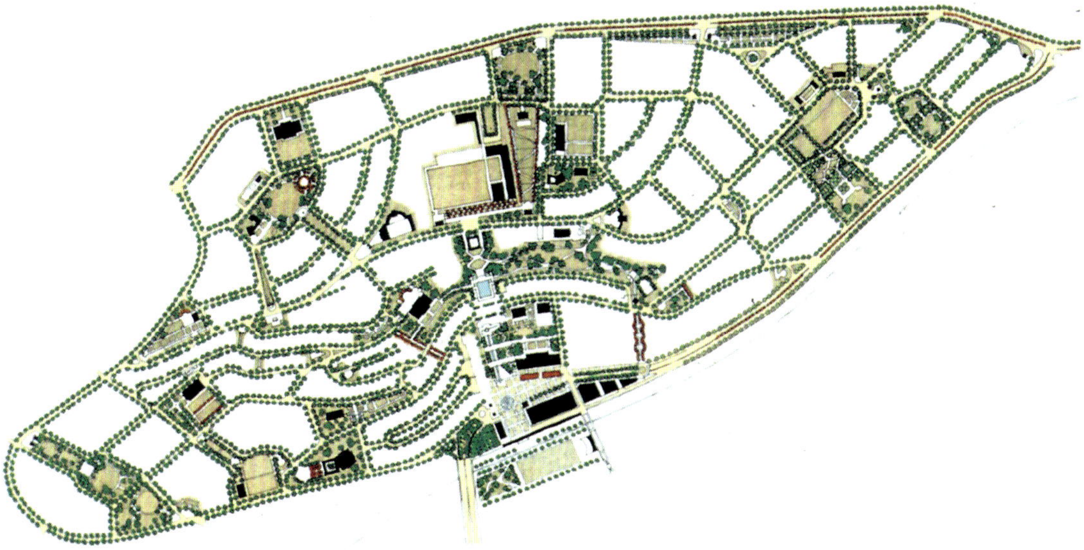

场地平面图。

# Ladera Ranch

## 加利福尼亚州，奥兰治县

邻里也如生活福利设施一样。Ladera Ranch——在加利福尼亚州奥兰治县中一处4000acre（1620hm²）、根据总体规划设计的社区，正围绕着这个命题在修建。在土地所有上的开发曾经是大规模的米申别霍大牧场（Rancho Mission Viejo）开发的一部分，这个有着8100套居住单元的开发项目已经得到深思熟虑的组织与设计，它的组织与设计围绕着社区、村庄以及居民点的规划概念进行。所有的居民都通过社区内部网络连接起来。在这个社区中规划了6个村庄，每个村庄都有自己的核心，其中有社交与娱乐设施。依次地，每个村庄由许多邻里组成，每个邻里有自己的开放空间与娱乐设施，所有的开放空间通过人行道与村庄核心和社区中的非居住区连接起来。

除了这种仔细协调的层次，Ladera Ranch也因其他方面闻名：它的开发商已经为邻里建设召集了传统的住宅建造商。在详细的设计标准的指导下，这些建造商正在修建的不仅是住房，而且还有邻里的基础设施与特征。在社区建筑中，细分后的建造商因此被选为合作伙伴——并且，从各种报告来看，这已经带来了好处。

### 场地规划与开发

Ladera Ranch的建筑用地的面积为4000acre（1620hm²），地形变化非常大，既有起伏的丘陵又有陡峭的山脉。尽管在Ladera Ranch建造

通过建造临街立面门廊遮挡的隐藏式车库，可以使汽车不那么显眼。

指导 Ladera Ranch 设计的原理之一是“前卫的建筑风格”——将街道景观集中在建筑风格的设计上，而不是在车库问题上。在该项目中就将车库安排在了楼房的后面并通过小路到达。

之前，这个地区还没有开发，但这块建筑用地距离州际高速公路却仅有几英里的路程。米申别霍市（Mission Viejo）与圣胡安-卡皮斯特拉诺市（San Juan Capistrano）围绕这块建筑用地，其他郊区开发项目也围绕在它周围。DMB/Ladera 公司开发了 Ladera Ranch，它是米申别霍大牧场与总部在亚利桑那州的 DMB 股份公司（DMB Consolidated Holdings，LLC）合资组建的。米申别霍大牧场由奥尼尔-莫伊索（O'Neill-Moiso）家族与别人共同拥有，他们将奥尼尔-莫伊索家族从 19 世纪 80 年代就开始经营的曾是历史上有名的占地 3 万 acre（12140$hm^2$）的家畜农场的一部分捐赠给 Ladera Ranch。为了给计划建造的社区创建一个缓冲地带——并且为了给农场留下遗产——建筑用地中的 1600acre（650$hm^2$）被留了出来作为永久性的开放空间。在米申别霍大牧场社区开发项目中的副执行官保罗·约翰逊（Paul Johnson）注意到：Ladera Ranch 的参观者“仅仅横穿开放的缓冲空间，就能得到一种有身份的感觉。”

1995 年，当 EDAW 事务所——Ladera 的总规划师刚开始设计这个项目的平面图时，设想了各种“重量级的”生活福利设施，包括高尔夫球场与人工湖。但是所需要进行的土方工程的数量表明这些设施不切实际并且不经济。史蒂夫·凯伦伯格（Steve Kellenberg）——EDAW 事务所的负责人回忆到，在那个关键的时刻，曾自问过这样一个问题：“我们可以使‘邻里’成为主要的生活福利设施吗？”或者，在销售方面，会因为 Ladera Ranch 中邻里的设计，使该项目中的住宅升值吗？来自市场研究中积极的结果启发了更深入的研究，这个研究将用于清楚阐述社区设计的原理与指导方针。

这份研究的结果是有关社区/村镇/邻里的组织形式的信息。每个村镇有自身的设计特点：其中一个村镇就是受 20 世纪 20 年代的帕萨迪纳艺术与工艺运动（Pasadena Arts and Crafts Movement）的启发进行建造的，另一个村镇则是受到 20 世纪 30 年代复兴风格的启发，但是还有一处是受到奥兰治县与中西部地区的农业小镇的启发。尽管每个村镇都有自己主要的设计主题，但在所有村镇中的住宅结合了各种各样的建筑风格。

当完工时，Ladera 的每一个村镇都将拥有 900～1400 家住户——其数量多则足以支持作为村镇核心一部分的一所村镇俱乐部的建立，少的则能使居民走很少的距离（最多 12min 路程）即可到达其他村镇的俱乐部。凯伦伯格这样描述，村镇俱乐部“与私人的社会俱乐部一样，但是它属于（这个村镇中的）每个人。”通常，这些俱乐部从建筑风格上保有村镇原有特色，它们将配有社交室与会议室、餐厅设施以及户外的娱乐设施，包括游泳池。尽管俱乐部的基本功能在每个村镇中都一样，但是每个俱乐部都有不同的社交或者娱乐特征——例如，一个俱乐部强调运动，那么另一个就强调水上娱乐。自从所有俱乐部向所有 Ladera Ranch 的居民开放以来，这种变化将增加娱乐的类型。

在 Ladera Ranch 中邻里的规模限制在大约 40～50 套居住单元，代表了每个独立的营造商的成果。如果营造商喜欢像以往一样承建大量的单元，营造商将被要求在两个不同地点的两个小一些的用地上进行建造。按照凯伦伯格的话来说，使营造商的工作能够细分到邻里的依据是详细的都市化与风格上的要求——这些要求不是某个营造商显示自己有特点的工作或者展现通常代表了全新的再次细分的特点的令人乏味的一致性，而是为创建强烈的邻里特征而设计。而且，需要营造商建设邻里规模的公园，并且将每个邻里的开放空间与更大的开放空间网络连接起来。对 Ladera 邻里的开放空间的要求是：可被利用的开放空间必须位于每两个住宅街区间。凯伦伯格将这些空间称为"格式化的"公园——也就是说，公园或者开放空间形成了居民点的核心，无论是地理位置上还是象征意义上。

这些小的开放空间汇合成"活跃的脊"，将邻里与村镇俱乐部、娱乐区域以及围绕社区开放空间缓冲地带连接起来。"活跃的脊"总计为 10.5mile（17km）的远足、骑车以及骑马路线。这个系统的一部分从中间将这块建筑用地分开，它就是 Sienna Botanica，一个线性的开放空间——与生物过滤系统——设计用于防止附近山上的水土流失，减少雨水——雨水必须从用地上被引开。

偏离奥兰治县的常规实践，Ladera 的设计师们已经重新引入了路边独立的人行道——也就是说，通过利用植物带或者树坪，将人行道从路边分离出来。通常，Ladera 的植物带的宽度范围是 5 ~ 7ft（1.5 ~ 2m），并且种植各种不同的树木，这些树木经过精心挑选，目的是为了形成沿着街道的以往的那种连续不断的树冠。

Ladera Ranch 的街道样式在每个村镇内都各不相同，这取决于地形特征与村镇表现的主题。某些邻里有十分传统的死胡同式布局——尽管它们通过"眉毛"（偏离主要街道的临时性支路）、交叉处的环形路以及其他因素得以完善，其目的是为了引入多样性与情趣。其他邻里受到新城市主义实践的影响，所以它们有更整齐均匀、呈轴线布置的连续不断的街道。根据凯伦伯格所说，设计小组希望街道的宽度范围为 32 ~ 34ft（9.7 ~ 10.4m）；但是，因为当地防火部门有限制要求，最后将最小的街道宽度设置为 36ft（11m）。为了使交通平缓并提供额外的景观美化区域，街道在拐角与街区中间逐渐变窄（在那里，不需要街道停车），街道的宽度在逐渐变窄的地区为 22 ~ 24ft（6.7 ~ 7.3m）。

**为了鼓励街道景观的多样化，Ladera Ranch 的设计指导方针要求建造商为提出的每种设计方案提供 3 种建筑风格，并且提供除了灰泥以外的另一种建筑材料。除此以外，营造商不能不止一次在一个街区中使用同样的立面图。**

除了社区／村镇／邻里的层次以外，Ladera Ranch 的组织结构中还另外增加了一个元素：小区（district）。小区是一个有特殊用途的区域，通常同时包括居住与非居住功能，但是没有足够多的住宅来支持建立村镇俱乐部。小区比村镇有更多的都市气息，有更高的居住密度与更大的联立式住宅及出租住宅的混合。

布里奇波特小区（Bridgeport District）是在 Ladera 修建的第一个小区，有 130acre（53$hm^2$），包括 10acre（4$hm^2$）、10 万 $ft^2$（9290$m^2$）的社区购物中心超市、商店、小商品交易市场、快餐店以及户外的用餐区。另外一个 88acre（36$hm^2$）的 Township 小区，最终将成为 Ladera Ranch 的城镇中心，将包括一个 15acre（6$hm^2$）的市中心，有大约 15 万 $ft^2$（13940$m^2$）的主要街道零售与商业空间。在 Township 小区中，一个 2.2acre（0.9$hm^2$）的城镇绿地，其中修建了一些住宅将作为社区举行各种仪式的中心，它已经修建完成。城镇绿地最显眼的是一株 250 年的橡树、周围围绕着露台与室外音乐台和社区的玫瑰花园。

Township 小区中大约 3/4 的住宅被设计成联立式：有公寓、Townhouse 以及庭院式住宅。在 Avendale 的村镇核心还设计了更高居住密度的住宅——将包含 22 处家庭式办公住房，有商住两用住宅单元成群地围绕在独立的商业中心周围。奥兰治县不得不出台全新的分区分类标准，以允许在家庭式办公区中设立商业标志与来访者的停车场。

## 住宅设计

三个基本的概念指导了 Ladera Ranch 的住宅设计："前置的建筑"、"多样性"、"真实性"。

"前置的建筑"是设计小组的简略表达，它强调并清楚地说明住宅的生活区而淡化——隐藏——车库。这种设计方案已经在 Ladera 的各个方面得到执行有被突出的阳台或者其他建筑构筑物遮挡着的进深不大的隐藏的车库；有些单元有被沿着住宅正立面的拱形入口遮挡的隐藏更深的车库；在一些单元中，车库被分离或者转变方向；还有一些单元中，停车场位于住宅后部的小路上。凯伦伯格认为该设计的目的是确保当从楼上看下去时，看到的是街道两侧的住宅与建筑，而不是车库。

"多样性"是 Ladera 对奥兰治县红色瓷砖的地中海住宅的细分的那种令人头晕的一致性的反应。William Hezmalhalch 建筑师事务所已经确定并且选择了 17 种风格供 Ladera Ranch 的营造商使用。除了地中海风格的瓷砖与灰泥装饰的住宅以外，还有受到美国中西部的先例启发的传统风格，它们影响了奥兰治县早期的建筑风格，其中包括美国农场风格、加州牧场风格、小村舍风格、工艺风格、蒙特雷式以及大草原风格等。

一种主要的风格或者一组风格，被确定用于各个村镇，并且要求营造商们依据村镇的主题来建造。特别是，营造商必须为他们提交的每份建筑平面图提供三份建筑立面图，并且这些立面图中至少有一份需要用到灰泥以外的其他材料，例如 Hardiboard（一种水泥纤维产品）墙板、壁板，或者石头。而且，社区的指导方针禁止营造商使用在一个街区中已经使用过一次的立面图。

"真实性"是指在整个设计中，风格上的细节问题与比例的准确与恰当的结合——同时反对某种特殊风格的肤浅应用。凯伦伯格认为，问题是住宅设计师通常首先设计建筑平面图，

Ladera Ranch 有漫长的街边道路系统。爬山、骑车以及骑马的路线超过 10mile（16km），将居住区域与社区的生活福利设施、娱乐设施以及开敞空间连接起来。

上图、下图：在建筑风格方针指导下产生了各式各样的街道景观。

然后设计适合这份建筑平面图的立面图。并且，当一份平面图需要有三份立面图时，要求的建筑风格技巧有时会导致昂贵——但却不真实的——设计。相反，Ladera 的开发商鼓励建造商在选定了一种风格之后设计住宅平面——也就是说，绘制适合选定的住宅风格的建筑平面图。

另一个有关"真实性"的例子可以在 Ladera 的拐角建筑中找到。在大多数古老的城镇中，街区拐角处的建筑通常体量更大、更能给人留下深刻印象，并且常常位于更大面积的基地上。这种传统已被融入到 Ladera 的基地规划与设计的指导方针中。拐角基地比其他基地宽 10ft（3m），并且需要建造商设计一栋能准确适当地连接街道拐角两边立面的建筑，使它看上去就是为那个独一无二的建筑用地设计的。总的来说，其目的是为了防止邻里如同批量生产的。

Ladera Ranch 的社区生活福利设施将包括：4 所学校（其中 2 所已经建成）；10.5mile（17km）的小路；一个区域性运动公园（在开发商捐赠给县里的土地上进行修建）；宗教建筑用地；零售与服务设施；全社区性的局域网。这个局域网名为 LaderaLife，通过与考克斯通信公司（Cox Communications, Inc）签订合同，所有居民都可以使用。一个高速、高容量的光纤通信网络在整个社区中进行安装，允许居民一天 24 小时在线，能连接到社区的学校、商业区、医疗设施以及其他服务区。连接方式是通过 Cox@Home Internet 获得服务，该连接已经按用户具体要求进行设置，可以提供 LaderaLife 主页以及相关服务网页。LaderaLife 主页上包括一份居民通信录、一个信息公告板、志愿者报名地点以及各个俱乐部的联系方式。

与 LaderaLife 类似的是 Ladera Ranch 社区服务中心（Ladera Ranch Community Service，简称 LARCS），这是一个非营利性组织，致力于通过俱乐部构成与联合外部组织来促进与支持社区的参与，这种参与同样还可以通过主办社区范围内的庆祝活动与事件来实现。LARCS 的建设资金来源于捐赠资金、用户费用、住宅销售的费用、共同联合与合作出资、筹

款以及担保投资等。

## 市场营销与销售

Ladera Ranch 在 1995 年进行构思，它按时在 2005 年前完成了大约 8100 栋住宅与相关设施的建设工作。（2002 年 12 月时，大约 3820 套居住单元已经修建完成。）为了满足这种快速的建设与销售步调，开发商进行了详细的市场调查，创造了运作步骤良好的市场分割方案，集合了大量产品类型与建筑商，并且使建筑商与相应的市场分割相匹配。大约 15 ~ 20 个建筑商参与 Ladera Ranch 的整个建设过程，建造了众多不同类型与价格的住宅——从独立式单户住宅，到 Townhouse 与公寓，再到定制的住宅。这个规则似乎对所有相关各方都起作用——包括开发商、建筑商以及公众。凯伦伯格注意到建筑商在 Ladera Ranch 中试行的设计，被相同建筑商在这个县周围其他项目中逐渐开始采用。Ladera 的销售与广告推销负责人马里贝斯·冈恩·米西克（Maribeth Gunn Missico），注意到位于小路上小型的住宅是 Ladera Ranch 中最受欢迎的类型之一。她这样说道，"我们无法在市场中留住它们不卖。"

## 获得的经验

"作为生活福利设施的邻里"的理念是 Ladera Ranch 的成功之处。Ladera 在村镇与邻里中设计了村镇俱乐部与邻里公园，这已经是该社区最有力的卖点。

通过适当的设计指导方针，新城市主义设计原理能在批量生产住宅的营造商的环境中成功。要将营造商的关注点转移到与他们工作相应的更大的社区相关性中，不是一夜之间的过程。凯伦伯格这样说道："这就像使玛丽皇后（Queen Mary）转变一样，每年转变一点点。"

当信息时代到达家庭与商业生活的方方面面时，"软件基础设施"，包括以社区为基础的局域网系统，作为一种基本的福利设施正变得越来越重要。

一块 2.2acre（0.9hm$^2$）的村镇绿化用地，连同音乐台，是 Township 小区中最引人注目的特色规划，而且还是 Ladera Ranch 社区中象征性与举行典礼的中心。

## Ladera Ranch 项目数据

### 土地使用信息

| | |
|---|---|
| 场地面积（acre/hm²） | 2400/970 |
| | [加上 1600acre/(650hm²) 特定的开敞空间] |
| 住宅单元总数（计划修建/建成的） | 8100/3820 |
| 住宅总密度（每英亩套数/每公顷套数） | 3.4/8.4 |
| 平均净密度（每英亩套数/每公顷套数） | 8.3/20.5 |

### 土地使用规划

| 用途 | 面积（acre/hm²） | 百分比（%） |
|---|---|---|
| 独立式住宅 | 620/250 | 26 |
| 联立式住宅 | 350/140 | 15 |
| 公路 | 520/210 | 22 |
| 公共的开敞空间 | 820/330 | 33 |
| 其他非居住用途 | 90/36 | 4 |
| 合计 | 2400/966 | 100 |

### 住宅信息

| 住宅类型 | 住宅面积（ft²/m²） | 住宅数量（计划修建/建成） | 售价/租金（美元） |
|---|---|---|---|
| 公寓 | 700～1200/70～110 | 880/420 | 1000～1400/月 |
| 老年人公寓 | 600～1100/60～100 | 420/0 | 1000～1400/月 |
| 联立式住宅 | 1000～1500/90～140 | 2550/800 | 190000～250000 |
| 独立式单户住宅 | 1300～4500/120～420 | 4250/2600 | 220000～750000 |
| 合计 | | 8100/3820 | |

### 开发费用信息（预计总额）

| 置地费和场地改善费用 | （百万美元） |
|---|---|
| 置地费 | 不适用 |
| 平整 | 155 |
| 给排水 | 40 |
| 铺路、路缘、人行道、干燥设备 | 47 |
| 斜坡景观和灌溉 | 56 |
| 娱乐设施和公园 | 45 |
| 费用、普通保险条款 | 36 |
| 特殊的成本 | 22 |
| 合计 | 401 |

### 软费用（预计总额）

| | （百万美元） |
|---|---|
| 法律服务 | 5 |
| 城市设计 | 26 |
| 开发 | 32 |
| 设计审查 | 2 |
| 专业服务费用、许可证、保证金 | 170 |
| 市场营销和广告 | 22 |
| 金融、管理、其他 | 53 |
| 合计 | 310 |

**预计总开发费用（百万美元）** 711

### 开发进度

| | |
|---|---|
| 开始规划 | 1995 年 |
| 开始施工 | 1998 年 |
| 开始销售 | 1999 年 7 月 |
| 首次收盘 | 1999 年 9 月 |
| 一期完工 | 2000 年 9 月 |
| 当时预计竣工时间 | 2005 年 |

### 开发商

Rancho Mission Viejo Company and DMB Ladera
28811 Ortega Highway
P.O. Box 9
San Juan Capistrano, California 92693
949-240-3363

### 场地规划师

EDAW, Inc.
17875 Von Karman Avenue, Suite 400
Irvine, California 92614
949-660-8044
www.edaw.com

### 建筑师

William Hezmalhalch Architects
17875 Von Karman Avenue, Suite 400
Irvine, California 92614
949-250-0607
www.whainc.com

### 景观建筑师

Land Concern Ltd.
1750 East Deere Avenue
Santa Ana, California 92705
949-250-4822
www.landconcern.com

奥克诺尔村镇（Oak Knoll Village）是6个组成Ladera Ranch的村镇之一。每个村镇都有900～1400栋住宅，分布在有40～50套单元的居民点内。

# 金氏家族农场

## 马里兰州，罗克维尔市

金氏家族农场（King Farm）是一个430acre（174hm²）、混合用途的传统邻里开发项目，修建在华盛顿特区西北郊、以前曾是乳牛场的一块建筑用地上。它以公共交通为导向的设计利用了原有的重轨设施（地下铁路）与私人及公共汽车服务设施，并且可以容纳计划修建的轻轨系统。住宅类型的混合——包括Townhouse、住户自有公寓、一般公寓以及独立式单户住宅——位于到零售与办公区只需步行的距离范围内。

### 用地与总体描述

作为华盛顿内环郊区中最后几块大型的未开发用地之一，项目的建筑用地对于填充式开发来说很理想。并且它的位置——紧邻谢迪格罗夫地铁站，临近高科技与生物科技办公商业区，在繁忙的270号州际公路沿线，位于盖瑟斯堡市（Gaithersburg）与罗克维尔市（Rockville）（马里兰州第二大与第三大城市）之间——使它成为开发混合用途、以公共交通为导向的项目的首选用地。

金氏家族农场超过10年以上的时间处于闲置状态，其间金氏家族一直在寻找合适的买主。最终，银行不得不取消金氏家族农场的抵押品赎回权，用以支付3600万美元的遗产税贷款。1995年，Penrose 集团与普里茨克（Pritzker）家族一起，组建了金氏农场联合事务所并且从破产法庭处购买了这个农场，支付总额达4540

各种住宅类型的混合创建了有趣的街道景观，Townhouse、单户住宅以及多户住宅常常一个挨一个地坐落于同一个街区内。

TORTI GALLAS AND PARTNERS

万美元。

修建完工时，金氏家族农场将拥有 250 万 $ft^2$（$232260m^2$）的办公空间，13 万 $ft^2$（$12080m^2$）的零售空间，以及 3200 套住宅单元。它也将包括日托服务设施、一个拥有 300 个房间且服务齐全的酒店，学校以及通向将来修建的轻轨体系的通道。超过 100acre（$40hm^2$）的土地用以创建开敞空间，包括公园、池塘以及公共场所。生活福利设施，如社区中心、游泳池以及棒球场都已经开放。居住与零售用房在 2004 年底竣工。

ANDRÉ BALD

两套公寓单元并在一起共用一个立面，这些建筑的立面创造了更大联排住宅的外观。从销售的立场来看，这种设计使开发商得以将“经济适用的”、“两栋挨着两栋”的住宅单元紧临造价更高的住宅单元，目的是满足县里对适当价位的住宅单元的需求。

## 开发过程与资金筹措

罗克维尔市政府与开发商之间的协作是“从零开始修建城市”成功的关键。开发商最初在购置建筑用地与开发时投资了 6000 多万美元，并且估计每天的日常开支为 2.4 万美元——这意味着使项目快速运转很关键。市政当局已经在 1996 年就批准了开发商的概念规划设计（Concept Plan Design，简称 CPD），金氏农场联合事务所能利用已经批准的概念规划设计作为最后的总体规划加速批准的过程。

金氏农场联合事务所研究了几处已经开发完成的传统邻里开发项目与以公共交通为导向的开发，并且在农场规划中结合了那些开发的经验教训。然而其他传统邻里开发项目主要由高端的、定制的住宅构成，金氏家族农场则是为了提供更多“经济适用房”——特别是为这个项目设计的——而规划蓝图的。金氏家族农场从附近的肯特兰获得了大量经验教训，肯特兰是美国第一批新城市主义的项目之一，设计于 20 世纪 80 年代早期。因为没有使用极其昂贵的建筑材料，也没有采用过度死板的建筑风格标准，金氏农场联合事务所避免了某些肯特兰项目遭遇的后勤与财政问题。此外，因为肯特兰的成功并且意识到肯特兰的优势，当地政府已然了解了传统邻里开发项目的理念，进而支持其独特的设计标准与特殊的许可需求。

开发商的策略之一是在社区的设计与管理上维持尽可能大的自主权。在购买了开发建筑用地之后——占地面积为罗克维尔市土地面积的 19%——开发商与罗克维尔市的官员合作，目的是为了扩大城市的边界，从而将这块用地划入城市范围。开发商获得了更多控制权——是在市政府支持下，而不是在更大的县政府支持下。用地纳入城市也意味着从项目所得的大部分税收可以在金氏家族农场中再次投资，而不是划拨用于县里其他地区。金氏农场联合事务所也捐赠土地给罗克维尔市，用于修建公园与将来的小学和中学，并确保其位置与设计和社区总的主题与规划相一致。

单户住宅的邻里，有传统的尖桩篱栅与屋前门廊，紧邻带有殖民地建筑风格的红砖正立面的多户住宅邻里。

## 规划与设计

与其他新城市主义开发项目一样，金氏家族农场是以行人为导向的项目，混合了土地用途，生活福利设施位于居民步行距离内，街道纵横交错，这里的居住密度比典型的郊区开发项目的密度更大，建筑用地更小。设计采用了几种方式用以弱化汽车的存在：住户的车库位于屋后的过道旁边；商业停车场地得到精心遮蔽；人行道与小径的网络在整个社区中融为一体。然而，金氏家族农场以公共交通为导向的特征使其与其他传统邻里开发项目截然不同。开发项目邻近谢迪格罗夫地铁站，有县里的公共汽车服务与社区的往返汽车服务，并且其规划可以容纳将来的轻轨系统。

尽管这个建筑用地很“干净”——是一块没有建筑或者障碍物的空地——但单调的景观也提出了多个设计上的挑战。马克·格雷戈（Mark Gregg）——Penrose 集团的董事长认为：“原始场地的一个有利条件是它相对空旷，没有树木，而不利条件也正由于它相对空旷，没有树木。”为了避免景观的单调空旷，尽管需要额外费用，但开发商还是决定种植大量的树木，比在全新的住宅开发中通常种植的树木还多。大量的小型公园——有眺望台、运动场以及花园——也位于整个社区中。

金氏家族农场的设计指导方针塑造了社区的特点，并且确保开发项目的各个方面都由传

Townhouse 的正立面的设计，采用了附近美国早期小镇中历史上著名的住宅的材料与设计要素。

统邻里开发项目的修建原理组成。住宅面向街道修建，并且有距离很小的建筑退让与狭窄的空地——这种设计方案创造了更为都市化的街道景观，并且鼓励居民之间的互动。大多数住宅有前廊，这是又一个鼓励社会互动的元素。车库从住宅后面的小路到达——除非是场地条件禁止这样的布局。公共空间与公共建筑的设计具有标志性，成为社区的焦点。金氏家族农场的总体规划创造了一种传统的氛围，这种氛围令人回忆起附近历史上有名的社区，如乔治敦、亚历山德里亚老城和威廉斯堡（Georgetown, Old Town Alexandria, and Williamsburg）。

土地使用规划将金氏家族农场分成三个部分：Watkins Pond、Baileys Commons 以及欧文顿中心（Irvington Center）。Watkins Pond 主要用于居住，是单户住宅、Townhouse 以及多户住宅的混合。Watkins Pond 的设计重点是一个 12acre（$5hm^2$）的公园、将来修建小学的用地以及一个有游泳池、健身房和会议设施的社区中心。Baileys Commons，有 Townhouse、住户自有公寓以及一般公寓，有比 Watkins Pond 更高的建筑密度。它也有零售用途，并且保留了一块 28acre（$11hm^2$）的用地，计划用于修建中学与公园。100acre（$40hm^2$）的欧文顿中心，是带有都市风格的商业办公区，包括多家餐厅与一家旅馆。

在金氏家族农场，住宅类型的混合创造了各式各样的街道景观。计划修建的单元总数的 40% 将是出租公寓（1200 套），剩余的 60% 包括单户住宅单元（366 套）、Townhouse（926 栋）以及住户自有公寓（708 套）。尽管只有极少数的单户住宅是根据买主要求设计的，金氏家族农场中的每栋住宅看上去都是独一无二的，因为买主能从范围很广的各种住宅类型、平面以及正立面方案中进行挑选。开发商选择了 5 名建造商来建设单户住宅，其中某些建造商不太习惯使用相对严格的设计指导方针，或者不太习惯必须确保施工对已入住社区的居民产生的干扰最小的挑战。单户住宅已经得到了良好的收获：计划修建的 366 套住宅中超过 300 套已经竣工，售价从 28 万美元到 60.4 万美元不等。

TORTI GALLAS AND PARTNERS

开发商希望避免过分死板的设计标准，对于其他新城市主义项目来说，这些标准已经产生了很多问题。尽管金氏家族农场的设计指导方针提倡使用门廊、距离很小的建筑退让、狭窄的空地以及屋后的停车库，但是不需要传统的住宅。因为建造商能够根据指导方针修改大多数原有的设计，所以他们在没有降低社区的审美质量的情况下，节约了时间与资金。

Townhouse 的售价范围则为 21 万～523355 美元。计划修建 926 栋 Townhouse，实际修建了 415 栋。金氏家族农场中单元的 12% 是经济适用房，以满足蒙哥马利县适当定价住宅单元项目的要求。在“两栋叠着两栋”的公寓中，多个小型单元被修建在一起，并且被赋予一个正立面，从而构成了更大的独立式联排住宅的外观——这种设计允许适当定价住宅单元融入拥有大型的造价更高（37.5 万美元）的 Townhouse 的社区，并且可以避开大型单元业主的反对。

在 Baileys Commons 集中了大多数更高居住密度的多户住宅单元（每英亩 30 套单元，即每公顷 74 套），从谢迪格罗夫地铁站与金氏家族农场的零售中心到 Baileys Commons 仅仅需要 5～10min。花园式公寓的内部停车楼被小心地在建筑之间隐藏起来，避开了街道上的视线。

金氏家族农场的村镇中心位于到大多数居民区都很近的位置。社区的巨大的人口基础以与临近社区的便捷交通使村镇中心成为有吸引力的零售中心。

"查尔斯顿式的"豪华公寓里有3个单元，每个单元都有可直接到达的停车场与隐蔽的门廊。Baileys Commons中也有用于出售的Townhouse与9个单元一栋的出租"庄园式住宅"。

在村镇中心，豪华的两层公寓楼建在零售空间上面。尽管它们现在已经租出了75%，但需求不像预期中那么多，部分原因是零售部分仍然处于开发的早期阶段，并且仍然是吸引居民的卖点。住户自有公寓与出租公寓的市场比预期更宽广、更成熟，吸引的购买群体既有年龄在45～60岁之间的，也有年龄在20～30岁之间的年轻人，后者是最初预计的主要购买群体。

金氏家族农场的村镇中心位于到大多数社区步行都可以很快到达的地方。三条路——金氏家族农场林阴大道、雷德兰林阴大道（Redland Boulevard）以及盖瑟路（Gaither Road）——将社区分成两个部分，并且为金氏家族农场外围居民提供快速到达村镇中心的道路。村镇中心由7栋砖结构的建筑组成，这些建筑共同为村镇绿色公园创造了一个封闭的空间。92319ft$^2$（8580m$^2$）的零售空间已经竣工，租金是每平方英尺28～35美元（每平方米301～376美元）。村镇中心完工后将会有13万ft$^2$（12080m$^2$）的零售空间。当前的村镇中心租户包括6家饮食公司、两家银行以及多个零售商与服务行业。最大的租户是Safeway Food & Drug，它有设于店内的一家星巴克、一家干洗店以及一家银行。金氏家族农场的巨大的人口基础与附近社区为零售商提供了很好的市场前景。

欧文顿中心为居民提供了在住家附近工作的机会。两栋办公大楼已经完全入驻，按计划还将再修建 10 栋办公楼（总面积 250 万 $ft^2$——232260$m^2$）和一家拥有 300 个房间的酒店。两栋 A 级办公大楼每平方英尺的租金为 30 美元（每平方米为 323 美元），并且还包括娱乐设施，例如会议室、健身房和餐厅。办公大楼还有停车楼——尽管修建停车楼比修建地面停车场造价更高，但却增加了建筑密度并且减少了无计划地占用山林农田，从而创造了更具吸引力、更适于步行的环境。设计受到了新古典主义启发的 6 层高的办公大楼赋予了该中心强烈的竖向的、高层的感觉。当欧文顿中心竣工时，22acre（9$hm^2$）的公园、两边都是绿树的林阴道以及广场将使其更具吸引力。金氏家族农场林阴大道留出了道路用地，以容纳计划修建的轻轨系统，这个系统将把金氏家族农场与三个其他大城市城镇中心连接起来。

金氏家族农场例证了大量的完美发展的原理。它修建在郊区的填充式用地上，利用了原有的基础设施。它的建筑密度、用途的混合以及适于步行的环境既鼓励交通，又适于骑车以及步行。重轨与公共汽车都很好地为这个地方服务。在社区中，往返的公共汽车每 20 分钟一班，从欧文顿中心开往金氏家族农场的村镇中心、谢迪格罗夫地铁站以及住宅区。平均每月往返 6000 名乘客——对于一个居住与办公空间没有得到完全开发的全新的系统来说这是一个天文数字。运输用途、步行以及骑车往返的选择会显著增加居住、办公以及零售部分的成熟性。现在通过从使用机动车的出行转变为不使用机动车来衡量金氏家族农场的成功仍然为时尚早，但是现状的运输基础设施和适于步行的环境有着更大的成功可能性。

## 获得的经验

与政府的协作、政府的支持以及灵活性，对于设计与修建大型传统邻里开发项目及以公共交通为导向的开发项目来说很关键。在金氏家族农场项目开发这个例子中，当地政府因为附近曾经开发肯特兰项目，已经熟悉了传统邻里开发项目开发的细节问题。金氏家族农场也有州政府的支持，州政府通过它的政策积极地支持聪慧式发展。

为了确保一个针对项目所有部分的有凝聚力的规划，开发商在设计与管理中保留了尽可能多的控制权。通过努力保持高价格住宅与适当定价住宅之间的平衡，开发商能够提供各种类型的住宅，适于各样消费者的需求，造就了比其他的开发项目的更迅猛的销售。

因为开发商一开始就创建了适当的设计指导方针，所以营造商不会受到过分死板的建筑风格标准与使用昂贵材料的要求的限制；尽管如此，住宅与最终建成的邻里有着高质量的外观与感觉。

在金氏家族农场中，多户住宅占了很大比例。

TORTI GALLAS AND PARTNERS

## 金氏家族农场项目数据

### 土地使用信息

| | |
|---|---|
| 场地面积（acre/hm²） | 430/174 |
| 住宅单元总数（规划的/已完成的） | 3200/2000 |
| 酒店（规划的） | 300个房间 |
| 日托机构（规划的） | 可容纳200名儿童 |

### 土地使用规划

| 用途 | 百分比（%） |
|---|---|
| 建筑物 | 75 |
| 景观设置和开敞空间 | 25 |

### 总建筑用地

| 用途 | 原有的（ft²/m²） | 规划的（ft²/m²） |
|---|---|---|
| 办公 | 517000/48030 | 2500000/232260 |
| 零售 | 130000/12080 | 130000/12080 |
| 合计 | 647000/60110 | 2630000/244340 |

### 住宅信息

| 住宅类型 | 住宅数量（已销售的/已出租的） | 售价/租金（美元） |
|---|---|---|
| 单户住宅 | 366/325 | 280000～604000 |
| Townhouse | 926/415 | 210000～523355 |
| 住户自有公寓 | 708/265 | 122000～380000 |
| 供出租的房屋 | 1200/790 | 1200～2500/月 |
| 合计 | 3200/1795 | |

### 零售信息

| 租户分类 | 租户数量 | 可租赁建筑面积（ft²/m²） |
|---|---|---|
| 商业 | 1 | 54000/5020 |
| 餐饮业 | 7 | 22359/2080 |
| 个性化服务业 | 3 | 6173/570 |
| 金融业 | 3 | 6094/570 |
| 医疗部门 | 1 | 3693/340 |
| 合计 | 15 | 92319/8580 |

### 开发费用信息

| 土地和建设成本 | （百万美元） |
|---|---|
| 置地费 | 45.4 |
| 场地改善 | 66.8 |
| 社区建筑物和游泳池 | 3.0 |
| 合计 | 115.2 |

| 软费用 | （百万美元） |
|---|---|
| 法律服务 | 4.4 |
| 项目管理 | 10.3 |
| 市场营销 | 3.2 |
| 金融 | 4.0 |
| 建设期贷款利息 | 6.5 |
| 合计 | 28.4 |

**总开发费用（百万美元）** 143.6

### 开发进度

| | |
|---|---|
| 购置场地 | 1995年6月 |
| 开始规划 | 1995年6月 |
| 开始施工 | 1996年11月 |
| 开始销售/出租（开盘日期） | 1997年10月10日 |
| 预计完工（住宅） | 2004年 |

### 开发商

King Farm Associates, LLC
8330 Boone Boulevard, Suite 460
Vienna, Virginia 22182
703-847-5270
www.kingfarm.com

### 规划师与建筑师

Torti Gallas and Partners, Inc.
1300 Spring Street, Fourth Floor
Silver Spring, Maryland 20910
301-588-4800
www.tortigallas.com

### 景观建筑师

Land Design, Inc
1414 Prince Srteet, Suite 400
Alexandria, Virginia 22314
703-549-7784
www.landdesign.com

### 工程师

Loiederman Soltesz Associates
1390 Piccard Drive, Suite 101
Rockville, Maryland 20850
301-948-2750
www.lsassociates.net

场地平面图。

# 美国房地产开发设计手册系列　城市节奏中文版策划

The Real Estate Development Research Series

ULI，美国城市土地利用学会，是美国政府的研究机构，是专门从事建筑和规划的战略和实践研究的国际著名的机构。

《美国房地产开发设计手册系列》即针对我国的房地产开发特点遴选自ULI房地产设计手册，手册保持了ULI一贯的以实例和数据分析为依据的研究方法，从项目开发的可行性研究入手，研究了与开发相关的经济、社会和技术条件，为合理的规划开发的规模、具体建筑类型的配置、相应服务设施的配置等等的开发和设计的宏观及微观的因素做出了量化的分析，并配以成功的开发案例的详尽研究，对我国房地产的开发、规划和设计有现实的指导意义。

近期出版：

**专业房地产开发手册**

**半城之路**

## 办公建筑开发设计手册

大16开
348页

精装
ISBN 7-80011-842-8

定价：198元

## 度假区开发设计手册

大16开
404页

精装
ISBN 7-80011-843-6

定价：228元

## 购物中心开发设计手册

大16开
388页

精装
ISBN 7-80011-844-4

定价：218元

## 工业房地产分类指南

横大16开
128页

平装
ISBN 978-7-5084-4541-0

定价：90元

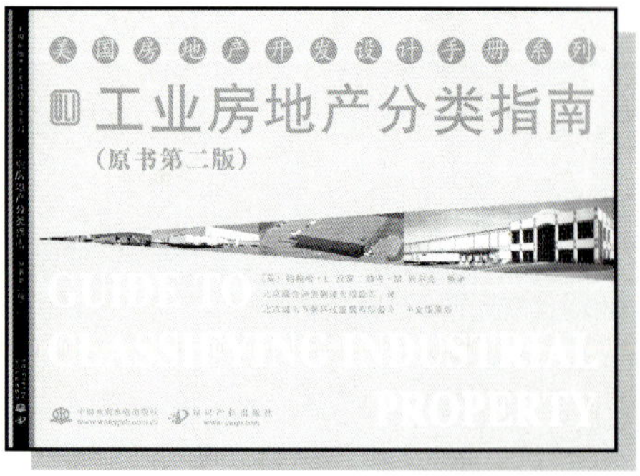